中国石油炼油化工技术丛书

合成橡胶技术

主　编　龚光碧

副主编　周　豪　杨雨富　王福善

石油工業出版社

内 容 提 要

本书介绍了中国石油重组改制以来特别是“十二五”“十三五”期间在合成橡胶领域的技术成果，内容包括乳聚丁苯橡胶、溶聚丁苯橡胶、丁二烯橡胶、丁腈橡胶、乙丙橡胶、丁基橡胶、异戊橡胶、苯乙烯热塑性弹性体等合成胶种，以及橡胶粉末化、合成橡胶加工及应用技术和合成橡胶标准。此外，介绍了合成橡胶发展趋势，并进行了展望。

本书可供从事合成橡胶工作的生产人员和科研人员阅读，也可供高等院校相关专业师生参考。

图书在版编目（CIP）数据

合成橡胶技术／龚光碧主编．—北京：石油工业出版社，2022.3

（中国石油炼油化工技术丛书）

ISBN 978-7-5183-4977-7

Ⅰ．①合…　Ⅱ．①龚…　Ⅲ．①合成橡胶-生产工艺　Ⅳ．①TQ330.53

中国版本图书馆 CIP 数据核字（2021）第 247202 号

出版发行：石油工业出版社

（北京安定门外安华里 2 区 1 号　100011）

网　址：www.petropub.com

编辑部：（010）64523825　图书营销中心：（010）64523633

经　销：全国新华书店

印　刷：北京中石油彩色印刷有限责任公司

2022 年 3 月第 1 版　2022 年 6 月第 2 次印刷

787×1092 毫米　开本：1/16　印张：15.75

字数：395 千字

定价：150.00 元

（如出现印装质量问题，我社图书营销中心负责调换）

《中国石油炼油化工技术丛书》

编 委 会

专 家 组

《合成橡胶技术》
编　写　组

主　　编： 龚光碧

副 主 编： 周　豪　杨雨富　王福善

编写人员：（按姓氏笔画排序）

王　虎　王　锋　王永峰　刘庆华　刘振国　关宇辰
杨　英　李　波　李伟天　李晓银　李福崇　宋玉萍
宋尚德　张守汉　张志强　陈跟平　庞建勋　胡海华
钟启林　殷　兰　梁　滔　董　静　韩明哲　潘宏丽
燕鹏华　魏绪玲

主审专家： 胡友良　齐润通

丛书序

创新是引领发展的第一动力，抓创新就是抓发展，谋创新就是谋未来。当今世界正经历百年未有之大变局，科技创新是其中一个关键变量，新一轮科技革命和产业变革正在重构全球创新版图、重塑全球经济结构。党的十八大以来，以习近平同志为核心的党中央坚持创新在我国现代化建设全局中的核心地位，把科技自立自强作为国家发展的战略支撑，面向世界科技前沿、面向经济主战场、面向国家重大需求、面向人民生命健康，深入实施创新驱动发展战略，不断完善国家创新体系，加快建设科技强国，开辟了坚持走中国特色自主创新道路的新境界。

加快能源领域科技创新，推动实现高水平自立自强，是建设科技强国、保障国家能源安全的必然要求。作为国有重要骨干企业和跨国能源公司，中国石油深入贯彻落实习近平总书记关于科技创新的重要论述和党中央、国务院决策部署，始终坚持事业发展科技先行，紧紧围绕建设世界一流综合性国际能源公司和国际知名创新型企业目标，坚定实施创新战略，组织开展了一批国家和公司重大科技项目，着力攻克重大关键核心技术，全力以赴突破短板技术和装备，加快形成长板技术新优势，推进前瞻性、颠覆性技术发展，健全科技创新体系，取得了一系列标志性成果和突破性进展，开创了能源领域科技自立自强的新局面，以高水平科技创新支撑引领了中国石油高质量发展。“十二五”和“十三五”期间，中国石油累计研发形成44项重大核心配套技术和49个重大装备、软件及产品，获国家级科技奖励43项，其中国家科技进步奖一等奖8项、二等奖28项，国家技术发明奖二等奖7项，获授权专利突破4万件，为高质量发展和世界一流综合性国际能源公司建设提供了强有力支撑。

炼油化工技术是能源科技创新的重要组成部分，是推动能源转型和新能源创新发展的关键领域。中国石油十分重视炼油化工科技创新发展，坚持立足主营业务发展需要，不断加大核心技术研发攻关力度，炼油化工领域自主创新能力持续提升，整体技术水平保持国内先进。自主开发的国Ⅴ/国Ⅵ标准汽柴油生产技术，有力支撑国家油品质量升级任务圆满完成；千万吨级炼油、百万吨级乙烯、百万吨级 PTA、“45/80”大型氮肥等成套技术实现工业化；自主百万吨级乙烷制乙烯成套技术成功应用于长庆、塔里木两个国家级示范工程项目；“复兴号”高铁齿轮箱油、超高压变压器油、医用及车用等高附加值聚烯烃、ABS 树脂、丁腈及溶聚丁苯等高性能合成橡胶、PETG 共聚酯等特色优势产品开发应用取得新突破，有力支撑引领了中国石油炼油化工业务转型升级和高质量发展。为了更好地总结过往、谋划未来，我们组织编写了《中国石油炼油化工技术丛书》（以下简称《丛书》），对 1998 年重组改制以来炼油化工领域创新成果进行了系统梳理和集中呈现。

《丛书》的编纂出版，填补了中国石油炼油化工技术专著系列丛书的空白，集中展示了中国石油炼油化工领域不同时期研发的关键技术与重要产品，真实记录了中国石油炼油化工技术从模仿创新跟跑起步到自主创新并跑发展的不平凡历程，充分体现了中国石油炼油化工科技工作者勇于创新、百折不挠、顽强拼搏的精神面貌。该《丛书》为中国石油炼油化工技术有形化提供了重要载体，对于广大科技工作者了解炼油化工领域技术发展现状、进展和趋势，熟悉把握行业技术发展特点和重点发展方向等具有重要参考价值，对于加强炼油化工技术知识开放共享和成果宣传推广、推动炼油化工行业科技创新和高质量发展将发挥重要作用。

《丛书》的编纂出版，是一项极具开拓性和创新性的出版工程，集聚了多方智慧和艰苦努力。该丛书编纂历经三年时间，参加编写的单位覆盖了中国石油炼油化工领域主要研究、设计和生产单位，以及有关石油院校等。在编写过程中，参加单位和编写人员坚持战略思维和全球视野，密切配合、团结协作、群策群力，对历年形成的创新成果和管理经验进行了系统总结、凝练集成和再学习再思考，对未来技术发展方向与重点进行了深入研究分析，展现了严谨求实的科学态度、求真创新的学术精神和高度负责的扎实作风。

值此《丛书》出版之际，向所有参加《丛书》编写的院士专家、技术人员、管理人员和出版工作者致以崇高的敬意！衷心希望广大科技工作者能够从该《丛书》中汲取科技知识和宝贵经验，切实肩负起历史赋予的重任，勇作新时代科技创新的排头兵，为推动我国炼油化工行业科技进步、竞争力提升和转型升级高质量发展作出积极贡献。

站在“两个一百年”奋斗目标的历史交汇点，中国石油将全面贯彻习近平新时代中国特色社会主义思想，紧紧围绕建设基业长青的世界一流企业和实现碳达峰、碳中和目标的绿色发展路径，坚持党对科技工作的领导，坚持创新第一战略，坚持“四个面向”，坚持支撑当前、引领未来，持续推进高水平科技自立自强，加快建设国家战略科技力量和能源与化工创新高地，打造能源与化工领域原创技术策源地和现代油气产业链“链长”，为我国建成世界科技强国和能源强国贡献智慧和力量。

2022 年 3 月

丛书前言

中国石油天然气集团有限公司（以下简称中国石油）是国有重要骨干企业和全球主要的油气生产商与供应商之一，是集国内外油气勘探开发和新能源、炼化销售和新材料、支持和服务、资本和金融等业务于一体的综合性国际能源公司，在国内油气勘探开发中居主导地位，在全球35个国家和地区开展油气投资业务。2021年，中国石油在《财富》杂志全球500强排名中位居第四。2021年，在世界50家大石油公司综合排名中位居第三。

炼油化工业务作为中国石油重要主营业务之一，是增加价值、提升品牌、提高竞争力的关键环节。自1998年重组改制以来，炼油化工科技创新工作认真贯彻落实科教兴国战略和创新驱动发展战略，紧密围绕建设世界一流综合性国际能源公司和国际知名创新型企业目标，立足主营业务战略发展需要，建成了以"研发组织、科技攻关、条件平台、科技保障"为核心的科技创新体系，紧密围绕清洁油品质量升级、劣质重油加工、大型炼油、大型乙烯、大型氮肥、大型PTA、炼油化工催化剂、高附加值合成树脂、高性能合成橡胶、炼油化工特色产品、安全环保与节能降耗等重要技术领域，以国家科技项目为龙头，以重大科技专项为核心，以重大技术现场试验为抓手，突出新技术推广应用，突出超前技术储备，大力加强科技攻关，关键核心技术研发应用取得重要突破，超前技术储备研究取得重大进展，形成一批具有国际竞争力的科技创新成果，推广应用成效显著。中国石油炼油化工业务领域有效专利总量突破4500件，其中发明专利3100余件；获得国家及省部级科技奖励超过400项，其中获得国家科技进步奖一等奖2项、二等奖25项，国家技术发明奖二等奖1项。中国石油炼油化工科技自主创新能力和技术实力实现跨越式发展，整体技术水平和核心竞争力得到大幅度提升，为炼油化工主营业务高质量发展提供了有力技术支撑。

为系统总结和分享宣传中国石油在炼油化工领域研究开发取得的系列科技创新成果，在中国石油具有优势和特色的技术领域打造形成可传承、传播和共享的技术专著体系，中国石油科技管理部和石油工业出版社于 2019 年 1 月启动《中国石油炼油化工技术丛书》（以下简称《丛书》）的组织编写工作。

《丛书》的编写出版是一项系统的科技创新成果出版工程。《丛书》编写历经三年时间，重点组织完成五个方面工作：一是组织召开《丛书》编写研讨会，研究确定 11 个分册框架，为《丛书》编写做好顶层设计；二是成立《丛书》编委会，研究确定各分册牵头单位及编写负责人，为《丛书》编写提供组织保障；三是研究确定各分册编写重点，形成编写大纲，为《丛书》编写奠定坚实基础；四是建立科学有效的工作流程与方法，制定《〈丛书〉编写体例实施细则》《〈丛书〉编写要点》《专家审稿指导意见》《保密审查确认单》和《定稿确认单》等，提高编写效率；五是成立专家组，采用线上线下多种方式组织召开多轮次专家审稿会，推动《丛书》编写进度，保证《丛书》编写质量。

《丛书》对中国石油炼油化工科技创新发展具有重要意义。《丛书》具有以下特点：一是开拓性，《丛书》是中国石油组织出版的首套炼油化工领域自主创新技术系列专著丛书，填补了中国石油炼油化工领域技术专著丛书的空白。二是创新性，《丛书》是对中国石油重组改制以来在炼油化工领域取得具有自主知识产权技术创新成果和宝贵经验的系统深入总结，是中国石油炼油化工科技管理水平和自主创新能力的全方位展示。三是标志性，《丛书》以中国石油具有优势和特色的重要科技创新成果为主要内容，成果具有标志性。四是实用性，《丛书》中的大部分技术属于成熟、先进、适用、可靠，已实现或具备大规模推广应用的条件，对工业应用和技术迭代具有重要参考价值。

《丛书》是展示中国石油炼油化工技术水平的重要平台。《丛书》主要包括《清洁油品技术》《劣质重油加工技术》《炼油系列催化剂技术》《大型炼油技术》《炼油特色产品技术》《大型乙烯成套技术》《大型芳烃技术》《大型氮肥技术》《合成树脂技术》《合成橡胶技术》《安全环保与节能减排技术》等 11 个分册。

《清洁油品技术》：由中国石油石油化工研究院牵头，主编何盛宝。主要包括催化裂化汽油加氢、高辛烷值清洁汽油调和组分、清洁柴油及航煤、加氢裂化生产高附加值油品和化工原料、生物航煤及船用燃料油技术等。

《劣质重油加工技术》：由中国石油石油化工研究院牵头，主编高雄厚。

主要包括劣质重油分子组成结构表征与认识、劣质重油热加工技术、劣质重油溶剂脱沥青技术、劣质重油催化裂化技术、劣质重油加氢技术、劣质重油沥青生产技术、劣质重油改质与加工方案等。

《炼油系列催化剂技术》：由中国石油石油化工研究院牵头，主编马安。主要包括炼油催化剂催化材料、催化裂化催化剂、汽油加氢催化剂、煤油及柴油加氢催化剂、蜡油加氢催化剂、渣油加氢催化剂、连续重整催化剂、硫黄回收及尾气处理催化剂以及炼油催化剂生产技术等。

《大型炼油技术》：由中石油华东设计院有限公司牵头，主编谢崇亮。主要包括常减压蒸馏、催化裂化、延迟焦化、渣油加氢、加氢裂化、柴油加氢、连续重整、汽油加氢、催化轻汽油醚化以及总流程优化和炼厂气综合利用等炼油工艺及工程化技术等。

《炼油特色产品技术》：由中国石油润滑油公司牵头，主编杨俊杰。主要包括石油沥青、道路沥青、防水沥青、橡胶油白油、电器绝缘油、车船用润滑油、工业润滑油、石蜡等炼油特色产品技术。

《大型乙烯成套技术》：由中国寰球工程有限公司牵头，主编张来勇。主要包括乙烯工艺技术、乙烯配套技术、乙烯关键装备和工程技术、乙烯配套催化剂技术、乙烯生产运行技术、技术经济型分析及乙烯技术展望等。

《大型芳烃技术》：由中国昆仑工程有限公司牵头，主编劳国瑞。介绍中国石油芳烃技术的最新进展和未来发展趋势展望等，主要包括芳烃生成、芳烃转化、芳烃分离、芳烃衍生物以及芳烃基聚合材料技术等。

《大型氮肥技术》：由中国寰球工程有限公司牵头，主编张来勇。主要包括国内外氮肥技术现状和发展趋势、以天然气为原料的合成氨工艺技术和工程技术、合成氨关键设备、合成氨催化剂、尿素生产工艺技术、尿素工艺流程模拟与应用、材料与防腐、氮肥装置生产管理、氮肥装置经济性分析等。

《合成树脂技术》：由中国石油石油化工研究院牵头，主编胡杰。主要包括合成树脂行业发展现状及趋势、聚乙烯催化剂技术、聚丙烯催化剂技术、茂金属催化剂技术、聚乙烯新产品开发、聚丙烯新产品开发、聚烯烃表征技术与标准化、ABS 树脂新产品开发及生产优化技术、合成树脂技术及新产品展望等。

《合成橡胶技术》：由中国石油石油化工研究院牵头，主编龚光碧。主要包括丁苯橡胶、丁二烯橡胶、丁腈橡胶、乙丙橡胶、丁基橡胶、异戊橡胶、苯乙烯热塑性弹性体等合成技术，还包括橡胶粉末化技术、合成橡胶加工与应用技术及合成橡胶标准等。

《安全环保与节能减排技术》：由中国石油集团安全环保技术研究院有限公司牵头，主编闫伦江。主要包括设备腐蚀监检测与工艺防腐、动设备状态监测与评估、油品储运雷电静电防护，炼化企业污水处理与回用、VOCs 排放控制及回收、固体废物处理与资源化、场地污染调查与修复，炼化能量系统优化及能源管控、能效对标、节水评价技术等。

《丛书》是中国石油炼油化工科技工作者的辛勤劳动和智慧的结晶。在三年的时间里，共组织中国石油石油化工研究院、寰球工程公司、大庆石化、吉林石化、辽阳石化、独山子石化、兰州石化等 30 余家科研院所、设计单位、生产企业以及中国石油大学（北京）、中国石油大学（华东）等高校的近千名科技骨干参加编写工作，由 20 多位资深专家组成专家组对书稿进行审查把关，先后召开研讨会、审稿会 50 余次。在此，对所有参加这项工作的院士、专家、科研设计、生产技术、科技管理及出版工作者表示衷心感谢。

掩卷沉思，感慨难已。本套《丛书》是中国石油重组改制 20 多年来炼油化工科技成果的一次系列化、有形化、集成化呈现，客观、真实地反映了中国石油炼油化工科技发展的最新成果和技术水平。真切地希望《丛书》能为我国炼油化工科技创新人才培养、科技创新能力与水平提高、科技创新实力与竞争力增强和炼油化工行业高质量发展发挥积极作用。限于时间、人力和能力等方面原因，疏漏之处在所难免，希望广大读者多提宝贵意见。

前言

合成橡胶在国民经济和社会发展中占有极其重要的地位，是国家重要战略物资之一，攸关国家战略安全，其生产技术与科研开发水平已成为衡量一个国家总体经济和科技创新能力的标志之一。中国石油是世界第三大合成橡胶生产企业。近年来，中国石油高度重视合成橡胶领域技术创新，特别是在新弹性体材料方面，不断加强研发力量建设，依托中国石油石油化工研究院建成了中国石油合成橡胶试验基地，投资建成多功能溶液聚合中试等 5 套装置，具备从基础研究、工程放大到产业转化的能力，有力支撑了中国石油合成橡胶业务的发展。

“十三五”期间，中国石油牵头“高性能合成橡胶产业化关键技术”国家重点研发计划项目，在官能化溶聚丁苯橡胶、窄分布稀土顺丁橡胶、星形支化丁基橡胶、硫化胶囊制备及双 B 级轮胎产业化技术等多方面取得了重大突破，解决了高性能轮胎基础橡胶材料合成、高性能轮胎制造等技术难题，形成了生产示范。国家项目的实施，有力提升了合成橡胶行业的创新能力，推动了合成橡胶全产业链升级，增强了中国合成橡胶及轮胎产业的国际竞争力。

“十二五”“十三五”期间，中国石油成功开发多项合成橡胶成套技术，其中 5 项自主开发的成套技术成功实现产业化：乳聚丁苯橡胶无磷聚合成套技术在抚顺石化 20×10^4t/a丁苯橡胶装置得到工业应用；溶聚丁苯橡胶成套技术在独山子石化新建6×10^4t/a工业装置得到应用；特种丁腈橡胶技术在兰州石化新建3.5×10^4t/a工业装置得到应用；丁戊橡胶成套技术和集成橡胶成套技术首次实现产业化，为丁二烯、异戊二烯资源的高效利用开辟了新的方向。开发出高性能溶聚丁苯橡胶、丁腈橡胶、乙丙橡胶、稀土顺丁橡胶和丁基橡胶等系列产品，满足国内对合成橡胶产品高端化及差异化的需求。鉴于此，为了更好地全面梳理中国石油“十二五”“十三五”期间在合成橡胶领域取得的成就，我们组织编写了《合成橡胶技术》一书。

本书由中国石油石油化工研究院牵头组织，参编单位有独山子石化、吉林石化、兰州石化、抚顺石化和新疆寰球工程公司。全书分为13章：第一章为绪论，由燕鹏华、王锋、龚光碧编写；第二章介绍了乳聚丁苯橡胶，由王永峰、张守汉、庞建勋、王虎、殷兰等编写；第三章介绍了溶聚丁苯橡胶，由宋玉萍、董静、韩明哲、刘庆华等编写；第四章介绍了丁二烯橡胶，由宋玉萍、李伟天、龚光碧、周豪等编写；第五章介绍了丁腈橡胶，由钟启林、张守汉、张志强、王福善等编写；第六章介绍了乙丙橡胶，由刘振国、杨雨富编写；第七章介绍了丁基橡胶，由魏绪玲、燕鹏华编写；第八章介绍了异戊橡胶，由宋尚德、杨雨富编写；第九章介绍了苯乙烯热塑性弹性体，由关宇辰、李福崇、周豪等编写；第十章介绍了橡胶粉末化，由魏绪玲、龚光碧等编写；第十一章介绍了合成橡胶加工及应用技术，由胡海华、李波等编写；第十二章介绍了合成橡胶标准，由李晓银、陈跟平编写；第十三章对合成橡胶发展趋势进行了展望，由魏绪玲、王锋、龚光碧编写。全书由梁滔、王锋、杨英、潘宏丽统稿，由龚光碧最终审定。

本书在编写过程中，得到了中国石油科技管理部、石油工业出版社等部门和单位的鼎力支持。编写人员都是科研、设计、生产一线的学术带头人和技术骨干。同时，邀请国内科研院所和高校的专家学者对全书内容进行了审阅，胡友良教授、齐润通教授级高级工程师担任本书的主审，吴一弦、杜建荣和于建宁等专家专门抽出时间对本书的编写工作进行了悉心的指导和帮助，并提出了十分中肯且又非常有建设性的意见和建议。杨继钢先生对合成橡胶技术与产业化转化应用做出了贡献，杜吉洲先生对技术研发过程中的组织协调付出了心血，谨在此一并表示衷心感谢！

希望本书的出版对合成橡胶行业广大科研人员、生产技术人员、管理人员有所裨益。由于编者水平有限，书中难免有不妥之处，敬请同行专家和读者批评指正。

目录

第一章 绪　论

中国是全球最大的合成橡胶消费市场，年均生产能力、产量和消费量均居世界第一[1-2]。“十一五”期间，国内合成橡胶需求旺盛，经济效益相对较好，吸引了一大批国有及民间资本进入合成橡胶领域。“十二五”“十三五”期间，国内产能得到集中释放，全国主要合成橡胶品种生产装置总能力从2009年的282×10^4t/a增长到2020年的608×10^4t/a❶，年均增长率超过30%。2020年，全国合成橡胶产量达到440×10^4t，装置开工率为72.4%。

中国合成橡胶产业经过60余年的发展，现已形成了完备的工业体系。顺丁橡胶、丁苯橡胶、丁腈橡胶及热塑性弹性体等成套技术均处于世界先进水平，乙丙橡胶、丁基橡胶、氯丁橡胶、异戊橡胶技术取得了长足的进步，氢化丁腈橡胶也实现了工业化。中国已成为合成橡胶生产大国，正向合成橡胶强国迈进。

第一节　国内外合成橡胶技术现状

“十二五”“十三五”期间，世界合成橡胶工业地区发展不平衡，欧美地区只有阿朗新科公司(ARLANXEO)生产规模有较大发展，其他公司发展相对缓慢。亚洲是合成橡胶市场发展的重点，中国、韩国、印度、新加坡是产能增长的主要国家。世界合成橡胶企业重组速度加快，德国朗盛公司与沙特阿美公司宣布成立全新的合成橡胶公司，更名为阿朗新科公司(ARLANXEO)，进一步巩固了其领先地位，并收购了荷兰帝斯曼公司(DSM)乙丙橡胶业务；日本电化学公司2014年收购了美国杜邦公司氯丁橡胶业务。根据世界合成橡胶生产者协会统计，截至2020年底，产业规模排名前23位的合成橡胶企业总产能占比为80%，前5家公司依次如下：阿朗新科公司(产能为205×10^4t/a)、中国石化(产能为174×10^4t/a)、韩国锦湖化学公司(产能为130×10^4t/a)、中国石油(产能为126×10^4t/a)和中国台湾合成橡胶股份有限公司(产能为79×10^4t/a)。

截至2020年底，中国合成橡胶主要生产企业共有58家。其中，中国石化拥有产能174×10^4t/a(含合资企业)，占比为28.6%；中国石油拥有产能126×10^4t/a，占比为20.7%；外商、台商独资或合资企业拥有产能131×10^4t/a，占比为21.5%；其他国内民营或国有企业共拥有产能177×10^4t/a，占比为29.2%。按胶种分布来看，顺丁橡胶、丁苯橡胶及苯乙烯类热塑性弹性体总产能占比超过60%。合成橡胶总体技术水平不断成熟，产业集中度进

❶不包括中国台湾省、香港特别行政区和澳门特别行政区的数据，余同。

一步提升，装置规模呈现大型化，生产自动化控制水平进一步提高，产品向环保化、定制化、高性能化发展。

合成橡胶按胶种划分，主要包括丁苯橡胶(溶聚丁苯橡胶和乳聚丁苯橡胶)、顺丁橡胶、丁腈橡胶、乙丙橡胶、异戊橡胶、丁基橡胶、氯丁橡胶、苯乙烯类热塑性弹性体。近年来，欧美市场合成橡胶技术逐渐趋于成熟，产业集中度进一步提升；而亚洲市场，特别是中国合成橡胶产业相对分散，存在通用牌号产品过剩、高端牌号缺乏的矛盾。随着国家节能环保政策的不断趋严，市场对合成橡胶产品内在品质和售后服务提出了更高的要求，合成橡胶企业竞争日益严峻。

一、丁苯橡胶(SBR)

丁苯橡胶是最大的通用合成橡胶品种，其力学性能、加工性能和制品使用性能都接近于天然橡胶(NR)，是橡胶工业的重要产品。SBR 可与 NR 及多种合成橡胶并用，使其应用范围扩大，广泛应用于生产轮胎制品、鞋类、胶管、胶带、汽车零部件、电线电缆及其他多种工业橡胶制品。SBR 根据聚合工艺的不同分为乳聚丁苯橡胶(ESBR)和溶聚丁苯橡胶(SSBR)。ESBR 开发历史悠久，生产和加工工艺成熟，应用广泛，其生产能力、产量和消耗量在合成橡胶中均占首位[3]。SSBR 生产工艺与 ESBR 相比具有装置适应能力强、产品结构可调可控、牌号多、单体转化率高、“三废”排放量少、聚合助剂品种少等优点，因此虽然开发较晚，但发展迅速。

ESBR 生产技术在 20 世纪 20 年代后期逐渐成熟，此后对工艺又不断改进，并朝着装置大型化的方向发展，自动控制技术已达到较高水平。近年来，ESBR 生产技术在引发体系和乳化体系上没有实质上的突破，国内外 ESBR 生产技术的进步主要体现在助剂的环保化、橡胶填充油的环保化、提高聚合反应单体转化率及节能降耗等方面。在新产品开发方面，主要通过结合苯乙烯含量调控、门尼黏度梯级调控、不同类型填充油的开发，使 ESBR 15 系列和 17 系列牌号进一步丰富。为了进一步提高通用 ESBR 性能，添加第三单体或填充剂来定向改善 ESBR 某种特性，如抗撕裂性、耐切割抗刺穿、耐磨性等，国内外研究均取得了很大的进展。

SSBR 采用阴离子活性聚合技术制备，分子结构具备可调性。可对分子链中苯乙烯和丁二烯的比例、丁二烯链段的微观结构、门尼黏度等进行调节，SSBR 产品牌号比较丰富。近几年，SSBR 技术发展已经进入官能化阶段，主要包括封端法、官能化引发剂法和偶联改性法。封端法合成官能化 SSBR 技术中可以采用胺类封端剂、硅烷类封端剂、含羧基或者羟基官能团的封端剂。通过在链端引入 N、Si、Sn 等杂原子或者引入硅氧基、羟基、羧基等基团，增强分子链自由末端间的作用力，从而限制其运动，进而降低轮胎滚动阻力。

中国在 2006 年以前仅有两套 SSBR 装置，分别位于燕山石化和茂名石化，产能均为 3×10^4t/a。其中，燕山石化的 SSBR 装置采用间歇聚合工艺，除后处理单元外，其工艺特点和技术水平与苯乙烯-丁二烯-苯乙烯三嵌段共聚物(SBS)装置大体相同；茂名石化的 SSBR

装置是1997年引进比利时Fina公司技术建成的。由于2006年以前国内对SSBR的需求量很少[4]，而SBS用量较大，上述两套装置经过改造后主要用于生产SBS。2006年，高桥石化10×10^4t/a SSBR装置在上海漕泾投产，引进日本旭化成公司的连续溶液聚合生产技术，共有3条生产线，可生产SSBR和低顺式聚丁二烯橡胶(LCBR)。2009年，独山子石化采用意大利Polimeri Europa公司的溶液聚合专利技术建成工业装置，装置设计产能为18×10^4t/a，其中SSBR和LCBR产能为10×10^4t/a，SBS产能为8×10^4t/a。

据统计，2020年全球SBR总产能已达到574.2×10^4t/a。其中，ESBR产能为410.6×10^4t/a，位居前五的公司依次为韩国锦湖化学公司、中国石油、俄罗斯Sibur有限公司、美国Ashland有限公司和中国石化；SSBR产能为163.6×10^4t/a，位居前五的公司依次为日本旭化成公司、法国米其林公司、普利司通公司、盛禧奥公司和阿朗新科公司。2020年，世界ESBR和SSBR主要生产企业及产能分别见表1-1和表1-2，中国SBR主要生产企业及产能见表1-3。

表1-1　2020年世界ESBR主要生产企业及产能

排名	生产企业	产能，10^4t/a	排名	生产企业	产能，10^4t/a
1	韩国锦湖化学公司	56.5	8	美国固特异公司	27.1
2	中国石油	49.0	9	中国台湾合成橡胶股份有限公司	26.2
3	俄罗斯Sibur有限公司	41.1	10	韩国LG公司	18.5
4	美国Ashland有限公司	34.0	11	美国Lion化学	15.9
5	中国石化	29.5	12	日本合成橡胶公司	15.0
6	盛禧奥公司	29.5	13	印度信诚工业公司	15.0
7	阿朗新科公司	28.5			

表1-2　2020年世界SSBR主要生产企业及产能

排名	生产企业	产能，10^4t/a	排名	生产企业	产能，10^4t/a
1	日本旭化成公司	24.0	8	韩国锦湖化学公司	8.4
2	法国米其林公司	21.0	9	中国石化	15.7
3	普利司通公司	18.0	10	韩国LG公司	6.0
4	盛禧奥公司	17.0	11	中国石油	10.0
5	阿朗新科公司	13.0	12	俄罗斯NKNK公司	5.0
6	日本瑞翁公司	12.5	13	日本住友化学公司	4.8
7	日本合成橡胶公司	8.6	14	俄罗斯Sibur有限公司	4.0

表 1-3 2020 年中国 SBR 主要生产企业及产能

生产企业	ESBR 产能，10^4t/a	SSBR 产能，10^4t/a
中国石化燕山石化		3.0
中国石化齐鲁石化	23.0	
中国石化高桥石化		6.7
中国石化茂名石化		3.0
中国石化巴陵石化		3.0
中国石油吉林石化	14.0	
中国石油兰州石化	15.5	
中国石油独山子石化		10.0
中国石油抚顺石化	20.0	
申华化学工业公司	18.0	
南京扬子石化金浦橡胶公司	10.0	
普利司通(惠州)合成橡胶公司	5.0	
杭州浙晨橡胶有限公司	10.0	
天津陆港石油橡胶有限公司	10.0	
福橡化工有限公司	10.0	
浙江维泰橡胶有限公司	10.0	
北方戴纳索合成橡胶有限公司		10.0
镇江奇美化工有限公司		4.0
山东华懋新材料有限公司		10.0

二、丁二烯橡胶(BR)

BR 根据微观结构及顺式-1,4-结构含量的不同主要分为高顺式聚二丁烯橡胶、中顺式聚二丁烯橡胶和低顺式聚二丁烯橡胶以及反式-1,2-聚丁二烯橡胶。其中，高顺式聚二丁烯橡胶、中顺式聚二丁烯橡胶和低顺式聚二丁烯橡胶通称为顺式聚丁二烯橡胶(以下简称顺丁橡胶)，是目前仅次于 SBR 的第二大通用合成橡胶。顺丁橡胶具有弹性好、生热低、滞后损失小、耐曲扰、抗龟裂及动态性能好等优点，可与天然橡胶、氯丁橡胶及丁腈橡胶等并用，主要用于轮胎工业中，可用于制造胶管、胶带、胶鞋、胶辊、玩具等，还可以用于各种耐寒性要求高的制品和用作防震[5]。

目前，世界上顺丁橡胶的生产主要采用溶液聚合法，根据不同的催化体系，生产工艺可分为稀土系、钛系、钴系、镍系和锂系。由锂系制得的聚丁二烯橡胶顺式-1,4-结构质量分数只有 35%~40%，为低顺式聚丁二烯橡胶(LCBR)；由钛系制得的顺式-1,4-结构质量分数在 90%左右，为中顺式聚丁二烯橡胶；由钴系、镍系及稀土系制得的顺式-1,4-结构质量分数达 96%~99%，为高顺式聚丁二烯橡胶。由稀土制得的聚丁二烯橡胶(Nd-BR)的主要特点是分子链立构规整度高，乙烯基结构单元含量比钛系、钴系和镍系 BR 更低，分子链线形规整度高、线性好，平均分子量高，生胶强度、加工性能及硫化胶物理性能及动态力学性能均优于其他催化体系 BR 产品，特别适用于胎面胶和胎侧胶。LCBR 具有优异的耐寒性、回弹性、耐磨性、耐老化及耐油性，尤以低温屈挠性为最佳，与其他胶种并用作为轮胎胎面胶，可改善轮胎的抗湿滑性并降低滚动阻力，是子午胎胎面的理想胶种。此外，LCBR 还具有色浅、透明、凝胶少和纯度高的特点，是高抗冲聚苯乙烯(HIPS)和丙烯腈-丁二烯-苯乙烯嵌段共聚物(ABS)理想的抗冲击改性剂。

中国顺丁橡胶的研究开发始于 20 世纪 60 年代。1971 年，燕山石化建成投产了中国第一套镍系顺丁橡胶生产装置，生产能力为 1.5×10^4 t/a。中国科学家欧阳均、沈之荃等于 1963 年首先发现了稀土络合催化剂。中科院长春应化所于 1980 年公开出版了《稀土催化合成橡胶文集》，在世界范围内掀起了稀土催化剂研究热潮。1983 年，锦州石化进行了千吨级装置稀土充油顺丁橡胶工业化实验和轮胎里程实验。1987 年，德国 Bayer 公司首先实现工业化生产。1989 年，意大利 EniChem 公司也开始稀土顺丁橡胶的生产。1998 年，锦州石化与中科院长春应化所合作，在万吨级镍系顺丁烯橡胶生产装置上采用绝热聚合方式实现了钕系稀土顺丁橡胶的工业化生产。目前，国内拥有稀土顺丁橡胶生产技术的厂家有独山子石化、锦州石化和燕山石化，但受各方面因素的制约，只有独山子石化、燕山石化实现了窄分布、高门尼黏度稀土顺丁橡胶大规模生产和应用。2020 年，全球 BR 总产能已达到 476.9×10^4 t/a。截至 2020 年底，中国 BR 产能为 159×10^4 t/a，主要生产企业及产能见表 1-4。

表 1-4 2020 年中国 BR 主要生产企业及产能

生产企业	产能，10^4 t/a	生产企业	产能，10^4 t/a
中国石化燕山石化	15.0	南京扬子金浦橡胶有限公司	10.0
中国石化齐鲁石化	7.0	台橡宇部化学工业有限公司	7.2
中国石化高桥石化	15.3	新疆天利石化股份有限公司	5.0
中国石化巴陵石化	6.0	福橡化工有限公司	5.0
中国石化茂名石化	10.0	华宇橡胶有限公司	16.0
中国石油锦州石化	5.0	山东华懋新材料有限公司	10.0
中国石油大庆石化	16.0	山东万达化工有限公司	3.0
中国石油独山子石化	3.5	浙江传化合成材料有限公司	10.0
中国石油四川石化	15.0		

三、丁腈橡胶(NBR)

NBR 具有极好的耐油性、耐磨性、耐溶剂性和耐热性，主要用于制作耐油橡胶制品，广泛用于建材、汽车、石油化工、航空航天、纺织、印刷、制鞋、电线电缆等国民经济和国防领域[6]。1930 年，德国 Konrad 和 Thchunkur 公司首次试制成功，NBR 生产工艺从热法(30~50℃)乳液聚合发展到冷法(5~15℃)乳液聚合，形成了间歇聚合和连续聚合共存的乳液聚合法技术路线。产品涵盖固体丁腈橡胶(固体 NBR)、氢化丁腈橡胶(HNBR)、粉末丁腈橡胶(PNBR)、羧基丁腈橡胶(XNBR)以及丁腈胶乳(NBR 胶乳)等。

在 NBR 供应上，日本瑞翁公司、德国朗盛公司、日本合成橡胶公司等企业品种齐全，牌号众多。日本瑞翁公司 NBR 牌号从超高腈、高腈、中高腈、中腈到低腈共计 30 个。其中，中高腈产品共 10 个，丙烯腈含量为 31.0%~33.5%，门尼黏度达 27~80$ML_{1+4}^{100℃}$，再结合抗氧体系的污染性，每个牌号均有建议使用方向。此外，还有羧基丁腈、三元共聚丁腈、交联及双峰分布丁腈、液体丁腈和粉末丁腈。用户根据配方选择余地非常大，可以满足各类下游用户的需求。中国石油是国内 NBR 新技术开发的领头羊，开发了结合丙烯腈含量为 15.0%~42%、门尼黏度为 40~80$ML_{1+4}^{100℃}$的系列产品以及特殊用途的官能化改性产品，中国石化、北京化工大学及近 5 年发展起来的民营企业也开展了很多技术开发工作，围绕生产工艺优化、生产装置改进等技术进行创新，同时根据市场需求不断研发专业化、特性化以及新型共混改性产品，赋予产品更新、更全面的性能。浙江赞南科技有限公司和山东道恩特种弹性体材料有限公司先后建设 HNBR 装置，开启 HNBR 国产化之路。

世界各个国家和地区 NBR 的消费结构不尽相同。其中，北美约 29%NBR 用于生产软管、胶带和电缆，21%用于生产 O 形圈，15%用于生产挤出和模塑制品，11%用于黏合剂和密封剂，2%用于制鞋；西欧 63%NBR 用于生产汽车机械产品，7%用于制鞋及装饰，30%用于其他方面；日本 75%NBR 用于汽车工业制品，2%用于织物产品，2%用于黏合剂，1%用于造纸，20%用于其他方面；中国 NBR 主要应用在建材、汽车、航空航天、石油化工、纺织、制鞋、电线电缆等领域，其消费结构与国外差别较大，31.9%用于保温发泡材料(节能建筑的墙体保温、管道保温、空调系统绝热保温、运动器材把手等)，29.8%用于密封制品(机动车辆密封件、O 形圈)，26.6%用于胶管制品(耐油、耐腐蚀、耐热、耐压胶管制品，主要用于工程机械的液压胶管和机动车辆输油管等)，3.2%用于运输带，3.2%用于改性材料，5.3%用于耐油胶鞋、胶辊、胶黏剂、耐油胶板等其他方面。

2020 年，世界 NBR 主要生产企业及产能见表 1-5。截至 2020 年 12 月，阿朗新科公司是世界上最大的 NBR 生产商，产能为 12.5×10^4t/a；日本瑞翁公司是世界上第二大 NBR 生产商；中国石油 NBR 产能为 7.5×10^4t/a，位居世界第三。

表 1-5　2020 年世界 NBR 主要生产企业及产能

生产企业	产能，10^4t/a
法国 Eliokem 公司	1.5
阿朗新科法国公司	8.5
意大利 Polimeri Europa 公司	3.3
波兰 Synthos 公司	0.8
英国 Zeon Chemicals Europe 有限公司	1.5
俄罗斯 Sibur 有限公司	4.1
欧洲合计	19.7
阿根廷 Petrobras Energia 公司	0.4
巴西 Nitriflex 公司	2.2
巴西 Petroflex 公司	2
墨西哥 INSA/ParaTec Elastomers LLC 公司	2.2
拉丁美洲合计	6.8
美国 Lion Copolymer 公司	1.5

续表

生产企业	产能，$10^4t/a$
美国 Zeon Chemicals L. P. 公司	4
阿朗新科加拿大公司	4
北美合计	9.5
日本合成橡胶公司	4
日本瑞翁公司	5
印度 Eliochem 公司	2
印度 Synthetics & Chemicals 有限公司	0.8
韩国 Kumho Petrochemical 有限公司	3
韩国 LG 公司	3
韩国 Hyundai Petrochemical 有限公司	1.6
中国石油兰州石化	6.5
中国石油吉林石化	1
镇江南帝化工公司	5
中国台湾南帝公司	2.4
宁波顺泽橡胶有限公司	5
朗盛台橡(南通)化学工业有限公司	3
亚洲合计	42.3
总计	78.3

注：表中所列产能不包括液体丁腈、粉末丁腈、氢化丁腈及丁腈胶乳。

四、乙丙橡胶(EPR)

EPR 是由乙烯、丙烯及第三单体共聚得到的聚合物，制备方法有溶液聚合法、悬浮聚合法和气相聚合法 3 种。溶液聚合法工艺是当今世界 EPR 生产的主流工艺，采用此工艺的装置生产能力约占世界 EPR 总生产能力的 88.0%。传统 Ziegler-Natta 型溶液聚合工艺仍是目前国内外生产 EPR 最广泛使用的方法，但茂金属催化剂型的溶液聚合工艺是今后主要的发展趋势之一。悬浮聚合法生产工艺流程短，投资和成本较低，但产品性能没有突出优点，应用范围较窄，不及溶液聚合法工艺使用广泛[7]。

1997 年，吉林石化引进日本三井化学公司溶液聚合法技术，建成当时国内唯一一套 $2\times10^4t/a$的 EPR 生产装置。但该装置生产的 24 个牌号产品大部分不能满足中国市场需求，截至 2020 年 12 月，引进牌号仅保留了 2 个。为满足国内市场需求，吉林石化大力开发 EPR 产品，并始终走在国内 EPR 开发的前列，已陆续开发出 11 个应用于润滑油改进剂、汽车内胎、树脂改性及密封条等领域的 EPR 新牌号。这些牌号逐渐形成了市场优势，基本覆盖了国内 EPR 中低端市场，并得到国外用户的认可，但用于电线电缆、高档密封条等高端领域的 EPR 产品仍处于空白。

2014 年，中国石化与日本三井化学公司共同出资在上海高桥建设了一套 $7.5\times10^4t/a$ 的 EPR 装置，采用茂金属催化剂技术，工艺先进。2015 年，阿朗新科公司在江苏常州新建年

产 16×10^4t EPR 装置投产；同年，韩国 SK 化学公司在浙江宁波新建的年产 5×10^4t EPR 装置投产。截至 2020 年底，中国 EPR 装置规模达到 47×10^4t/a，出现产能过剩现象。2020 年全球 EPR 主要生产企业及产能见表 1-6。

表 1-6　2020 年全球 EPR 主要生产企业及产能

生产企业	产能，10^4t/a	生产企业	产能，10^4t/a
阿朗新科公司	44.2	KEMYA 公司	11
埃克森美孚公司	29.5	SK 全球化学公司	9.0
韩国锦湖化学公司	22.0	中国石油	8.5
Versalis(埃尼旗下)公司	18.5	日本住友化学公司	4.3
日本三井化学公司	17.0	日本合成橡胶公司	3.6
道化学公司	15.1	俄罗斯 NKNK 公司	1.2
美国 Lion Copolymer 公司	13	合计	9

在 EPR 的发展史中，继传统的 Ziegler-Natta 催化剂和茂金属催化剂之后，非茂单中心(也称单活性中心)催化剂在 EPR 合成中得到应用，并取得突破性进展。目前，有竞争力的新一代非茂单中心催化剂包括 Ni-Pd 系催化剂、Fe-Co 系催化剂等类型。在三元 EPR 开发过程中，除了目前常用的亚乙基降冰片烯(ENB)、双环戊二烯(DCPD)以及 1,4-己二烯(1,4-HD)等作为第三单体，一些新的其他烯烃单体[如 5-乙烯基-2-降冰片烯(VNB)、1,7-辛二烯、7-甲基-1-6-辛二烯等]也逐渐进入 EPR 聚合物。这些烯烃化合物作为第三或第四单体参与乙烯和丙烯的共聚反应，制备出如乙烯-辛烯二元共聚物(EOC)、乙烯-丙烯-VNB 三元共聚物、乙烯-丙烯-ENB-VNB 四元共聚物等新产品，赋予 EPR 新的功能。

五、丁基橡胶(IIR)

IIR 的生产方法主要有淤浆法和溶液法。淤浆法是以氯甲烷为稀释剂、H_2O—$AlCl_3$ 为引发体系，在低温(-100℃左右)下将异丁烯与少量异戊二烯通过阳离子聚合制得 IIR。淤浆法生产技术主要包括聚合反应、产品精制、回收循环部分。溶液法是以烷基氯化铝与水的络合物为引发剂，在烃类溶剂(如异戊烷)中于-90～-70℃下，异丁烯和少量异戊二烯共聚生成 IIR。溶液法的优点是可以用聚合物胶液直接制备卤化 IIR(HIIR)。避免了淤浆法工艺制 HIIR 所需的溶剂切换或胶料的溶解工序，可控制工艺条件制备不同分子量的产品[8]。但溶液法 IIR 分子量分布较宽，世界上仅俄罗斯的一家工厂采用溶液法生产 IIR。

HIIR 是 IIR 与卤化剂反应的产物，主要用于生产汽车子午胎的气密层和医用胶塞等，卤化反应包括氯化和溴化。HIIR 的生产方法主要有干法和湿法两种。干法又称干混卤化法，是将成品 IIR 和卤化剂通过螺杆挤压机在机械剪切作用下对 IIR 进行卤化，其反应装置包括进料区、反应区、中和区、洗涤区和出料区等几个操作区。湿法又称溶液法，是 IIR 在溶液中与卤化剂进行反应生产 HIIR 的工艺方法。IIR 的湿法卤化方法很多，IIR 与卤化剂在反应管中进行卤化生成 HIIR 是最重要的一种方法。溶液法 HIIR 的基本合成工艺是 IIR 溶解在烷烃(如己烷或戊烷)中，在 40～60℃下与卤素反应。一般情况下，氯化丁基橡胶

(CIIR)中氯的含量为1.1%~1.3%(质量分数),不饱和度为1.9%~2.0%(摩尔分数);溴化丁基橡胶(BIIR)中溴的含量为1.8%~2.2%(质量分数),不饱和度为1.6%~1.7%(摩尔分数)。由于卤化胶很不稳定,因此需在聚合物回收和后处理工序加入稳定剂和抗氧剂来保护卤化产品。

据国际合成橡胶生产商协会报道,2020年全世界IIR总产能为153.9×10^4t/a。中国IIR的研究开发始于20世纪60年代,但一直没有建成工业化生产装置。1999年,燕山石化引进意大利PI公司技术,建成了中国第一套3×10^4t/a丁基橡胶生产装置,2009年装置产能扩大至13.5×10^4t/a。共引进牌号IIR 1751、IIR 1751 F和IIR 0745,均为普通IIR产品。其中,IIR 1751属于内胎级产品,中等不饱和度,高门尼黏度,主要用于制造轮胎内胎、硫化胶囊和水胎等制品;IIR 1751 F是食品、医药级产品,中等不饱和度,高门尼黏度,可用于口香糖基础料以及医用瓶塞的生产;IIR 0745是绝缘材料、密封材料和薄膜级产品,低不饱和度,低门尼黏度,主要用于电绝缘层和电缆头薄膜的生产。近年来,中国汽车工业发展迅速,轮胎的需求量大增,这大幅拉动了对IIR的需求。截至2020年底,中国IIR产能达到41×10^4t/a。2020年世界IIR主要生产企业及产能见表1-7。

表1-7 2020年世界IIR主要生产企业及产能

公司	产能,10^4t/a	主要产品
埃克森美孚公司(美国)	27.5	IIR,CIIR,BIIR
加拿大朗盛公司	15.0	IIR,CIIR,BIIR
比利时朗盛公司	13.0	IIR,CIIR,BIIR
法国Socabu公司	5.6	IIR,CIIR,BIIR
埃克森美孚公司(英国)	11.0	IIR,CIIR,BIIR
日本丁基橡胶公司	10.5	IIR,CIIR,BIIR
俄罗斯Raznoimport公司	16.8	IIR
中国石化燕山石化	13.5	IIR,CIIR,BIIR
浙江信汇合成新材料有限公司	11.5	IIR,CIIR,BIIR
盘锦和运实业有限公司	6.0	IIR,CIIR,BIIR
宁波台塑化工有限公司	5.0	IIR,CIIR,BIIR
山东京博石油化工有限公司	5.0	BIIR

为满足市场需求,国外公司已开发了多个牌号IIR产品。埃克森美孚公司生产的Exxpro系列产品在橡胶加工行业引起广泛关注,它是由异丁烯与对甲基苯乙烯(PMS)共聚再经溴化而制成的共聚物(BIMS)。BIMS弹性体的气密性及阻尼性能与传统IIR类似,但其耐热老化性能比传统溴化IIR更好,用于内衬时可进一步改善耐曲挠、龟裂增长性能。国内中国石油、中国石化开发星形支化丁基橡胶,改善丁基橡胶的加工性能,提高产品加工效率。

六、异戊橡胶(IR)

IR是以异戊二烯为单体通过溶液聚合而成,主要力学性能与天然橡胶接近,是可替代天然橡胶的合成胶,既可单独使用,也可与天然橡胶或其他通用合成橡胶并用,大量用于制造轮胎和其他橡胶制品。IR 按催化体系基本分为锂系、钛系、稀土体系三大系列[9]。目前，工业上 IR 主要采用 Ziegler-Natta 催化剂体系的溶液聚合法生产，一般以 $TiCl_4-AlR_3$(R 多为异丁基)钛系催化体系为主，主要工艺流程包括原料精制、溶液聚合、胶液分离、干燥及溶剂和单体回收。该产品顺式结构含量高，分子量较低，分布较宽，有一定的支化度，门尼黏度高。采用钛系催化剂合成 Ti-IR 要严格控制铝钛比为 0.9～1.0(物质的量比)，单体质量分数为 12%～20%，在较低温度(0～40℃)聚合 2～4h，转化率可达 70%～90%。

稀土催化剂是合成高立构规整结构橡胶的高效催化剂。20 世纪 70 年代，中科院长春应化所开展了稀土催化剂合成 IR 的研究工作，1975 年完成了中试，但由于合成原料异戊二烯来源以及应用开发等方面的原因，一直未实现工业化生产。俄罗斯 Sintez-Kauchuk 公司采用的氯化稀土催化剂技术，通过强化氯化钕与异丙醇的络合反应，使得配合物中异丙醇的含量增加、催化剂粒度变小，增强对异戊二烯的聚合催化活性。国内企业大多数采用羧酸稀土催化剂技术，羧酸稀土催化剂又分为非均相和均相两种。在稀土催化剂的生产过程中，均相催化剂的添加量容易控制、产品分子量分布较窄，顺式-1,4-结构含量较高。但是，配制工艺较复杂，易出现产品分子量低的问题。虽然现有的 3 种稀土 IR 聚合催化剂工业技术各有特点，但国内采用的均相羧酸稀土催化剂技术因加入量容易控制、活性中心稳定、产品顺式-1,4-结构含量较高，相对优势更明显。

2010 年 4 月，山东鲁华化工有限公司在广东茂名的 1.5×10^4t/a 工业装置建成投产，结束了中国无 IR 工业生产的历史。此后，中国 IR 的产能不断增加。截至 2020 年底，全球 IR 产能近 100×10^4t/a，主要集中在俄罗斯、中国、美国和日本，2020 年中国 IR 主要生产企业及产能见表 1-8。近年来，由于天然橡胶价格较低，IR 装置开工率不足 20%。

表 1-8　2020 年中国 IR 主要生产企业及产能

生产企业	产能，10^4t/a	生产企业	产能，10^4t/a
山东鲁华化工有限公司	6.5	新疆天利石化股份有限公司	3.0
伊科思新材料股份有限公司	7.0	金海德旗化工有限公司	3.0
中国石化燕山石化	3.0	总计	25.5
山东神驰石化有限公司	3.0		

七、苯乙烯类热塑性弹性体(SBC)

SBC 是指由聚苯乙烯链段构成硬段和由聚二烯烃构成软段的三嵌段共聚物，又称苯乙烯嵌段共聚物[10]。其中，软段若为聚丁二烯，称为热塑性丁苯嵌段共聚物或热塑性丁苯橡胶，简称 SBS；若软段为聚异戊二烯，则简称 SIS。为改进 SBS、SIS 的耐候性和耐老化性，还开发了其氢化产品。SBS 的加氢产物，在结构上，其软段相当于乙烯和丁烯的共聚物，因此称为 SEBS；SIS 的加氢产物，在结构上，其软段相当于乙烯和丙烯的共聚物，因此称为 SEPS。

SBS 聚合采用阴离子聚合，以丁基锂有机化合物为引发剂，在非极性溶剂中于惰性气体保护下进行聚合反应。首先将原料及各种组分进行精制，然后向反应器中先加入规定质量1/2的苯乙烯，接着加入引发剂溶液，升温到50℃左右，维持0.5~1h，待苯乙烯完全转化后降温至35℃左右，加入丁二烯再升温至50~70℃并维持2h左右，为使丁二烯转化完全，可接着将温度升至70~80℃，再维持20~30min，最后加入另一半苯乙烯，在70~80℃下反应1h。聚合结束后向聚合物溶液中加入含有稳定剂的环已烷溶液，并加入分散剂(如硬脂酸钙)在90℃以上进行凝聚，再经挤压脱水、膨胀干燥后制得产品。中国SBS产品主要用于制鞋、沥青改性、聚合物改性以及胶黏剂等方面。其中，用于制鞋约占41.49%，沥青改性剂约占25.53%，胶黏剂约占14.36%，聚合物改性约占10.11%。

截至2020年底，世界SBS总产能为279.4×10^4 t/a，主要集中在西欧、北美和亚太地区；中国是世界上最大的SBS生产国(含合资和独资企业)，产能达到119.0×10^4 t/a。2020年世界SBS主要生产企业及产能见表1-9。

表1-9 2020年世界SBS主要生产企业及产能

生产企业	产能，10^4t/a	主要产品
科腾化学	47.4	SIS，SBS，SEBS，SEPS
李长荣化工	44	SBS，SIS，SEBS
奇美化学	5	SIS，SBS
日本旭化成公司	8.5	SBS，SEBS
韩国锦湖化学公司	7.5	SBS
日本可乐丽公司	4.3	SIS，SBS，SEBS，SEPS
日本瑞翁公司	6	SIS，SBS
韩国LG公司	6.5	SBS
西班牙戴拿索公司	12	SBS，SEBS
中国石化巴陵石化	28.0	SIS，SBS，SEBS
中国石化燕山石化	9.0	SBS
中国石化茂名石化	8.0	SBS
中国石油独山子石化	8.0	SBS
台橡(南通)实业有限公司	6.0	SEBS，SIS
天津乐金渤天化工有限公司	6.0	SBS
宁波科元塑胶有限公司	10.0	SBS，SIS
宁波欧瑞特聚合物有限公司	2.0	SIS，SEBS
山东聚圣科技有限公司	4.0	SIS，SBS
茂名众和化塑有限公司	3.0	SBS
辽宁北方戴纳索橡胶有限公司	5.0	SBS

SBC由于分子极性小、耐油性和耐溶剂性差，使其与极性材料的相容性和黏附性相对较差。对SBC进行化学改性主要是通过不饱和双键引入极性基团，如环氧化、接枝、磺化等。巴陵石化对SBC的极性化改性进行了较为系统的研究，在合成的活性SBS末端引入一

小段极性基团，制备出极性SBS(PSBS)，该产品与极性材料有较好的相容性。巴陵石化还通过改变偶联剂品种、聚合工艺配方和工艺参数，成功开发出适用于沥青改性的SBS新牌号YH-761和YH-898。Kraton聚合物研究有限公司以4-乙烯基-1-环己烯双环氧化合物(VCHD)作为偶联剂，制备出偶联苯乙烯嵌段共聚物，该产品在黏合剂领域具有良好的应用前景。

第二节　中国石油合成橡胶技术现状

截至2020年底，中国石油合成橡胶装置产能达到126×10^4t/a，产品涵盖ESBR、SSBR、NBR、BR、EPR、SBC等。其中，SBR、NBR、EPR在国内具有技术研发和装置产能优势。“十二五”“十三五”期间，中国石油合成橡胶业务在装置规模、生产技术、产品开发、市场占有率、知识产权保护、研发装备完善等方面都取得了丰硕成果。

“十二五”期间，中国石油成功开发了6个合成橡胶成套技术工艺包，即10×10^4t/a ESBR、5×10^4t/a NBR、15×10^4t/a BR、20×10^4t/a ESBR、2.5×10^4t/a EPR和4×10^4t/a IR。其中，5个工艺包成功应用于工业化装置建设，在兰州石化建成15×10^4t/a ESBR生产线及5×10^4t/a NBR生产线，在抚顺石化建成20×10^4t/a ESBR生产线，在四川石化建成15×10^4t/a BR生产线，在吉林石化建成4×10^4t/a EPR生产线。

“十三五”期间，中国石油完成了自主知识产权“10×10^4t/a SSBR成套技术工艺包”“20×10^4t/a无磷ESBR成套技术工艺包”“3×10^4t/a丁戊橡胶(Nd-BIR)成套技术工艺包”和“3×10^4t/a集成橡胶(SIBR)成套技术工艺包”的编制，占领了合成橡胶技术制高点，推进了SIBR和Nd-BIR的产业化，为“十四五”合成橡胶发展提供了有力支撑。

近10年以来，中国石油在合成橡胶领域持续创新，技术进步与产品开发均取得显著成效。

ESBR开创了高端定制化模式，开发了SBR1723、SBR1586、SBR1566和SBR1778E等定制化产品，避免了低端同质化竞争。开发出环保型橡胶填充油，包括克拉玛依石化生产的环保型重环烷油(牌号NAP-10)和辽河石化生产的环保型橡胶填充油(AP-15、NAP-8)。利用开发的环保型充油ESBR技术，在兰州石化15×10^4t/a丁苯橡胶装置上成功产出SBR1723N、SBR1763E、SBR1769E系列环保型充油ESBR。该系列产品顺利通过瑞士SGS和德国环境致癌物生化研究所(BIU)的检测，满足欧盟REACH法规要求。在ESBR成套技术开发方面，针对抚顺石化20×10^4t/a丁苯橡胶装置特点和环保要求，采用无磷电解质，通过对乳化体系、活化相体系、调节剂用量、凝聚温度、搅拌强度、凝聚配方等进行研究和优化，开发出以过氧化氢对盖烷为引发剂、氯化钾为电解质的ESBR无磷制备技术，依此编制20×10^4t/a无磷ESBR成套技术工艺包，并成功实现工业化应用。

在SSBR方面，中国石油开发了一系列新产品：一是采用微观结构改性，通过调节SSBR分子链中苯乙烯基和乙烯基的微观结构，得到不同性能优势的产品。二是采用偶联改性技术，通过链端或链中改性，增强聚合物分子链与二氧化硅之间的相互作用力，降低滚动阻力，降低生热，从而改善产品耐磨性。三是引入异戊二烯，开发集成橡胶。集成橡胶可有效解决橡胶性能中抗湿滑性、滚动阻力和耐磨性互相矛盾的“魔鬼三角”的问题，即在不影响橡胶抗湿滑性能的情况下，可以降低滚动阻力和提高耐磨性能。四是根据溶液聚合特点进行高分子链的支化改性，形成多臂、杂臂、星形 SSBR。利用这些技术，形成具有自主知识产权的 10×10^4t/a SSBR 工艺包。此外，官能化 SSBR 聚合和加工应用技术也取得突破，先后开发出 2 个牌号官能化产品 SSBR2060-N 和 E-SSBR2557S。其中，SSBR2060-N 为双端基改性产品，主要用作高性能轮胎；E-SSBR2557S 为链中环氧化产品，环氧化度为 1%~6%，主要用作高性能轮胎和耐油产品。还开展了星形杂臂集成橡胶技术的研究，开发出 SIBR 成套技术，形成 3×10^4t/a SIBR 工艺包，包括 2 个产品牌号 SIBR4020 和 SIBR5015，引领了国内 SSBR 的发展，加快了国内绿色轮胎产业的升级步伐，促进了中国《绿色轮胎技术规范》的加速实施。独山子石化 SSBR 的推广应用取得显著成效，产品得到市场认可。

在 BR 方面，中国石油重点开发稀土顺丁橡胶，特别是窄分布、带有一定支化度的稀土顺丁橡胶，可以改善加工性能和冷流性。钕系稀土聚合物的特点是顺式-1,4-结构的含量高(不低于 98%)和分子量分布窄，不含凝胶和支链聚合物，不含低聚物。随着轮胎标签法的实施，钕系顺丁橡胶已成为国内外研究开发的热点。在锂系顺丁橡胶方面，重点开发塑料改性低顺式聚丁二烯橡胶牌号，开发滚动阻力和抗湿滑性能均衡的中乙烯基聚丁二烯和高乙烯基聚丁二烯橡胶。开发出 3×10^4t/a NdBR 生产技术，并在独山子石化改造建设 1 套 3×10^4t/a NdBR 装置。2017 年，依托国家重点研发计划项目“高性能合成橡胶产业化关键技术”，开展了高活性、高顺式 NdBR 定向催化技术研究，开发出窄分布、高门尼黏度 BR9101N、BR9102 等产品。研究用于丁二烯-异戊二烯共聚的高活性稀土催化剂，开发出稀土丁戊橡胶，稀土丁戊橡胶是丁二烯与异戊二烯的共聚橡胶，兼顾了顺丁橡胶和异戊橡胶的优良性能，是中国尚未实现产业化的合成橡胶之一。稀土丁戊橡胶具有优异的耐低温性能，其脆性温度不大于-80℃，在某些领域可代替低温环境下广泛使用的硅橡胶(脆性温度为-50℃)，是高寒地区轮胎及低温密封材料和高性能轮胎的原材料。开发出具有自主知识产权的 3×10^4t/a 丁戊橡胶成套技术的产业化应用，填补国内空白，丰富了中国合成橡胶工业的产品结构，引领高端稀土橡胶系列新产品发展。

在 NBR 方面，中国石油率先开发出 NBR 环保化生产技术，实现乳化剂、终止剂、消泡剂和抗氧剂等助剂的环保化，并先后开展了残留单体脱除，胶乳掺混、凝聚、洗涤，胶料干燥等生产工艺优化；开展了 NBR 的长效老化性能评价、环保性能评价及检测技术研究；重点在密封材料用、油气田用、胶辊/胶管用 NBR 粉末技术方面开展研究。开发的环保技术已成功应用于兰州石化 5×10^4t/a 和 1.5×10^4t/a NBR 装置，满足了国内市场对环保 NBR 的需求。开发出低、中、中高、高结合腈 4 个系列 10 个牌号产品，如高腈 NBR4105，中高腈 NBR3305E、NBR3308E、NBR3304G、NBR3305G，中腈 NBR2907E、NBR2805E，中低腈 NBR2605，低腈 NBR1806、NBR1807 等。中国石油 NBR 技术的推广应用，极大地提升了国内 NBR 的技术进步。

在 EPR 方面，中国石油重点开发专用 EPR(如电线电缆用、润滑油改性用、树脂改性用等)和特种 EPR(如液体、超低黏度、超高分子量、高充油、超高门尼黏度、长链支化、双峰结构等)牌号。中国石油是国内最早开展 EPR 生产和研发的单位，截至 2020 年底，中国石油拥有 8.5×10^4t/a EPR 产能，通过消化引进技术再创新，开发出 4×10^4t/a EPR 成套技术。

利用自主技术建成的2.5×10^{4}t/a EPR装置取得的成功，标志着中国结束了EPR生产依靠引进技术的历史。开发出EPD4045、X-0150、定制J-5105、中压电缆J-2034P等新牌号，为中国EPR发展提供了有力支持。对于EPDM，中国石油开发出两个系列的产品，分别以DCPD、ENB作为第3单体，同时正在开展茂金属EPR技术的研发。

在IIR方面，中国石油一直在开展新技术开发工作。基于对国内外IIR不同生产技术的装置规模、投资、技术经济指标以及专利技术等方面的分析，在"十三五"期间，开发出淤浆法溴化异丁烯-对甲基苯乙烯聚合物制备技术。"星形支化IIR"属国家重点研发计划"高性能合成橡胶产业化关键技术"的重点攻关任务之一。在该项目研究过程中，实现了星形支化IIR小试、中试及工业化开发的技术突破。2021年采用自主开发的支化剂，在浙江信汇新材料股份有限公司10×10^{4}t/a IIR装置上完成星形支化IIR的工业化生产。

在IR方面，中国石油从20世纪70年代开始着手研究，近几年进展显著。吉林石化开发出IR产品JH-01(Z)和SKI-5，形成具有自主知识产权的IR成套技术，并完成4×10^{4}t/a稀土IR工艺包的编制。

在SBC方面，中国石油针对市场需求，开发出沥青用、制鞋用、胶黏剂用SBS等新牌号，同时正在开发SEBS技术。中国石油石油化工研究院(以下简称石化院)开展了SBS加氢催化剂和反应装置的研究工作，开发出具有自主知识产权的镍系均相釜式间歇加氢法和茂系环流反应法。目前，正在进行镍系均相加氢法5×10^{4}t/a工艺包设计，将在"十四五"实现产业化应用。

在橡胶粉末化技术方面，中国石油开发了NBR和ESBR粉末化技术，拥有5×10^{4}t/a粉末橡胶工艺包，实现了粉末橡胶的工业化。

中国石油针对已经开发的NBR、SSBR、ESBR、BR和EPR新产品，进行了性能评价、配合技术、加工工艺及制品典型配方研究，为下游用户提供产品加工配方与加工工艺。具备完整的橡胶分析和评价试验平台，能够提供合成橡胶产品加工应用的技术支持，并建立了合成橡胶产品性能和加工应用数据库，为下游用户提供使用指导。

"十二五""十三五"期间，中国石油高度重视合成橡胶技术创新，共申请发明专利295件，授权190件。不断加强研发力量建设，依托石化院、兰州石化、独山子石化、吉林石化和锦州石化建成了中国石油合成橡胶试验基地，建成200t/a多功能连续乳液聚合中试装置及100t/a多功能溶液聚合中试装置。试验基地具备基础研究、工程放大、标准制修订和加工应用与分析检测能力，为成套技术开发、新产品放大试验及推广应用、技术储备等提供了强有力支撑。

通过"十二五""十三五"期间的发展，中国石油合成橡胶领域生产技术水平和科技创新能力显著提升，标准领域话语权不断加强，高质量发展稳步推进。中国石油合成橡胶业务进入创新驱动，技术创新为公司合成橡胶业务发展提供了支撑，特别是在低成本生产技术、环保化技术、清洁生产技术方面已经取得突破；在合成橡胶产品的高性能化、高端定制化、牌号精细化取得重要成果，推动了中国合成橡胶工业全产业链技术升级。

参 考 文 献

[1] 赵旭涛，刘大华．合成橡胶工业手册[M]．2版．北京：化学工业出版社，2006.

[2] 中国合成橡胶工业协会 .2019 年国内合成橡胶产业回顾及展望[J]. 合成橡胶工业，2020，43(2)：85-88.
[3] 崔小明 . 国内外丁苯橡胶供需现状及发展前景分析[J]. 橡胶科技，2019，17(2)：65-70.
[4] 谢引莉 . 我国丁苯橡胶产业链供需分析[J]. 当代石油化工，2019，11(2)：18-21.
[5] 谭捷，刘博超，吴成美，等 . 国内聚丁二烯橡胶生产技术进展及市场分析[J]. 弹性体，2018，28(1)：80-86.
[6] 王锋，龚光碧，钟启林，等 . 丁腈橡胶发展现状及建议[J]. 当代化工，2012，41(12)：1337-1339.
[7] 王锋，龚光碧，梁滔，等 . 乙丙橡胶技术现状及发展趋势[J]. 塑料制造，2012(11)：69-72.
[8] 王锋，翟月勤，史工昌，等 . 丁基橡胶发展现状及发展建议[J]. 广东化工，2012，39(13)：1-4.
[9] 刘博，谢希明 . 稀土异戊橡胶替代天然橡胶共混硫化胶的性能研究[J]. 辽宁大学学报，2015，42(2)：174-179.
[10] 王锋，郑聚成 . 国内外 SBS 供需现状及发展前景[J]. 广东化工，2014，41(23)：104-107.

第二章　乳聚丁苯橡胶

乳聚丁苯橡胶(ESBR)是以丁二烯和苯乙烯为单体，采用自由基引发的乳液聚合工艺生产的合成橡胶(SR)，产品主要应用于制备轮胎、鞋类、胶管、胶带等橡胶制品。中国石油现有 ESBR 生产能力为 49×10^4t/a。为了满足国内轮胎企业对 ESBR 差异化的需求，通过定制化平台技术开发，中国石油逐步实现了产品系列化、定制化，满足了不同用户需求，特别是在新产品开发方面，多个牌号实现了工业化生产，相继开发出 ESBR1778E、ESBR1723、ESBR1739、ESBR1586 和 ESBR1566 等新产品。此外，开发的过氧化氢对蓋烷引发体系 ESBR 无磷聚合技术得到工业化应用。

第一节　聚合原理与工艺

一、聚合原理

1. 乳液聚合[1]

在水或其他介质中，单体由乳化剂分散成乳液的聚合称为乳液聚合，聚合物的粒径很小(0.05~0.20μm)。其中，水作为主要介质，提供了低黏度介质和多相反应场所；乳化剂的作用是维系非均相聚合体系的稳定性，保持乳液体系不同部位的正常功能。

在乳化体系中，丁二烯与苯乙烯共聚反应为自由基反应，其反应历程如下：

(1) 初始自由基的产生。

$$Fe^{2+}+ROOH(\text{过氧化物})\longrightarrow Fe^{3+}+OH^{-}+RO\cdot(\text{过氧化物自由基})$$

$$Fe^{3+}+NaSO_2CH_2O\longrightarrow Fe^{2+}+NaHSO_3+HCHO$$

(2) 引发单体反应。

$$RO\cdot+M(\text{单体})\longrightarrow ROM\cdot$$

(3) 链增长反应。

$$ROM\cdot+M(\text{单体})+\cdots\longrightarrow RM_n\cdot$$

(4) 链转移反应。

$$RM_n\cdot+RSH(\text{调节剂})\longrightarrow RM_nH+RS\cdot$$

(5) 链终止反应。

$$RM_n\cdot+RS\cdot(\text{终止剂自由基})\longrightarrow RM_nSR$$

1) 胶束理论

当乳化剂在水介质中的浓度超过临界值后，在乳液体系中通常产生 20~200 个乳化剂分子聚集体(亲水基向外、烃基向内的双层结构)，这就是胶束。因乳化剂浓度不同，胶束形状可由球形(直径为 4~5nm)变为棒状(长度为 100~300nm)。在常用的乳化剂浓度下，1mL 水中约形成 10^{18} 个胶束。胶束直径虽小，但其表面积却比单体液滴大得多。形成胶束时的乳化剂浓度为临界胶束浓度(Critical Micelle Concentration，CMC)，CMC 值一般为 0.0001~0.0003mol/L，胶束形成的同时常伴有体系自由能的降低。

乳化剂溶液的物理化学性质遵循胶体溶液的一系列本质，而乳化剂形成胶束的能力及其对单体的增溶作用对聚合反应起着重要作用。

聚合前，整个体系存在单体液滴、微量单体，以及乳化剂以分子状态溶解于水的水相和部分乳化剂形成的胶束三相。对于难溶于水的单体，如采用水溶性引发剂，单体液滴内无引发剂，因此聚合只能始于胶束中的增溶单体处。

20 世纪 40 年代初，Fryling 通过丁二烯与丙烯腈的共聚试验证明了上述观点；随后，Harkins 建立了经典的胶束成核理论。他们认为：乳化剂分子聚集形成的胶束，其外端呈亲水性，而疏水性内核则由溶解在胶束内的少量单体溶胀。单体在搅拌下形成的液滴分散于水相，并由乳化剂分子稳定，充当聚合原料的仓库。此时，系统中的胶束个数庞大，在加入引发剂后，更易溶于水相中而形成自由基，进而在含有单体的胶束内芯中引发聚合，形成聚合物核，这就是所谓的胶束成核。当成核胶束大于胶束内芯后，便形成了由乳化剂单分子层保护的聚合物粒子核，并不断从系统中捕捉更多单体，逐渐成为单体—聚合物粒子，也称胶乳粒子。此时，吸附在粒子表面的乳化剂起到保护胶乳粒子胶态稳定的作用。聚合过程会在胶乳粒子中继续进行，直至完成。

Harkins 提出的乳液聚合反应机理已得到许多实验的证实，但这种理论体系建立在单体微溶于或不溶于水以及一定的乳化剂浓度等前提下，对乳液聚合并无普适性。从理论上讲，胶乳粒子的形成是多元化的，非均相的胶束成核和均相成核两种倾向的相对程度取决于单体水溶性和乳化剂浓度。

2) 乳液聚合的三阶段

Smith-Ewart 在 Harkins 胶束成核理论的基础上，首先提出了理想乳液聚合过程，大致可分为以下 3 个阶段：

第一阶段(成核阶段)：当粒子数不再增长时，此阶段基本完成。成核阶段经历的时间较短，聚合速率主要与初级粒子的增加速率有关，单体转化率为 2%~20%。其中，难溶于水的单体成核时间较长，转化率也较高。

第二阶段(聚合主要阶段)：由于胶束基本消失，胶乳粒子数趋于稳定，聚合速率大体恒定，单体转化率主要与胶乳粒子的进一步发展即链增长有关；此阶段贯穿于胶束消失直至大部分单体液滴消失的过程中，单体转化率可达 50%~70%。

第三阶段(完成阶段)：在此期间，未反应的单体进入胶乳粒子，随后胶乳粒子中的单体浓度逐渐降低，聚合速率也随之降低。由于单体已无法补充，体系黏度增加，会出现反应速率增大的凝胶效应；当聚合到达此阶段的后期时，反应速率会突然降为 0，此现象称为玻璃化效应。

2. 聚合特点[2]

烯烃单体聚合反应放热量很高，聚合热为 60~100kJ/mol。对乳液聚合来说，聚合发生在胶乳粒子中，尽管其内部黏度很高，但是由于连续相是水，使得体系黏度不高，并且在反应过程中其变化也不明显。在此体系中，易于由内向外传热，并且不会出现局部过热现象，更不会暴聚；同时，这种低黏度体系容易搅拌，便于管道输送，可实现连续化操作。

乳液聚合既有高的反应速率，又可得到高分子量的聚合物。在乳液聚合体系中，引发剂溶解于水相中且分解为自由基，后者扩散到胶束或胶乳粒子中，并在其中引发聚合[1]。由于表面带电的自由基链封闭于独立的乳胶粒子中，使得到乳胶粒子间产生静电排斥而无法聚并。因此，乳液聚合自由基链的平均寿命要长于其他聚合方式，这样自由基有充分的时间增长，进而得到高分子量的聚合物。此外，数量巨大的乳胶粒子中封闭的自由基在进行链增长反应时，其总浓度高于其他聚合过程，因此乳液聚合的反应速率高于其他聚合方式。由于自由基存在于独立的乳胶粒子中，提高了反应速率，同时又增大了聚合物分子量，这就是隔离效应。乳液聚合多以水为介质，避免了采用昂贵的溶剂以及回收溶剂的问题，同时减少了引起火灾和环境污染的可能性。

二、聚合工艺

1. 原料规格与性质

1）主要原料

（1）丁二烯。

丁二烯常温常压下为无色气体，加压下可液化，沸点为-4.4℃，冰点为-108.92℃，闪点低于-6℃，空气中体积爆炸极限为2.0%~11.5%。丁二烯化学性质活泼，与空气中的氧反应可生成过氧化物，在高温、撞击、摩擦等情况下极易发生爆炸，因此在生产、贮运和使用中需防止其氧化反应[3]。丁二烯长期贮存易自聚，生成丁二烯二聚体或乙烯基环己烯，后者对丁二烯聚合具有阻聚作用，因此丁二烯要在低温下贮存，并且贮存时间不宜过长。在ESBR生产中，丁二烯质量分数不低于99.5%。

（2）苯乙烯。

常温下，苯乙烯为无色透明液体，沸点为145℃，凝固点为-30.6℃，空气中体积爆炸极限为1.1%~1.6%。苯乙烯化学性质活泼，易自聚，也易与其他单体发生共聚反应。苯乙烯需在低温、绝氧(氮气保护)条件下贮存，以防止自聚导致质量下降，或设备、管线堵塞等现象的发生。在ESBR生产中，苯乙烯质量分数不低于99.3%。

（3）填充油。

填充油的主要指标有运动黏度(100℃)、闪点、折射率、芳烃含量。在生产环保型充油ESBR时，还要考察填充油的稠环芳烃(PCA)、苯并[*a*]芘(BaP)、8种致癌物(PAHs)等含量的影响。

环烷油、重环烷油和环保芳烃油(TDAE)中PCA、BaP、PAHs含量满足REACH法规要求，因此制备的充油ESBR属于环保型产品。石化院与兰州石化联合开发出以下产品：(1)采用环烷油(牌号为AP-8)生产ESBR1778E；(2)采用重环烷油(牌号为NAP-10、AP-15)生产ESBR1723N、ESBR1763E(结合苯乙烯质量分数为23.5%)、ESBR1769E(结合苯乙烯质量分数为40%)；(3)采用TDAE油生产ESBR1723(结合苯乙烯质量分数为23.5%)和ESBR1739(结合苯乙烯质量分数为40%)。

高芳烃油的PCA、BaP、PAHs含量不符合REACH法案要求，因此制备的充油ESBR

属于非环保型产品，如 ESBR1712(结合苯乙烯质量分数为 23.5%) 和 ESBR1721(结合苯乙烯质量分数为 40%)。

2) 辅助原料

(1) 乳化剂。

ESBR 生产用的乳化剂主要是脂肪酸皂、歧化松香酸钾皂或二者的复合物。脂肪酸皂主要指标如下：固体物质量分数为 19.6%~20.4%，游离碱质量分数为 0.08%~0.12%。歧化松香酸钾皂主要指标如下：固体质量分数为 14.0%~16.0%，去氢枞酸钾质量分数不低于 7.20%，枞酸钾质量分数不高于 0.10%。

(2) 引发体系。

ESBR 合成的自由基引发体系为过氧化氢衍生物—铁二价盐的氧化还原引发体系。过氧化氢衍生物包括过氧化氢二异丙苯、过氧化氢异丙苯、过氧化氢对蓋烷等。其中，过氧化氢二异丙苯质量分数为 53.0%~55.0%，密度(20℃)为 0.930~0.960g/cm^3，活性氧质量分数为 4.37%~4.53%，折射率 n_D^{20} 为 1.500~1.510。还原剂硫酸亚铁中七水合硫酸亚铁质量分数为 98.0%~101.0%，水不溶物质量分数不高于 0.02%。

(3) 分子量调节剂。

为有效调节聚合物的分子量及其分布，控制活性增长分子链的支化与凝胶的形成，在 ESBR 生产中，需加入链转移剂和分子量调节剂。目前，ESBR 分子量调节剂选用烷基硫醇，最常用的是叔丁基十二碳硫醇(TDM)，其主要指标如下：质量分数不低于 93%，密度(20℃)为 0.860~0.865g/cm^3，含硫量不低于 15%(质量分数)。为协调聚合速率与调节剂使用速率的同步性，更好调控聚合物分子量及其分布，改善聚合物门尼黏度的均一性，提高调节剂效率，在聚合过程中调节剂采用分批次加入。

2. 生产工序

ESBR 主要生产工序包括原料接收贮存与配制、化学品接收与配制、聚合、单体回收、胶乳贮存与掺配、凝聚干燥压块等。此外，还有冷冻、废水处理等辅助工序。图 2-1 为 ESBR 生产工艺流程示意图。

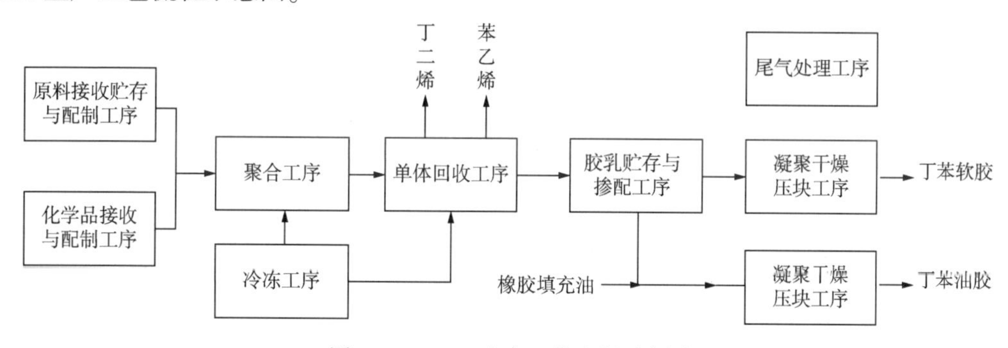

图 2-1　ESBR 生产工艺流程示意图

1) 原料接收贮存与配制工序

(1) 工艺简介。

接收和贮存精制丁二烯、苯乙烯，以及单体回收工序返回的丁二烯、苯乙烯。根据生产的 ESBR 牌号，按配方连续配制丁二烯与苯乙烯混合物，并送往聚合工序。

(2) 技术研发与应用。

① 原料配方对产品组成的影响。苯乙烯与丁二烯进行共聚反应的竞聚率分别为 0.78 和 1.39。实际生产中，在配制原料时，苯乙烯要比产品中结合苯乙烯质量分数高，如结合苯乙烯质量分数为 23.5%的产品中，原料配方中苯乙烯质量分数为 27%~30%，这一规律在 ESBR1778E、ESBR1723、ESBR1723N 和 ESBR1763E 等产品开发中得到应用。结合苯乙烯质量分数为 40%的 ESBR，原料配方中苯乙烯质量分数为 45%~50%，这一规律也适用于 ESBR1586、ESBR1739 和 ESBR1721 等高结合苯乙烯含量产品的开发。

② 原料配方对产品性能的影响。原料丁二烯和苯乙烯的配比决定了 ESBR 的化学组成，如原料中苯乙烯越高，产品中结合苯乙烯质量分数增加，刚性、耐刺穿性、耐磨性等增强，耐低温性能变差。兰州石化与石化院联合研究了结合苯乙烯质量分数对 ESBR 力学性能、硫化特性的影响，开发出可规模化生产的环保型充油 ESBR1778E 和 ESBR1723。

2) 化学品接收与配制工序

在此工序中，生产所需的脱盐水、乳化剂、电解质、络合剂、还原剂、除氧剂、终止剂、阻聚剂、防老剂等化学品，并按照要求配制成相应的水溶液，然后送往聚合工序。

3) 聚合工序

(1) 工艺简介。

丁二烯与苯乙烯混合物(碳氢相)和混合物水溶液(水相)经集束管混合、预冷后，依次经过 8~12 台串联聚合釜，在反应温度为 5~8℃、反应压力为0.2~0.5MPa、停留时间为 13~17h 的条件下，当转化率达到 64%~74%时，在末釜加入终止剂停止反应，可得到固含量为 20%的共聚物乳液(胶乳)、未反应单体等的混合物。

(2) 关键工艺控制。

① 聚合反应热撤除。每台聚合釜内设置搅拌器、换热列管，依靠列管中的液氨蒸发撤除反应热，以维持聚合温度的稳定。在乳液聚合中，由于脱盐水用量约为单体的 2 倍，聚合物质量分数约为 20%，体系黏度较低，反应热比较容易撤除，聚合温度相对平稳。

② 转化率控制。ESBR 适宜的单体转化率为 64%~74%。转化率过高，聚合物发生支化、交联反应加剧，产物门尼黏度、力学性能、硫化特性等偏离期望值较大，加工性能变差；转化率过低，门尼黏度较低，力学性能较差，生产效率降低。转化率与还原剂、引发剂用量有关。准确而稳定地加入引发剂和还原剂是确保转化率稳定、减少对胶乳门尼黏度影响的关键。

③门尼黏度控制。共聚物门尼黏度越高，说明分子量越高。根据不同牌号要求，通过加入分子量调节剂来控制苯乙烯-丁二烯共聚物的门尼黏度。前者用量越多，门尼黏度越低(分子量越小)。在生产中，通常采用多点加入方式来控制门尼黏度。

④不同牌号间在线快速高效切换工艺。在同一装置中，若生产不同牌号(结合苯乙烯质量分数差异较大，23.5%~40.0%)的 ESBR，装置需停工和开工各一次，操作过程烦琐，劳动强度大，过渡料多，经济效益下降。兰州石化开发出在线切换工艺，可实现不同牌号产品的快速切换，过渡料少。

4) 单体回收工序

(1) 工艺简介。

聚合工序的胶乳和未反应单体混合物，经常压闪蒸、微负压和高负压压缩单元后分离出丁二烯，少量丁二烯气体经煤油吸收、解吸，再与闪蒸出的丁二烯混合，然后，经冷却后送往单体接收贮存与配制工序；胶乳和未反应苯乙烯混合物由脱气塔顶部进入，由低温蒸汽加热后，未反应的苯乙烯和水蒸气在塔顶分离，经冷却、油水分离，苯乙烯送往单体接收贮存与配制工序；胶乳从脱气塔底部采出，并且送往胶乳贮存与掺配工序。

（2）关键工艺控制。

① 过氧化物的控制。丁二烯闪蒸槽、缓冲槽经过长时间运行后，由于系统负压导致空气易漏入，丁二烯与氧反应生成丁二烯过氧化物或聚丁二烯过氧化物。因此，在生产中，需定期对装置进行倒空、氮置换、强碱和亚硝酸钠溶液蒸煮操作，以便在线处理过氧化物。

② 脱气胶乳游离苯乙烯与脱气塔运行周期的平衡。脱气塔真空度越高，加热温度越高，脱气后胶乳中游离苯乙烯质量分数越低；但是，聚合物易从胶乳中析出，使得胶乳不稳定，黏结在塔壁、管线等处，缩短装置的运行周期。加热温度低，胶乳稳定性好，聚合物析出少，装置运行周期长；但是，游离苯乙烯质量分数高，凝聚后系统污水排放与干燥后尾气处理量增多。兰州石化开发了脱气塔长周期稳定运行、游离苯乙烯质量分数与尾气处理装置相对应的平衡技术。

5）胶乳贮存与掺配工序

（1）工艺简介。

ESBR 生产过程中所得聚合物的门尼黏度高低不等，为了使产品门尼黏度达到要求的指标和品质均一化，需将先后生产并经脱气的胶乳进行掺混。胶乳的掺混是物理混合过程，掺混后的橡胶门尼黏度值为相互掺混胶乳橡胶门尼黏度值的加权平均值。根据不同牌号产品门尼黏度的要求，对各贮槽胶乳掺混，门尼黏度符合凝聚投料开车加入的胶乳门尼黏度(又称上网门尼黏度)要求后送往后序单元。

（2）关键工艺控制。

门尼黏度差异大的两种或以上胶乳掺混，尽管混合胶乳门尼黏度满足上网门尼黏度要求，但是由于产物中聚合物分子量差异大，影响了制品的加工。因此，结合苯乙烯质量分数不同的胶乳应分罐存放。根据门尼黏度相近的原则，结合苯乙烯质量分数相近的胶乳，可适当提高掺混比例。门尼黏度相差较高的胶乳，偏离上网门尼黏度中值越高，掺混比例越低。

6）凝聚干燥压块工序

（1）工艺简介。

由胶乳贮存与掺配工序来的胶乳与防老剂乳液、填胶乳充油乳液(生产充油 ESBR 时)等在线混合后进入凝聚槽，再与浓硫酸、凝聚剂溶液和凝聚乳清进行凝聚反应；然后，胶乳破乳，胶粒析出，并随乳清、水等进入皂转化槽；橡胶中的乳化剂盐转化为酸留于胶乳中，胶粒则进入水洗槽中，脱除未转化的乳化剂和其他杂质，再经过筛网脱水、挤压机脱水、热风干燥、压块成型，最后得到 ESBR。

（2）关键工艺控制。

① 凝聚温度与 pH 值控制。凝聚温度一般控制在 50~60℃。凝聚温度偏低，凝聚速率减缓，皂转化反应不完全，废水中乳化剂浓度增加，物耗提高；凝聚温度偏高，凝聚速率加快，胶粒细小且发硬，不易干燥。pH 值一般控制在 2.5~4.5。pH 值过高，皂转化不完全，胶粒发黏，并且黏结密实，不易干燥；pH 值过低，凝聚速率加快，胶粒发硬且堆积密

实，也不易干燥。

② 精确稳定控制充油 ESBR 中的油含量。生产充油 ESBR 时，要准确测定胶乳贮存与掺配工序来的胶乳胶含量、门尼黏度，以及填充油用量，这样才能保证产品的门尼黏度和油含量在指标范围内。胶含量测定值偏高，产物中油含量实测值偏高，门尼黏度偏低。在生产中，要稳定控制胶乳输送泵密封水压力和流量，以降低和消除胶乳中水量变化对产品油含量的影响。

③ 填充油的油效应。在高门尼黏度（110~145$ML_{1+4}^{100℃}$）的丁苯胶乳中，加入 37.5 质量份填充油（干胶为 100 质量份），产物门尼黏度降低到与丁苯软胶相近的范围内，便于下游加工。在丁苯胶乳中充填 1 质量份填充油，使门尼黏度下降的数值称作填充油油效应（软化系数），其计算公式如下：

$$\text{填充油油效应(软化系数)}=\frac{\text{充油前胶乳门尼黏度}-\text{充油后橡胶门尼黏度}}{\text{填充油份数}} \tag{2-1}$$

中国石油在充油 ESBR 新牌号开发中，于胶乳中加入 37.5 质量份填充油，根据计算所得油效应设定生产中胶乳和填充油加入量，凝聚干燥压块 2~4h，测定产物门尼黏度、油含量、结合苯乙烯质量分数、力学性能及硫化特性，根据结果确定配方调整方案，保证门尼黏度和油含量满足指标要求。

第二节　乳聚丁苯橡胶技术

一、技术概况

低温乳液聚合法是生产 ESBR 最常用的工艺，世界上约 90%的 ESBR 是用此法生产的。低温乳液聚合法引发剂、活化剂使用效率高，聚合反应温度低，凝胶含量少，能生产出高分子量、机械性能较好的橡胶，已大部分替代高温乳液聚合法[4]。

ESBR 的制备在国内外主要有两种成熟聚合体系：一种是以过氧化氢二异丙苯为引发剂、氯化钾为电解质，应用于兰州石化、南通申华、齐鲁石化等公司；另一种是以过氧化氢对蓋烷为引发剂、磷酸钾为电解质，应用于吉林石化、抚顺石化等公司。

二、技术进展

1. 非充油乳聚丁苯橡胶环保技术

近年来，随着中国轮胎工业的发展，特别是轿车子午线轮胎、轻型载重轮胎产量不断提高，SBR 成为合成橡胶的主力胶种。传统 ESBR1712 结合苯乙烯质量分数为 23.5%，填充 37.5 质量份高芳烃油（DAE）。在轮胎制造过程中，DAE 对操作人员具有危害性；随着温度的升高，轮胎在使用过程中也会放出有害的物质；此外，在放置过程中，废旧轮胎释放出的有毒物质也会造成环境污染。亚硝胺类物是一种致癌物质，德国法规 TRCS532（1988 年1 月生效）规定：工作环境的亚硝胺类物质量浓度不得超过 1μg/m^3。在丁苯橡胶生产中，亚硝胺类物的产生成为限制其发展的瓶颈。因此，控制橡胶中亚硝胺类物的产生，对于提升

ESBR 的产品质量，保护人类健康具有一定意义。

在橡胶生产和使用过程中，由于防老剂、终止剂等助剂存在挥发、迁移、喷霜、抽出等现象，因此会产生如亚硝胺类物等有毒有害物质。要改善操作工人的工作环境，减少有毒有害物质的释放，使用无毒环保的助剂生产橡胶就显得尤为重要。因此，在 SBR 的生产和加工过程中，需实现稳定剂、防老剂、硫化促进剂、调节剂、终止剂等环保化，即使用"绿色助剂"。此外，助剂行业还要推行清洁生产工艺(如防老剂 4020 的原料 4-氨基二苯胺的清洁技术)，开发适应新型制品的绿色配套助剂。

目前，中国环保型 ESBR 的制备主要通过使用不含亚硝基、不产生亚硝胺类物的终止剂、添加亚硝胺类物抑制剂，以及开发非污染新型防老剂、硫化促进剂等来实现。非充油 ESBR 主要产品有 ESBR1500E 和 ESBR1502E。ESBR1500E 主要用于制造对物理性能要求较高的橡胶制品，如轮胎胎面、胶鞋和其他工业品；ESBR1502E 主要用于制作彩色或透明的橡胶制品，如胶鞋、帆布、白色轮胎侧胎、彩色胎面和输送带等。

2. 充油乳聚丁苯橡胶环保技术

橡胶填充油不仅能改善产品塑性，降低黏度和混炼温度，还可以显著改善橡胶的物理化学性质和加工性能。橡胶填充油依据其组成可分为石蜡烃基(质量分数大于 50%)、环烷烃基(质量分数为 30%~45%)和芳烃基(质量分数为 35%)。目前，多数橡胶填充油是高芳烃油经精制得到的抽出油，因此普通橡胶填充油中一般含有质量分数为 10%~30%的多环芳烃(PAHs)。PAHs 的存在不仅污染环境，而且具有致癌性，因此其使用受到严格限制。欧洲议会及欧盟理事会于 2005 年 11 月 16 日在法国斯特拉斯堡签署了 2005/69/EC 指令，要求轮胎用橡胶填充油中 PAHs 总质量分数应低于 3%，8 种特定 PAHs 质量分数不高于 10μg/g，苯并[a]芘含量不高于 1μg/g。满足上述要求的橡胶填充油称作环保型橡胶填充油。受原料、精制工艺等因素的影响，中国环保型橡胶填充油生产企业相对较少，环保芳烃油主要依赖进口，亟待开发国产低成本环保芳烃橡胶填充油。

充油 ESBR 环保化技术主要包括助剂环保化和填充油环保化。目前，国外公司已开发出以下几类工业化无毒操作油和填充油：处理芳烃油(TDAE)、环保型环烷油(NAP)、浅抽油(MES)和残留芳烃提取油(RAE)。在欧洲，TDAE 是高芳烃油的主流替代品，生产商主要为德国 H&R 公司，生产能力为 400kt/a，产品不仅满足欧洲需要，还能出口其他国家，该公司汉堡工厂可生产 VIVATEC500 和 SX500 牌号的 TDAE，泰国工厂可生产 VIVATEC500 和 VIVATEC400 两种牌号的 TDAE；瑞典尼纳斯公司现有填充油生产能力为 720kt/a，尼纳斯石油(上海)有限公司可提供达到标准的 MES 和 TDAE；西班牙 REPSOL 公司开发出 Extensoil1996(TDAE)、Extensoil 1471(MES)、Extensoil 14(RAE)等环保型橡胶填充油，广泛用于欧洲各大轮胎厂；俄罗斯 Orgkihm 公司开发出 TDAE(牌号为 Norman-346)。

中国橡胶填充油生产企业也有新型环保油投放市场，其中克拉玛依石化生产了环保型重环烷油(牌号为 NAP-10)；辽河石化生产了环保型橡胶填充油(AP-15、NAP-8)，产品主要供兰州石化等企业使用。

1) 典型的环保型橡胶填充油

(1) NAP-10。

克拉玛依石化以稠油减四馏分油为原料，通过中压加氢，生产出满足 REACH 法规要求的 NAP-10，其性质见表 2-1。采用 NAP-10 可生产出 ESBR1723N。

表 2-1　NAP-10 的物理化学性质

项目		检测结果	测试标准
密度(20℃)，kg/m^3		925.0	GB/T 1884—2000
运动黏度(100℃)，mm^2/s		23.33	GB/T 265—1988
闪点(开口),℃		245	GB/T 3526—1983
苯胺点,℃		92	GB/T 262—2010
酸值，mg KOH/g		1.04	GB/T 4945—1985
折射率 n_D^{20}		1.5084	ASTM D1774—2009
碳型分析,%	C_A(芳烃碳型)	10.4	SH/T 0729—2004
	C_N(环烷烃碳型)	35.5	
	C_P(石蜡烃碳型)	54.1	
稠环芳烃抽出物,%		2.6	IP 346—2000
BaP，μg/g		0.21	GC-MS
8 种稠环芳烃总和，μg/g		6.75	GC-MS

(2)AP-15。

辽河石化以稠油糠醛抽出油为原料，通过对现有装置的工艺和设备加以改造，可以生产出 AP-15(表 2-2)，其各项性质满足 REACH 法规要求[5]。选用 AP-15 可生产 ESBR1763E 和 ESBR1769E。

表 2-2　AP-15 的物理化学性质

项目		检测结果	测试标准
密度(20℃)，kg/m^3		935.0	GB/T 1884—2000
运动黏度，mm^2/s	40℃	454.9	GB/T 265—1988
	100℃	20.14	
折射率 n_D^{20}		1.5148	ASTM D1774—2009
酸值，mg KOH/g		1.90	GB/T 4945—1985
闪点,℃		248	GB/T 3526—1983
凝点,℃		14	GB/T 510—1983
碳型分析,%	C_A	14.5	SH/T 0729—2004
	C_N	36.7	
	C_P	48.8	
稠环芳烃抽出物(BIU① 检测),%		0.96	IP 346—2000
8 种多环芳烃总和(SGS 检测结果)，μg/g		检测不出	GC-MS

① BIU 为德国环境致癌物生化研究所。

(3) VIVATEC500。

以改性芳烃油(DAE)为原料，采用双重萃取工艺可生产 VIVATEC500，其性质见表 2-3。VIVATEC500 不仅具有芳烃油在轮胎制品及其加工工艺方面的优点，还可作为非致癌物生产高芳烃和低毒性产品。中国石油采用 VIVATEC500 生产出 ESBR1723。

表 2-3　VIVATEC500 的物理化学性质

项目		检测结果	测试标准
运动黏度，mm^2/s	40℃	446.5	DIN 51562 T.1
	100℃	19.6	
密度(20℃)，kg/m^3		942	DIN 51575 T.1
折射率 n_D^{20}		1.5281	DIN 51423 B.2
稠环芳烃抽出物,%		2.6	IP 346—2000
倾点,℃		24	ASTM 5985—2002
闪点,℃		271	ISO 2049：1996
碳型分析,%	C_A	25	DIN 51387
	C_N	31	
	C_P	44	

(4)俄罗斯产 TDAE。

该产品牌号为 Norman-346，性质见表 2-4。

表 2-4　Norman-346 的物理化学性质

项目		技术指标	检测结果	测试标准
运动黏度，mm^2/s	40℃	≤600	428.9	ASTM D7279—2006
	100℃	16~23	21	ASTM D445—2009
密度(20℃)，kg/m^3		927~967	945.8	ASTM D1298—1999
折射率 n_D^{20}		1.5200~1.5400	1.5277	ASTM D1218
稠环芳烃抽出物,%		≤2.9	2.7	IP 346—2000
倾点,℃		≤30	30	ASTM D97—2012
闪点,℃		≥220	246	ASTM D92—1998
苯胺点,℃		64.0~72.0	68.7	ASTM D611—2012
硫含量,%		≤3	2.50	ASTM D1552—2007

产品经 BIU 检测，BaP 和 8 种稠环芳烃含量符合 REACH 法规要求。

2) 中国石油充油 ESBR 环保化技术开发

中国石油采用环保填充油开发出 ESBR1723N、ESBR1763E 和 ESBR1769E，满足了市场需求。

(1) ESBR1723N。

该产品是以 NAP-10 为填充油，结合苯乙烯质量分数为 23.5%，由兰州石化生产，产品各项性能均满足技术指标要求，检测结果见表2-5。

表2-5　ESBR1723N的检测结果

项目	技术指标	检测结果	测试标准
挥发分,%	≤0.60	0.30	GB/T 6737—1997
灰分,%	≤0.50	0.07	GB/T 4498—1997
有机酸,%	3.90~5.70	4.61	GB/T 8657—2000
皂,%	≤0.50	0.09	
油含量,%	24.3~30.0	28.86	SH/T 1718—2002
结合苯乙烯,%	22.5~24.5	23.4	GB/T 8658—1998
生胶门尼黏度，$ML_{1+4}^{100℃}$	42~56	45	GB/T 1232.1—2000
混炼胶门尼黏度，$ML_{1+4}^{100℃}$	≤70	55	GB/T 1232.1—2000
300%定伸应力(145℃，35min)，MPa	11.6~16.6	13.7	GB/T 528—1998
拉伸强度(145℃，35min)，MPa	≥18.4	22.5	
扯断伸长率(145℃，35min),%	≥370	441	

经德国橡胶工业研究院(DIK)对ESBR1723N生胶样品进行亚硝胺类物检测结果表明，10类亚硝基胺类物含量低于检测最低极限，可以满足普通用途橡胶的环保标准。

BIU对产品中稠环芳烃的含量进行了检测，ESBR1723N满足欧盟2005/69/EC指令要求。

(2) ESBR1763E。

该产品是一种结合苯乙烯质量分数为23.5%、填充37.5质量份AP-15的环保型充油ESBR，适用于制备轮胎、输送带、橡胶管等深色工业品，其加工性能、耐磨性良好，产品检测结果见表2-6。

表2-6　ESBR1763E的检测结果

项目	推荐指标	检测结果
挥发分,%	≤0.75	0.10
灰分,%	≤0.50	0.06
有机酸,%	3.90~5.70	4.59
皂,%	≤0.50	0.14
油含量,%	25.3~29.3	26.4
结合苯乙烯,%	22.5~24.5	23.2
生胶门尼黏度，$ML_{1+4}^{100℃}$	38~52	44
300%定伸应力(145℃，35min)，MPa	8.8~14.6	14.2
拉伸强度(145℃，35min)，MPa	≥17.6	21.1
扯断伸长率(145℃，35min),%	≥410	453

注：检测标准同表2-5。

（3）ESBR1769E。

ESBR1769E 是一种结合苯乙烯质量分数为 40%、填充 37.5 质量份 AP-15 的高性能化和环保化的充油 ESBR，具有优异的抗冰滑和抗湿滑性能，特别适用于制作高性能轮胎胎面胶，在硬质鞋底、鞋跟、胶管、胶带、地板材料等领域也有广阔的应用前景，产品检测结果见表 2-7。

表 2-7 ESBR1769E 的检测结果

项目	技术指标	检测结果
挥发分,%	≤0.75	0.36
灰分,%	≤0.40	0.13
有机酸,%	3.90~5.70	4.61
皂,%	≤0.50	0.17
油含量,%	25.3~29.3	25.5
结合苯乙烯,%	38.5~41.5	39.2
生胶门尼黏度，$ML_{1+4}^{100℃}$	47~57	49
300%定伸应力(145℃，35min)，MPa	9.5~15.5	13.9
拉伸强度(145℃，35min)，MPa	≥19.0	20.5
扯断伸长率(145℃，35min)，%	≥420	436

注：检测标准同表 2-5。

3. 抚顺石化 ESBR 技术

1）提高产品优级品率

抚顺石化采用自主技术建成了 20×10^4t/a ESBR 装置。自 2013 年，抚顺石化与石化院合作开展对该装置优级品率提升攻关，通过分析产品微观结构和后加工使用性能，对装置进行了适应性技术改造。

将调节剂一点加料方式改为二点按比例加料方式，用以调整反应中后期物料的分子量。如此，可以使得反应中控门尼黏度指标更加稳定，调整能力加强，产品物理和化学性能指标稳定性提高。

对反应过程中电解质、氧化剂、皂液和终止剂的用量进行调整，通过调整配方改善了橡胶力学性能，提高了产品定伸应力(25min)和扯断伸长率。ESBR1502 扯断伸长率保持在 410%以上。

根据产品力学性能，逐步对后处理凝聚过程三烷基氯化氨和二氰二胺甲醛缩合物(CA)加料配方进行优化调整，降低了助剂消耗，提高了产品力学性能。

对后处理干燥箱进行改造，增加 4 台振动料器，更换 16 台疏水器，提高了干燥箱内物料分散均匀性，解决了湿斑胶问题，产品挥发分指标达到国内领先水平。

对凝聚系统的凝聚槽进料方式和折流板进行了改造，同时更换了搅拌器形式。装置改造后，改善了凝聚效果，进一步提高了产品质量稳定性。对加料方式进行了改造，增加了在线混合器，提高了产品定伸应力。

对前部真空泵、压缩机和苯乙烯回收系统进行了改造，解决了系统堵塞问题，提高了回收丁二烯、苯乙烯的品质，改善了产品性能。

歧化松香酸钾皂和脂肪酸钠皂配套装置投产后，消除了装置因自配钾皂和钠皂造成的产品质量波动，确保了产品质量稳定性。

对后处理凝聚洗涤系统的补水系统进行改造，由新鲜水补水改为脱盐水，不仅解决了因风送管道和旋风分离器内结水垢而造成成品胶内含硬物杂质的问题，而且产品 ESBR1502 颜色更白。

2）提高转化率

采用调整聚合配方，以及补加乳化剂、调节剂和脱盐水等措施，使得转化率由 62%提高到 70%，提高优级品率。

3)环保技术

凝聚剂 CA 难降解且对污水总氮指标影响最大。为降低 ESBR 装置污水总氮处理难度，当选用环保型絮凝剂 EEDC 替代前者后，装置污水处理难度降低，有效保证了外排水总氮指标；污水厂外排水总氮含量约为 10mg/L。成品胶质量满足优级品要求，总氮指标下降 23.3%。后处理单元凝聚效果好，生产运行稳定。

将絮凝剂 EEDC(纯度为 50%)加水配制成 10.8%的溶液，并控制其加料量为 90~120L/h。在生产 ESBR1500E 时，凝聚系统的螺旋筛、固定筛等设备黏胶现象增多，筛网清理频次增加。通过持续调整，逐步降低絮凝剂 EEDC 浓度，当浓度降至 8.5%时，凝聚效果显著改善。

第三节　过氧化氢对蓋烷引发体系无磷聚合技术

抚顺石化 20×10^4t/a ESBR 装置之前以过氧化氢对蓋烷为引发剂、磷酸钾为电解质，引发活性高，聚合速率快；但是，面临的突出问题是排放的废水中磷含量超标，现有污水处理装置无法满足 4 条生产线同时开车的需求，限制了装置的产能。由于环保法规日趋严苛，对含磷废水的排放提出了更高要求，为了确保含磷废水的达标排放，必须使用药剂对废水进行预处理，才能使磷质量浓度降至 1~10mg/L。此外，采用 ESBR 含磷废水处理技术，1 条生产线(5×10^4t/a)每天要产生 7.5~10t 污泥，不仅处理成本高，还形成二次污染。开发过氧化氢对蓋烷-无磷电解质制备技术，可以从源头上解决污水中磷含量超标的问题。

针对抚顺石化装置特点，开发了全新的乳化体系、活化相体系和电解质体系，并且实现了工业化应用。无磷体系聚合工艺平稳，反应时间为 9~11h，转化率可达 66%~70%，产品质量稳定，产品合格品率达到 100%，可以使污泥量降低 80%以上，从源头解决了 ESBR 装置含磷废水污染问题。

一、技术概况

根据抚顺石化 20×10^4t/a ESBR 装置特点和环保要求，采用无磷电解质，通过对乳化体系、活化相体系、调节剂用量、凝聚温度、搅拌强度、凝聚配方等进行研究，开发了以过氧化氢对蓋烷为引发剂、氯化钾为电解质的 ESBR 无磷制备技术，并实现了工业化应用。

（1）开发了与过氧化氢对蓋烷引发体系相匹配的无磷电解质体系，发现了采用无磷电解质氯化钾时乳液 pH 值调控规律，解决了聚合工艺不稳定的问题。

过氧化氢对蓋烷引发活性高，聚合速率快，之所以与磷酸钾电解质匹配，是因为在反应过程中，磷酸钾可释放磷酸氢根离子，对聚合体系 pH 值起到缓冲调节作用，从而维持稳定聚合。相对于磷酸钾，氯化钾不具备 pH 值缓冲能力，采用后者必须改变体系 pH 值；但是，乳液体系 pH 值调控难度大，过高则乳液体系不反应，过低则聚合不稳定。通过对 pH 值调节剂的种类、浓度和用量进行研究，确定以 NaOH 为 pH 值调节剂，Na_2CO_3为 pH 值缓冲剂，在聚合初始乳液 pH 值为 10.8~11.4 的条件下，聚合最为稳定。

采用无磷电解质氯化钾体系后，抚顺石化首次实现 4 条生产线同时运行，释放了装置全部产能，并达到无磷排放。在废水处理药剂单耗中，硫酸亚铁下降了 46.29%，双氧水下降了 15.05%，聚合氯化铝下降了 52.51%，污泥产生量下降了 30.43%。

（2）开发了与无磷电解质匹配的乳化体系和以 EDTA 铁钠盐为主的活化体系；解决了胶乳稳定性差、凝聚工艺不稳定的难题；同时，在相同转化率下，与国内外技术相比，缩短了聚合时间，产品性能稳定。

采用可提高乳液 Zeta 电位的复合乳化体系，聚合胶乳的化学稳定性和机械稳定性均大幅提高。此外，针对引入复合乳化体系聚合反应速率加快、产品拉伸强度和扯断伸长率与300%定伸应力难以协调的问题，开发了可稳定控制聚合速率的活化体系，保证了产品性能稳定，聚合时间比国内外同类技术缩短了 18%~20%，提高了生产效率。

（3）开发了 20×10^4t/a 过氧化氢对蓋烷引发体系 ESBR 无磷制备技术工艺包。通过采集工程试验数据、装置参数和生产数据，建立了数据库和数据模型，完成了工艺包设计，还可进行定制化产品生产。该工艺包简化了工艺流程，提高了工艺稳定性。

二、国内外同类技术对比

过氧化氢对蓋烷引发体系无磷聚合技术主要指标如下：生产能力为 20×10^4t/a，聚合温度为 5~8℃，转化率为 66%~70%，停留时间为 10~13h，后两台聚合釜清洗周期不低于 8 个月，脱气后胶乳中游离苯乙烯含量不高于 300μg/g，脱气塔清理周期不低于 180 天。由表 2-8 可知，与国内外同类技术相对，采用新技术的停留时间短，转化率高，具有快速高转化的特点。

表 2-8　过氧化氢对蓋烷引发体系无磷聚合技术与国内外同类技术对比

项目	国内 A 公司 ESBR 制备技术	吉林石化 ESBR 制备技术	国内 B 公司 ESBR 制备技术	国外 A 公司 ESBR 制备技术	兰州石化 ESBR 制备技术	过氧化氢对蓋烷引发体系无磷聚合技术
生产能力，10^4 t/a	15	21.5	11	30	15	20
生产线，条	3	4	2	6	3	4
引发体系	亚铁盐-过氧化氢二异丙苯	亚铁盐-过氧化氢对蓋烷	亚铁盐-过氧化氢二异丙苯	亚铁盐-过氧化氢二异丙苯	亚铁盐-过氧化氢二异丙苯	亚铁盐-过氧化氢对蓋烷
电解质	氯化钾	磷酸钾	氯化钾	磷酸钾	氯化钾	氯化钾

续表

项目	国内A公司ESBR制备技术	吉林石化ESBR制备技术	国内B公司ESBR制备技术	国外A公司ESBR制备技术	兰州石化ESBR制备技术	过氧化氢对蓋烷引发体系无磷聚合技术
后两台聚合釜清洗周期，mon	6~8	6~8	6~8	6~8	≥8	≥8
转化率，%	60~64	60~64	68~72	60~64	66~70	66~70
停留时间，h	7~8	7.5~8.5	14~16	7.5~8	11~13	9~11
脱气塔清理周期，d	60~90	30~60	30~60	30~60	≥180	≥180
脱气后胶浆中游离苯乙烯含量，μg/g	≤300	≤1000	≤1000	≤300	≤300	≤300

三、技术应用

过氧化氢对蓋烷引发体系无磷聚合技术于在抚顺石化 20×10^4t/a ESBR 装置首次进行了工业应用，聚合、脱气、凝聚单元运行平稳，可生产无磷体系 ESBR1500E，聚合时间为10h，转化率达到 66%~70%。采用一条生产线生产时，污水中总磷含量明显降低，COD 由800mg/L 降为 600mg/L，氨氮由 30mg/L 降至 10mg/L，证实该技术可行[6-7]。

ESBR 产品应用于风神轮胎股份有限公司、山东金宇轮胎有限公司(以下简称金宇轮胎)等企业。金宇轮胎对无磷 ESBR1500E 在高性能子午线轮胎的冠带以及与纤维帘线黏合性能进行了评价。结果表明，无磷 ESBR1500E 应用性能与原 ESBR1500E 一致。

过氧化氢对蓋烷引发体系无磷聚合技术的应用，可以释放抚顺石化 ESBR 装置全部产能。工业试验期间，两条生产线采用新技术时，废水处理用各种药剂单耗和污泥量均逐步下降，降低了装置废水处理成本。若该技术在 4 条线完全应用，则总磷含量可由原来的120mg/L 降为 0，污泥量降低 80%以上，从而减少了对环境的污染，社会效益显著。

第四节　乳聚丁苯橡胶定制化产品

轿车、工程车轮胎胎面 80%采用 ESBR。由于轮胎市场的激烈竞争，对产品质量要求越来越高，许多企业提出了安全层橡胶、高性能轿车胎面胶、耐切割抗刺扎工程胎面胶等需求。现有产品结构单一，同质化严重，需开发针对不同企业的定制化产品，形成平台技术。

一、高性能 ESBR1778E

高性能 ESBR1778E 是结合苯乙烯质量分数为 23.5%、填充 37.5 质量份 AP-8 的非污染型浅黄色透明充油丁苯橡胶，广泛应用生产浅色轮胎、胶鞋、胶布、玩具等橡胶制品。高性能 ESBR1778E 硫化胶具有较好的力学性能，在高充填量下其力学性能仍保持较好。与普通 ESBR1778E 相比，高性能 ESBR1778E 填充油质量分数由 24.3%~30.3%缩小到25.8%~28.8%，35min 的 300%定伸应力由 10~16MPa 缩小到 13.9~15.9MPa（表 2-9），产品质量更为稳定[8]。

表 2-9　高性能 ESBR1778E 与普通 ESBR1778E 性能对比

项目		普通 ESBR1778E	高性能 ESBR1778E
油含量,%		24.3~30.3	25.8~28.8
生胶门尼黏度，$ML_{1+4}^{100℃}$		42~56	43~53
300%定伸应力(145℃)，MPa	25min	实测	10.9~12.9
	35min	10.0~16.0	13.9~15.9
	50min	实测	15.9~17.9

二、专用环保型 ESBR1723 和 ESBR1739

随着欧盟 REACH 法规、2009/661/EC 和 2009/1222/EC 轮胎标识指令的实施，环保化、高性能化是轮胎发展的必然趋势。在制备高端轮胎时，现有产品的硫化特性已无法达到标准要求，加工过程中存在易粘黏等问题。在此背景下，石化院与兰州石化开发了具有不同结合苯乙烯含量、满足指标要求的专用充油丁苯橡胶，填充油使用 Orgkihm 公司的 Norman-346。

专用环保型 ESBR1723 是结合苯乙烯质量分数为 23.5%、填充 Norman-346 的环保型充油丁苯橡胶，其性能与 ESBR1712 相近。与后者相比，ESBR1723 使用的填充油中 PCA、BaP、PAHs 符合 REACH 法规要求。欧盟、美国等率先使用 ESBR1723，并且用量迅速增加；中国出口到欧盟、美国、日本等的轮胎，均需要环保型橡胶填充油制备的 ESBR，最主要的是 ESBR1723。面对环保充油橡胶易粘黏、Norman-346 与 ESBR 胶乳相容性差、现有产品硫化特性无法满足高端轮胎要求等难题，石化院与兰州石化开发出高性能环保型 ESBR 胶乳的制备技术，以及充油 ESBR 的硫化特性精准控制技术，并在兰州石化 15×10^4 t/a ESBR 生产装置中实现了工业化应用，产品达到用户要求，具有较好经济效益[9]。

ESBR1739 是结合苯乙烯质量分数为 40%、填充 Norman-346 的环保充油丁苯橡胶，性能与 ESBR1721 和 ESBR1769E 相近，具有结合苯乙烯含量高、产品强度高、刚性好的特点。

专用环保型 ESBR1723 和 ESBR1739 的指标见表 2-10。

表 2-10　ESBR1723 和 ESBR1739 的指标

项目	ESBR1723	ESBR1739	测试标准
结合苯乙烯,%	22.3~24.7	38.5~41.5	ASTM D5775
挥发分,%	≤0.5	≤0.50	ASTM D5668
有机酸,%	3.7~5.7	2.7~4.7	ASTM D5774
油含量,%	25.8~28.8	25.8~28.8	ASTM D5774
生胶门尼黏度，$ML_{1+4}^{100℃}$	46~52	48~58	ASTM D1646

三、工程轮胎用 ESBR1586

ESBR1586 结合苯乙烯质量分数为 38.5%~41.5%，数均分子量约为 38×10^4，分

子量分布为3.2，门尼黏度为55～65$ML_{1+4}^{100℃}$。由于结合苯乙烯含量高，产品门尼黏度要高于普通丁苯软胶，因此产品强度高、刚性好，主要用于制备耐刺穿、抗刺扎的工程轮胎[10]。

工程矿用轮胎主要在矿区作业，不可避免地会接触尖利的矿石块，使得轮胎存在切割损伤，导致胎面崩花掉块。因此，提高工程矿用轮胎质量，重点就是提高胎面胶的耐切割、抗刺扎性能。通过对轮胎切割损伤原理分析，并围绕改进工程矿用轮胎的耐切割性能，确定采用中国石油开发的较高结合苯乙烯含量的丁苯橡胶ESBR1586，以提高滞后损耗和模量(消耗更多外力做功)，改善耐切割、抗刺扎性能；同时，优化聚合物分子量及其分布，提升门尼黏度，在获得优异的耐切割、抗刺扎性能的同时，确保产品具有较好的力学和加工性能。由表2-11可知，耐切割、抗刺扎工程轮胎专用ESBR1586的拉伸强度和伸长率与ESBR1500E相近；切割深度降低了约13%，抗刺扎性能提高了约30%，制备的轮胎使用寿命较原配方生产的轮胎提高了约28.6%。

表2-11　ESBR1500E和ESBR1586性能对比

项目	ESBR1500E	ESBR1586	项目	ESBR1500E	ESBR1586
结合苯乙烯,%	22.5～24.5	38.5～41.5	永久变形,%	10.8	20.0
门尼黏度，$ML_{1+4}^{100℃}$	46～58	55～65	硬度(邵尔A)	66	71
100%定伸应力，MPa	2.57	3.01	撕裂强度，kN/m	50.41	45.35
300%定伸应力，MPa	11.31	11.43	切割深度(0.8m)，mm	19.17	16.68
拉伸强度，MPa	21.28	20.43	刺扎能，kJ	2403.5	3252.5
伸长率,%	510.4	509			

四、输送带用ESBR1566

ESBR除了用于生产轮胎，还用于生产胶管胶带。2018年，国内51家胶管胶带企业共完成工业总产值218.30亿元，输送带产量达$2.80×10^8m^2$。由于输送带的特殊用途，需要橡胶原料具有较高的拉伸强度。因此，在输送带配方设计中，生胶以天然橡胶为主，并配以丁苯橡胶(ESBR1500E)。与天然橡胶相比，虽然传统ESBR在拉伸强度上存在缺陷，但是在耐老化性能方面具有明显优势。在耐热输送带配方中，生胶一般采用ESBR或ESBR与天然橡胶混合物。因此，在制备耐热传送带和特种传送带产品时，ESBR是不可替代的橡胶品种。

针对输送带的要求，吉林石化开发出高强度ESBR1566，使输送带拉伸强度提高了15%。随着应用配方的不断开发，ESBR1566的市场将进一步扩大。在没有引入极性和刚性基团，以及在橡胶主链上引入结晶型取代基的情况下，通过改变分子结构、分子量分布和聚合条件，实现了提高ESBR1566拉伸强度的目的。适当调节脱气塔操作温度、蒸汽流量和真空度，不仅可以有效脱除胶乳中的苯乙烯，还可以减少脱气塔挂堵现象，延长了装置清胶周期。在输送带生产领域，提高了ESBR使用比例(高于35%)，拉伸强度与天然橡胶制品相当，同时磨耗降低了10%。ESBR1566技术指标见表2-12。

表 2-12　ESBR1566 技术指标

项目		技术指标
挥发分,%		≤0.50
总灰分,%		≤0.50
有机酸,%		5.00~7.25
皂,%		≤0.50
门尼黏度，$ML_{1+4}^{100℃}$		52~60
300%定伸应力(145℃)，MPa	25min	11.8~16.2
	35min	15.5~19.5
	50min	17.3~21.3
拉伸强度(145℃，35min)，MPa		≥30.0
扯断伸长率(145℃，35min),%		≥400

注：检测标准同表 2-5。

中国石油通过定制化平台技术开发的 5 种高端产品(ESBR1778E、ESBR1723、ESBR1739、ESBR1586 和 ESBR1566)，满足了企业需求，推动了中国石油 ESBR 产品结构升级。

参 考 文 献

[1] 刘大华，龚光碧，刘吉平．乳液聚合丁苯橡胶[M]. 北京：中国石化出版社，2011.

[2] 夏炎．高分子科学简明教程[M]. 北京：科学出版社，1987.

[3] 国际合成橡胶生产商协会(IISRP). 丁二烯爆米花状聚合物手册[M]. 王桂轮，傅吉江，刘杰，等译．北京：化学工业出版社，2013.

[4] 赵旭涛，刘大华．合成橡胶工业手册[M]. 2 版．北京：化学工业出版社，2006.

[5] 孙井侠，年成春，张戬，等．辽河环保橡胶油系列产品的开发和应用[J]. 橡胶科技，2016，14(11)：17-20.

[6] 李龙奇，张妹婉，王虎，等．乳液聚合丁苯橡胶废水达标影响因素及控制措施[J]. 当代化工，2020，49(3)：580-584.

[7] 张文静，任晓兵，王虎，等．乳聚丁苯橡胶污水的减排源头治理[J]. 当代化工，2019，48(6)：1258-1262.

[8] 李晶，张守汉，应继成，等．结合苯乙烯质量分数对丁苯橡胶 1778 力学性能的影响[J]. 合成橡胶工业，2019，42(2)：112-115.

[9] 张守汉．结合苯乙烯质量分数对丁苯橡胶 1723 拉伸性能及硫化特性的影响[J]. 合成橡胶工业，2019，42(5)：339-343.

[10] 赵志超，马朋高，吕强，等．工程胎专用乳聚丁苯橡胶加工应用性能对比研究[J]. 中国橡胶，2017，33(18)：46-48.

第三章　溶聚丁苯橡胶

溶聚丁苯橡胶(SSBR)是以丁二烯和苯乙烯为单体，采用阴离子溶液聚合工艺而得到的一种通用合成橡胶(SR)品种。SSBR 具有抗湿滑性好、滚动阻力低等特点，是高性能、绿色轮胎的首选用胶之一。目前，世界上 80% 的 SSBR 用于轮胎，20% 用于树脂改性、制鞋等。SSBR 可与天然橡胶(NR)、BR，以及多种 SR 并用，广泛应用于生产轮胎、胶管、胶带、汽车零部件、电线电缆等橡胶制品。近年来，中国石油开发了 SSBR1550、SSBR3840、SSBR1040 和 SSBR2557 等牌号；同时，在国家项目“高性能合成橡胶产业化关键技术”支持下,开发了官能化 SSBR 产品，填补了国内空白；此外，为了实现异戊二烯资源的高效利用，开发出苯乙烯、丁二烯、异戊二烯三元共聚集成橡胶(SIBR)成套技术和产品，为节能绿色轮胎提供新材料。

第一节　聚合原理与工艺

一、聚合原理

SSBR 是以苯乙烯和丁二烯为单体，在烃类溶剂(如环戊烷、环己烷或己烷)中，以正丁基锂为引发剂合成的苯乙烯-丁二烯共聚物。这类聚合属于阴离子链聚合的一类，其主要特征是活性聚合，在加入引发剂后，引发剂可以全部、快速地转变为活性中心。如果搅拌良好，单体分布均匀，则所有链增长同时开始，各链增长概率相同；然后，以活性中心阴离子端持续链增长，直至所有单体完全反应，无链转移和链终止。虽然单体完全反应，但是链端活性并不消失，重新加入单体后可继续反应，为终止链端活性，需加入终止剂终止反应。

聚合反应要求在无氧、无水环境中进行，包括链引发、链增长和链终止。

(1) 链引发：生成活性中心的过程。反应式如下(R^- 为负离子活性中心，Li^+ 为活性中心的反离子，M 为单体)：

$$R^-Li^+ + M \longrightarrow RM^-Li^+$$

(2) 链增长：一旦单体引发后，链增长反应即刻开始。随着单体不断插入离子对中，负碳离子也不断沿着高分子链末端往后转移，直到所有单体反应完全。在此过程中，一般认为反离子始终与负碳离子在一起，单体转化率达到 100%。反应式如下：

$$RM^-Li^+ + nM \longrightarrow RM_{n+1}^-Li^+$$

(3) 链终止：在阴离子活性聚合中，链终止和链转移很少，不会影响聚合产品的结构，通常采用加入终止剂或偶联剂的方式来终止链端活性。反应式如下：

$$RM_{n+1}^-Li^+ + H_2O(\text{终止剂}) \longrightarrow RM_{n+1}H + LiOH$$

二、聚合工艺

SSBR 装置包括聚合、掺混、充油、汽提、后处理、压块成型、包装等生产过程。SSBR 聚合可以采用连续聚合，也可采用间歇聚合。连续聚合在生产效率、降低能耗、产品质量均一、过程控制稳定等方面具有优势；间歇聚合控制简单，牌号切换灵活，可生产星形与官能化改性产品。

1. 主要原材料及助剂

用于 SSBR 生产的主要原材料为丁二烯和苯乙烯。丁二烯要严格控制炔烃、二聚体(乙烯基环己烯)及含氧化合物(特别是阻聚剂及水)的含量；苯乙烯要严格控制含氧化合物(特别是阻聚剂及水)的含量。

主要辅助材料包括引发剂、结构调节剂、偶联剂和填充油、终止剂。

2. 主要生产工序

SSBR 生产工序主要包括原料接收贮存与配制，化学品接收与配制，聚合掺混，凝聚、后处理及包装等。此外，还有冷冻、溶剂回收等辅助工序。图 3-1 为 SSBR 生产工艺流程示意图。

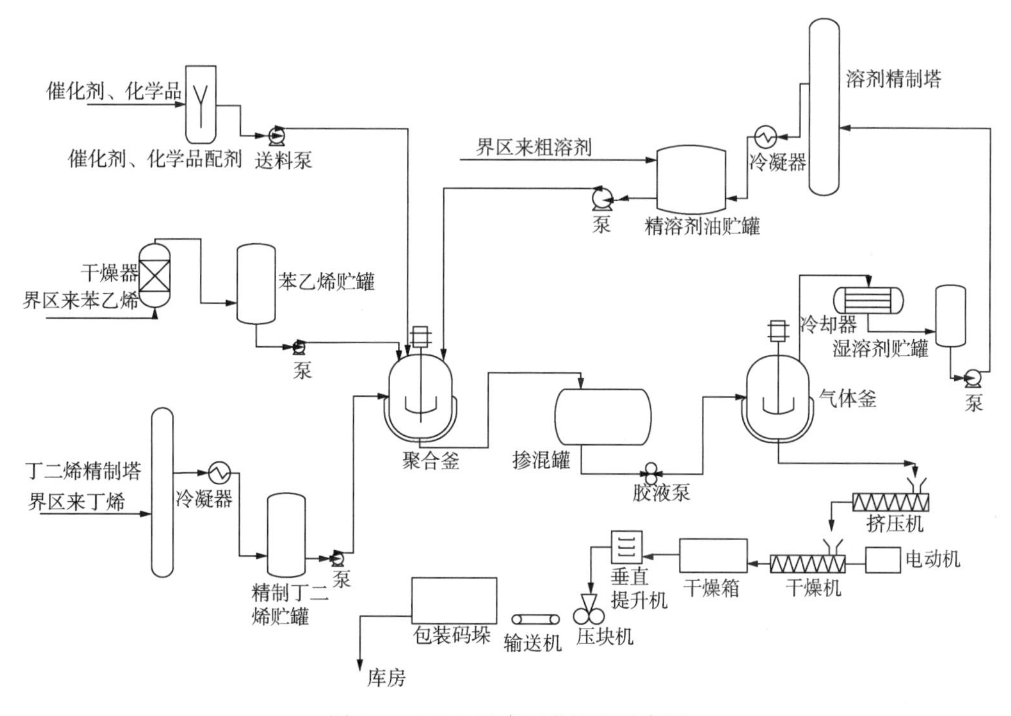

图 3-1　SSBR 生产工艺流程示意图

1) 聚合掺混工序

丁二烯、干溶剂和四氢糠醚(THFA)一起进入装有分子筛填料的干燥塔，脱除其中的水分，在其出口处加入 1,2-丁二烯，以防止釜壁结垢和凝胶形成；再经换热器加热至 40℃左右，在出口处加入精制干燥好的苯乙烯；然后，混合物料和引发剂 NBL 从第一反应器顶部进入，开始聚合反应。由反应器底部抽出的胶液控制第一反应器液位，胶液在其中的停留时间约为 1h，转化率达到 70%~90%。

由第一反应器流出的胶液依次进入第二、第三反应器，控制转化率分别约为 94% 和 99%；然后，胶液进入第四反应器，同时加入引发剂，此时转化率提高到约 100%；之后，胶液流入分别加入引发剂和支化剂的两台串联静态混合器，胶液进入掺混罐之前加入终止剂。在生产充油 SSBR 产品时，需要在第一汽提釜前将填充油注入胶液。

2）凝聚、后处理及包装工序

胶液自掺混罐喷胶与抗氧剂、填充油混合后，进入两台串联的汽提釜中，脱除溶剂油；为了进一步减少胶粒中的残留溶剂，增设第三台汽提釜；胶粒进入胶粒水罐，胶粒水罐的水和胶粒进入初级振动筛，以便脱除其中的水和细颗粒；胶粒中水含量为 6%~8%，进入挤压脱水机，大部分水从胶粒中挤出，胶粒进入膨胀干燥机，在后者中经闪蒸脱除水分；脱水后的胶粒送入由水平振动筛和穿孔板组成的热箱中，热箱用于保持产品温度，并且脱除胶粒表面水；最后，粒料进入垂直螺旋提升机继续脱出挥发性组分，提升机顶部出来的物料进入压块包装。

第二节　溶聚丁苯橡胶技术

中国石油 2009 年引进意大利 Polimeri Europa 公司技术建成 10×10^4t/a SSBR 生产装置，包括 6×10^4t/a 连续聚合装置与 4×10^4t/a 间歇聚合装置，主要生产 SSBR2564S、SSBR2557S、SSBR3840S 等产品。近年来，中国石油开发出系列苯乙烯含量的 SSBR、官能化 SSBR、SIBR 等新产品，开发了具有自主知识产权的 10×10^4t/a SSBR 工艺包。

一、具有自主知识产权的 10×10^4t/a SSBR 技术概况

中国石油在 SSBR3840、SSBR1550、SSBR2557TH、SSBR3550S、SSBR1540S、SSBR1040 等产品开发基础上，经过小试、中试和工业化试生产，形成具有自主知识产权的成套技术工艺包。工艺包包括生产单元与辅助单元。其中，化学品配制、溶剂精制、单体精制、聚合反应与胶液掺混单元为 1 条生产线；汽提单元为 2 条生产线；后处理单元为 4 条生产线。工艺包设计年操作时间为 8000h，1h 可生产 SSBR 12.5t，设计负荷为 60%~110%。

1. 装置组成

装置主要由 7 个单元构成，具体见表 3-1。

表 3-1　具有自主知识产权的 10×10^4t/a SSBR 技术装置单元构成

单元名称	构成
化学品配制	引发剂、活性剂、偶联剂、抗氧剂、终止剂、防垢剂、分散剂、添加剂和防黏剂的贮存与配制
溶剂精制	湿溶剂罐、溶剂精制塔、重组分精制塔、干溶剂罐等
单体精制	湿丁二烯分离罐、丁二烯精制塔、干丁二烯罐、苯乙烯干燥床、干苯乙烯罐等
聚合掺混	聚合釜和胶液掺混罐

续表

单元名称	构成
汽提	汽提釜、胶粒水罐、油水分离罐等
后处理	从胶粒脱水干燥到胶块成型包装成套设备与尾气处理设备
公用工程及辅助生产设施	环保橡胶填充油系统、冷冻站、火炬系统、胶液排放、公用工程系统等

2. 各单元主要技术

SSBR的工艺包采用溶液连续、间歇聚合工艺，其工艺流程如图3-2所示。以环戊烷为溶剂的优势如下：环戊烷与所有聚合物相溶，并且蒸气压高，在汽提单元易于脱除，有利于节能；此外，环戊烷凝固点低，在冬季不存在防冻问题。

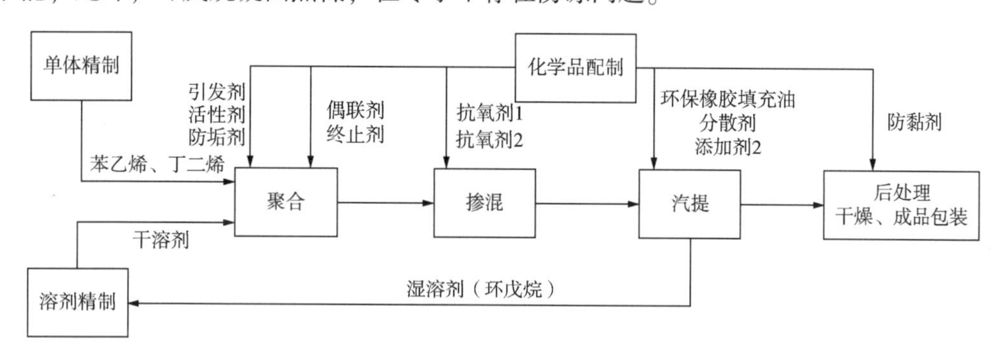

图3-2　SSBR工艺包生产流程示意图

1）化学品配制单元

采用锂系催化体系，由其引发的聚合属于活性阴离子连锁聚合反应。活性剂采用THF、THFA或者二者复配形式。

2）溶剂精制单元

采用单塔侧线气相采出精溶剂流程。

3）单体精制单元

采用单塔精制、侧线气相采出丁二烯流程。利用活性氧化铝脱除苯乙烯中的阻聚剂和水。

4）聚合掺混单元

连续聚合采用5釜串联。选用分子筛吸附剂，以脱除混合进料中水分，稳定聚合单元操作。掺混采用4台卧式罐。

5）汽提单元

选用三釜一罐串联差压汽提工艺。采用吸收式热泵技术，回收汽提釜顶蒸汽的热量；采用气相洗涤罐，将汽提釜顶气相中夹带的胶粒用热水洗脱；胶粒生成器使胶液与热水在汽提釜前混合均匀生成胶粒。

6）后处理单元

将产品中水分含量脱至0.5%（质量分数），并确定产品的最终外形。使用的主要设备有主振动筛、脱水机、干燥机、热箱和垂直提升机。利用卷轴式尾气过滤器除去胶粒废气中的胶沫；一部分不含胶沫且 VOCs 含量超标的废气，经热氧化炉焚烧后排入大气；一部分不含胶沫且 VOCs 含量达标的废气经过卷帘式过滤器除去颗粒物后排入大气。

3. 主要原料和化学品

装置使用主要原料为聚合级丁二烯、聚合级苯乙烯、橡胶填充油(A1010 和 TDAE)和环戊烷。

聚合掺混单元的化学品主要有引发剂、活性剂、偶联剂、防垢剂、终止剂、IRGANOX565 和 IRGANOX1520；汽提单元的化学品主要有分散剂和添加剂；后处理单元的化学品主要有防黏剂。

4. 公用工程消耗

装置的公用工程有循环水、脱盐水、中压蒸汽、低压蒸汽、氮气、净化风、电和外送凝液。公用工程消耗见表 3-2。

表 3-2 具有自主知识产权的 10×10^4t/a SSBR 技术装置公用工程消耗

项目	1t 胶消耗量	1h 消耗量	备注
循环水，kg	136450	1705622	连续
1.0MPa 中压蒸汽，kg	832	10400	连续
0.4MPa 低压蒸汽，kg	3411.6	42645	连续
蒸汽凝液，kg	-2244.4	-28055	连续
氮气，m^3	16	200	连续
仪表空气，m^3	80	1000	连续
脱盐水，t	960	12000	连续
电，kW·h	537.92	6724	连续

5. 能耗物耗指标

装置的能耗物耗指标见表 3-3。

表 3-3 具有自主知识产权的 10×10^4t/a SSBR 技术装置能耗物耗指标

项目	数值	项目	数值
转化率,%	100	溶剂消耗，kg/t	≤10
单体消耗，kg/t	≤1015	综合能耗，kg/t	480

二、技术特色

丁二烯、苯乙烯竞聚率相差悬殊，采用复合活性剂，生产出无规共聚产品。产品乙烯基含量在一定范围内可调可控，满足用户对产品质量要求。

采用流程模拟软件 Aspen Plus 对聚合进行稳态模拟，并根据生产数据进行修正，在工程化放大过程中，建立了动力学方程，模拟计算聚合釜的传热、分子量分布、转化率等。对汽提单元建立稳态流程模拟，从而获得相应的物料平衡、热量平衡和水平衡。

聚合釜撤热采用沸腾床，通过控制反应压力，可精确控制反应温度。对溶剂精制与单体精制单元，利用流程模拟对单塔、双塔的工艺方案进行比较，最终确定较优的流程组合。采用多种防止丁二烯自聚的方法，以保证系统长周期平稳运行。为减少挂胶，稳定生产，采用特殊方法处理与胶液接触的设备与管道。选用卧式胶液掺混罐，其具有搅拌轴短、故障率低、易维护等特点。为防止危险介质泄漏，输送丁二烯、苯乙烯的机泵可采用磁力泵或屏蔽泵。在后处理单元中，采用国产挤压脱水机、膨胀干燥机方案，确保设备技术成熟可靠。

工艺包设计过程中充分考虑了节能减排措施。汽提单元采用蒸汽回收型的三釜串联差压汽提工艺，与双釜等压汽提工艺相比，前者胶粒水停留时间长，汽提后釜顶气相热量可回收利用。采用湿溶剂与侧线采出的气相溶剂换热工艺，不仅可以充分利用低温热源，还可以减少循环水用量。溶剂精制塔采用气相侧线采出流程，单塔完成溶剂精制，与传统的脱水塔、脱重组分塔双塔工艺相比，前者能耗降低约 9kg 标准油/t，减少了设备数量。溶剂精制塔釜重组分进入重组分精制塔，进一步回收其中的溶剂，可降低装置溶剂消耗10kg/t，减少重组分废液排放。丁二烯精制塔采用单塔侧线采出流程，与传统的脱水塔、脱重组分塔双塔工艺相比，能耗降低了约 8kg 标准油/t。胶液掺混单元、汽提单元、溶剂精制及单体精制单元的气相冷凝器尾气，利用低温冷冻水回收排放气中的烃类化合物，有效降低了环戊烷、丁二烯的消耗，从而降低装置的物耗。回收利用低压凝液闪蒸出的低压蒸汽，作为丁二烯精制塔再沸器的热源，确保蒸汽梯级利用。将装置各分水包的切水送至汽提单元油水分离罐，由汽提单元回收烃类，以降低装置含油污水排放。将装置蒸汽凝液用于汽提单元的搅拌器、机泵和管线冲洗，以减少装置脱盐水消耗。反应釜出料泵、胶液循环泵、喷胶泵、胶粒水泵、化学品配制单元计量泵、后处理膨胀干燥机等均采用变频技术，方便调节负荷，降低了电能消耗。

三、“三废”排放

1. 废气排放

装置排放的废气主要来自以下 3 个方面：一是后处理的振动脱水筛、挤压脱水机、膨胀干燥机、热箱等的尾气，VOCs 浓度高，主要含水蒸气和微量烃，通过风罩收集，经过滤后进入热氧化炉 RTO 单元，处理后处达标排放；二是垂直提升机、细胶粒水罐、循环胶粒水罐等的尾气，VOCs 浓度很低，可直接达标排放。废气排放浓度满足 GB 31571—2015《石油化学工业污染物排放标准》要求（表 3-4）；三是各安全阀泄放的废气，密闭排至火炬系统。

表 3-4 废气排放情况

排放源	正常排放量，m^3/h	排放规律	排气筒参数，m		污染物排放参数		去向
			高度	直径	污染物	排放质量浓度，mg/m^3	
RTO 烟囱	50000	连续	30	1.5	颗粒物	≤20	大气
					二氧化硫	≤50	
					氮氧化物	≤100	

续表

排放源	正常排放量，m^3/h	排放规律	排气筒参数，m		污染物排放参数		去向
			高度	直径	污染物	排放质量浓度，mg/m^3	
后处理烟囱	50000	连续	30	1.5	非甲烷总烃	≤60	大气
					颗粒物	≤20	
安全阀泄放	71.6①	间断			丁二烯、环戊烷等		火炬

① 此处单位为t/h。

2. 废水排放

装置产生的废水主要来自后处理单元热水罐的含胶废水，COD较低。含胶废水通过后处理污水池隔胶粒、污水预处理单元除胶沫和悬浮物后，送出界区进行达标处理。

装置正常生产时，不产生含油污水。装置开停工的废水，先经装置污水池隔油预处理后送出界区，再通过污水处理系统后达标排放。从循环细胶粒水罐排出的含胶污水(含有微量胶沫)，正常排放量为$37m^3/h$，COD不高于250mg/L。

3. 废渣与废液排放

装置产生的固体废物主要来自废弃的分子筛干燥剂、硅胶吸附剂、废弃的活性炭吸附剂等。装置废液主要是重组分精制塔釜外排液、丁二烯精制塔釜重组分以及废溶剂等。废渣与废液排放情况见表3-5。

表3-5 废渣与废液排放情况

排放源	废物状态	分类	排放量，t/a	排放规律	主要组成	处理方法及去向
混合进料干燥床	固	HW49	6	间断	废分子筛干燥剂	无害化填埋
硅胶吸附床	固	HW49	9①	间断	废硅胶吸附剂	无害化填埋
苯乙烯干燥床	固	HW49	18	间断	废活性铝吸附剂	无害化填埋
废烃罐	液	HW42	1480	间断	重组分	用作裂解原料或外卖

① 此处单位为t/次。

四、主要产品牌号

工艺包包含以下8个牌号的产品：环保橡胶填充油牌号SSBR2557-TH，冬季胎线形牌号SSBR1550、SSBR1540S，高速胎牌号SSBR3840S、SSBR3550S，星形SSBR1040，充油通用SSBR2564S、SSBR2557S。

第三节 官能化溶聚丁苯橡胶技术

白炭黑补强SSBR已成为发展趋势。白炭黑表面存在相邻羟基，彼此间会形成氢键，具有非常强的表面能，粒子间极易团聚，与非极性橡胶相容性差，严重影响在橡胶基体中的分散，使得橡胶在使用过程中生热量增多，滚动阻力增大。此外，白炭黑自身团聚在橡胶制品中，易产生应力集中，破坏橡胶的力学性能。因此，白炭黑在橡胶中的分散成为研究热点[1-2]。

中国石油开发了 SSBR 链端官能化和链中官能化技术。其中，链端官能化分子链的两端分别为硫基、硅氧烷，双端官能化与炭黑/白炭黑具有良好的相容性；链中官能化为环氧基团，提高了官能团的数量，同时改善了填料在橡胶中的分散性。

一、技术概况

1. 技术路线

SSBR 官能化技术包括双端官能化和链中官能化两种。双端官能化技术主要采用官能化引发剂法和活性末端终止法，两种方法联用可制备两端为不同基团的官能化 SSBR。例如，将 2-甲基-1,3-二噻烷(MDTL)、2-苯基-1,3-二噻烷(PDTL)、苄基甲基硫醚(BMSL)、双(苯硫基)甲烷(BPML)、三(苯硫基)甲烷(TPML)等含硫官能化试剂与正丁基锂进行预反应，可制备硫基锂引发剂；然后，引发丁二烯与苯乙烯聚合，合成一端含有硫基的活性链段；再加入含有硅氧烷基团的封端剂进行封端，合成出一端含硫、另一端含硅氧烷的双官能化 SSBR。

以聚合结束后未脱除溶剂的 SSBR 为基础胶液，采用原位生成过氧甲酸的方法，直接对 SSBR 中丁二烯存留的双键进行环氧化改性，可制备链中官能化 SSBR。在聚合结束后，向胶液中加入一定量的甲酸和吐温-80 溶液，搅拌下升温至 40~60℃，按 1mL/min 定量加入过氧化氢，控制反应温度为 40~60℃；待反应结束后，用碳酸钠将环氧化 SSBR 胶液中和至中性；水洗后，脱除环戊烷溶剂，得到环氧化 SSBR。图 3-3 为环氧化改性前后 SSBR 的核磁共振谱图。

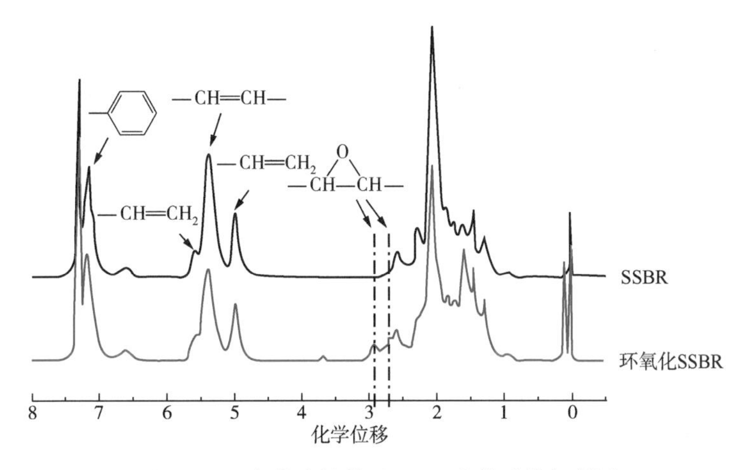

图 3-3 环氧化改性前后 SSBR 的核磁共振谱图

从图 3-3 中可以看出，在化学位移为 1.45、2.05、2.71、2.95、4.98、5.41 和 7.30 处的质子峰依次代表亚甲基、次甲基、顺式环氧基、反式环氧基、1,2-结构不饱和烯烃基、1,4-结构不饱和烯烃基、苯基，由此可进一步确定，产物为环氧化 SSBR；在化学位移为 2.71、2.95 处的峰为环氧化后产生的环氧基团峰。与未环氧化 SSBR 的核磁共振谱图对比，环氧化 SSBR 的双键峰有所减弱，表明原位法环氧反应消耗了双键，生成环氧基团。

2. 主要产品与应用领域

中国石油开发了两个牌号的官能化 SSBR(SSBR2060-N 和 E-SSBR2557S)。其中，SSBR2060-N 为双端基改性产品，主要用作高性能轮胎；E-SSBR2557S 为链中环氧化产品，环氧化度为 1%~6%，主要用作高性能轮胎和耐油产品。官能化 SSBR 产品 SSBR2060-N 和 E-SSBR2557S 质量指标见表 3-6。

表 3-6　官能化 SSBR 产品 SSBR2060-N 和 E-SSBR2557S 质量指标

项目	SSBR2060-N	E-SSBR2557S	测试方法
生胶门尼黏度，$ML_{1+4}^{100℃}$	50~80	50	GB/T 1232.1—2000
拉伸强度，MPa	≥ 15	≥ 18	GB/T 528—2009
300%定伸应力，MPa	≥ 10	≥ 12	GB/T 528—2009
扯断伸长率,%	≥ 350	≥300	GB/T 528—2009
tanδ(0℃)	≥ 0.35	≥ 0.42	GB/T 9870.1—2006
tanδ(60℃)	≤ 0.12	≤ 0.15	GB/T 9870.1—2006

二、技术进展

1. 双端官能化技术

利用硫锂引发剂引发丁二烯与苯乙烯聚合，制备了硫基 SSBR，通过核磁共振谱图可得硫基官能团的接入情况(图 3-4 和图 3-5)。

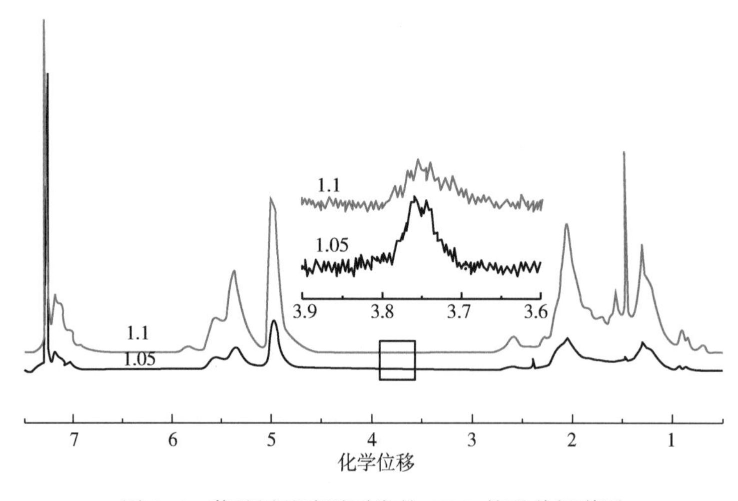

图 3-4　苄基甲基硫醚引发的 SSBR 核磁共振谱图

从图 3-4 和图 3-5 中可以看出，以苄基甲基硫醚(BMSL)为官能化试剂，与丁基锂(n-BuLi)反应生成官能化含硫引发剂，当 BMSL/n-BuLi 值为 1∶1.05(物质的量比)时，官能化引发剂的活性最高。官能化引发剂可以预先制备，然后引发聚合；也可以利用 BMSL 与 n-BuLi 反应速率远高于引发单体速率的原理，同时加入聚合釜中原位生成官能化引发剂，然后引发聚合的方法，得到一端含硫基、另一端仍具有活性的 SSBR，活性末端采用官能化封

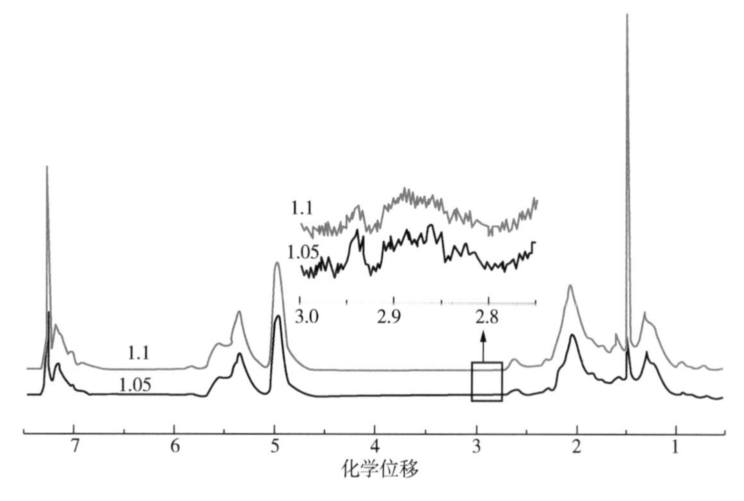

图 3-5　2-甲基-1,3-二噻烷引发的 SSBR 核磁共振谱图

端剂进行封端，可以得到双端官能化 SSBR。封端剂利用不同基团位阻效应导致反应活性不同，SSBR 活性末端先与反应速率快的基团反应，从而实现末端硅氧烷基 SSBR 封端。封端剂可选用如下结构的硅氧烷：

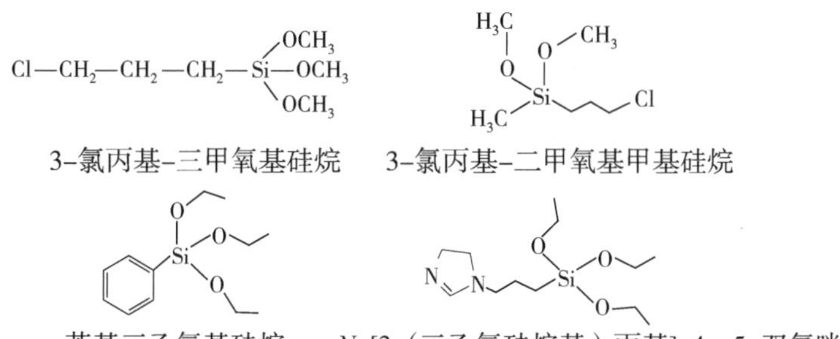

苯基三乙氧基硅烷　　*N*-[3-(三乙氧硅烷基）丙基]-4，5-双氢咪唑

2. 环氧化技术

利用白炭黑补强 SSBR 时，白炭黑粒子相互聚集，形成填料网络。Payne 效应可反映填料分散的均匀程度。随着应变的增加，弹性模量降低，说明白炭黑在环氧化 SSBR 中不易聚集，极性环氧基团与白炭黑间产生了相互作用，使得填料间的聚集趋势减弱(图 3-6)。与 SSBR-3h(环氧化反应 3h)和 SSBR-5h(环氧化反应 5h)相比，SSBR-1h(环氧化反应 1h)的 Payne 效应最弱，即填料间的相互作用最小，混炼胶的加工性能最好。说明环氧化程度低，有利于白炭黑在 SSBR 中的分散，这是由于环氧基与白炭黑表面的极性基团的作用力要强于填料粒子间的作用力，从而减弱了填料间的聚集，分散性得以改善。随着环氧化程度的提高，主链双键中引入极性的环氧基团，分子间作用力增强，分子链内旋转受阻，链间相互作用变强，材料的内摩擦增大，相同应变下弹性模量越高。

图 3-7 显示了环氧化度对 SiO_2/环氧化 SSBR 的 tanδ 的影响。以不同环氧化度的 SSBR 为研究对象，随着环氧化度增加，各曲线峰值(玻璃化转变温度)向高温方向移动；随着环氧化度的增加，60℃时的 tanδ 基本稳定，说明环氧化度对降低滚动阻力没有明显影响；但是,0℃时的 tanδ 明显增大，说明抗湿滑性能明显增加。

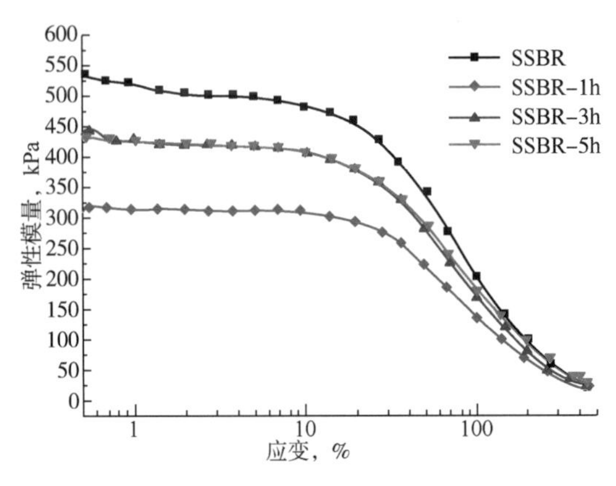

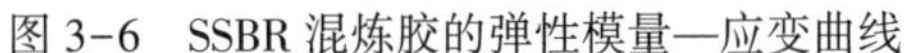

图 3-6　SSBR 混炼胶的弹性模量—应变曲线

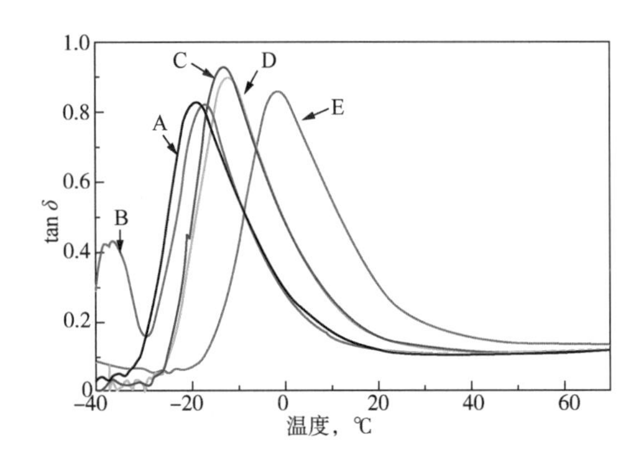

图 3-7　环氧化度对 SiO_2/环氧化 SSBR 的 tanδ 的影响

A—环氧化度为 0；B—环氧化度为 3%；C—环氧化度为 6%；D—环氧化度为 8%；E—环氧化度为 15%

当环氧化度为 6%时，与未环氧化相比，SSBR 的抗湿滑性增加超过 60%，而滚动阻力变化不大，有利于制备高性能轮胎(表 3-7)。环氧化 SSBR 硫化胶的抗湿滑性能优于硫化胶，这是由于分子链中环氧基团的存在增加了分子链的极性和刚性，使分子间作用力增强，从而分子链的内旋转受阻。

表 3-7　SiO_2/SSBR 硫化胶对应 0℃和 60℃的 tanδ

环氧化度,%		0	3	6	8	15
tanδ	0℃	0. 2978	0. 2858	0. 4849	0. 4948	0. 8442
	60℃	0. 1126	0. 1141	0. 1151	0. 1154	0. 1311

三、应用前景

硫基官能化 SSBR 技术与硅氧烷封端技术相结合，可在分子水平加强橡胶网络与白炭黑、炭黑、碳酸钙等填料的作用，有效提高了填料在橡胶中的分散，减少了 Payne 效应。因此，官能化 SSBR 用于高性能轮胎中，降低了橡胶的滚动阻力。不同序列结构、不同微观结构的 SSBR 均可采用该官能化技术，生成双端基官能化 SSBR，拓宽产品应用领域，增加适应市场的灵活性，满足国内轮胎企业对高性能 SSBR 的需求。

相比于端基官能化，环氧化主要发生在主链丁二烯单元的双键上，官能化基团更多，可以提高 SSBR 与白炭黑、炭黑、碳酸钙等无机填料的结合力，这对于发展白炭黑轮胎具有重要的意义。引入环氧基团可以提高 SSBR 的抗湿滑性能，在高性能轮胎行业将得到广泛应用。环氧基团的引入还可以提高橡胶的耐油性，预计环氧化 SSBR 也会应用于耐油品领域。

第四节　集成橡胶技术

各种通用胎面胶性能间存在着明显的矛盾，滚动阻力小、耐磨性好的橡胶抗湿滑性差，反之亦然，目前没有一种橡胶能同时满足这些要求。因此，只有通过各胶种的机械共混来达到此要求，由此会导致各共混相的分离，从而影响了助剂的分散、橡胶的硫化，以及硫化胶的性能。基于此，Nordsiek 等[3-4]提出了 SIBR 的概念：将不同链段集于一体，由不同的链段提供不同的性能，最终使其综合性能达到最佳平衡。这种 SIBR 由于将不同的链段键合于一条高分子链上，从而限制了不同链段的自由运动，使混合更为均匀和彻底，硫化胶的性能更为优越。

基于高性能轮胎的发展需求，中国石油启动了 SIBR 成套技术开发，开展了星形杂臂集成橡胶技术研究，完成了 3×10^4t/a SIBR 工艺包的编制。

一、技术概况

1. 技术路线

3×10^4t/a SIBR 工艺包是中国石油自主开发的成套技术，其原理是经二乙烯基苯的偶联，将不同胶种键合在同一分子中，再通过不同链段的配合，最终发挥各胶种的优异性能。以异戊二烯、丁二烯和苯乙烯为单体，环戊烷为溶剂，丁基锂为引发剂，二乙烯基苯为偶联剂，采用活性阴离子溶液聚合技术，具体反应过程如下：

链引发：

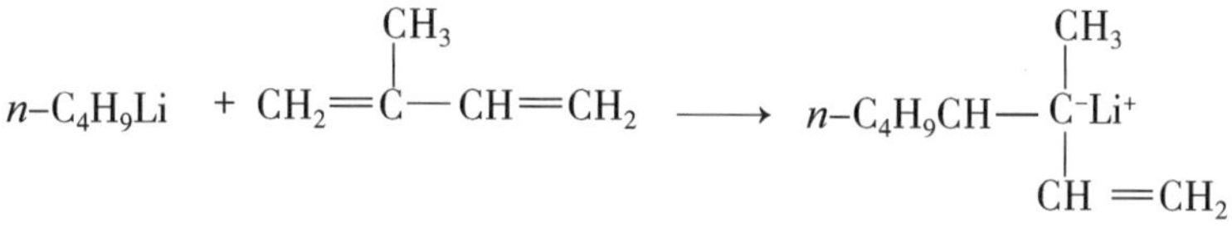

$$n\text{-}C_4H_9Li + CH_2{=}\underset{}{\overset{CH_3}{\overset{|}{C}}}{-}CH{=}CH_2 \longrightarrow n\text{-}C_4H_9CH{-}\underset{\underset{CH=CH_2}{|}}{\overset{\overset{CH_3}{|}}{C}}{}^-Li^+$$

链增长：

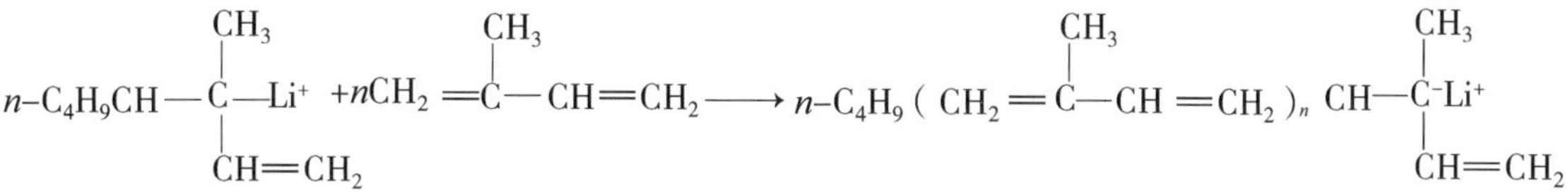

$$n\text{-}C_4H_9CH{-}\underset{\underset{CH=CH_2}{|}}{\overset{\overset{CH_3}{|}}{C}}{-}Li^+ + nCH_2{=}\overset{\overset{CH_3}{|}}{C}{-}CH{=}CH_2 \longrightarrow n\text{-}C_4H_9(CH_2{=}\overset{\overset{CH_3}{|}}{C}{-}CH{=}CH_2)_n\,CH{-}\underset{\underset{CH=CH_2}{|}}{\overset{\overset{CH_3}{|}}{C}}{}^-Li^+$$

偶联反应：

$\sim\sim\sim\sim\ {}^{-+}Li + x$ ⟶ $\sim\sim\sim\sim(\ \ )_{x-1}\ {}^{-+}Li$

$AN\sim\sim\sim\sim(\ \ )_{x-1}\ {}^{-+}Li$ $\xrightarrow{AN=5}$ Li$^+$ Li$^+$ Li Li Li

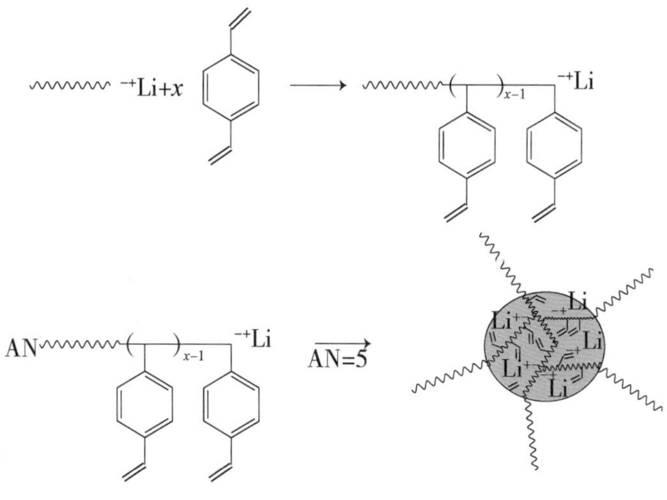

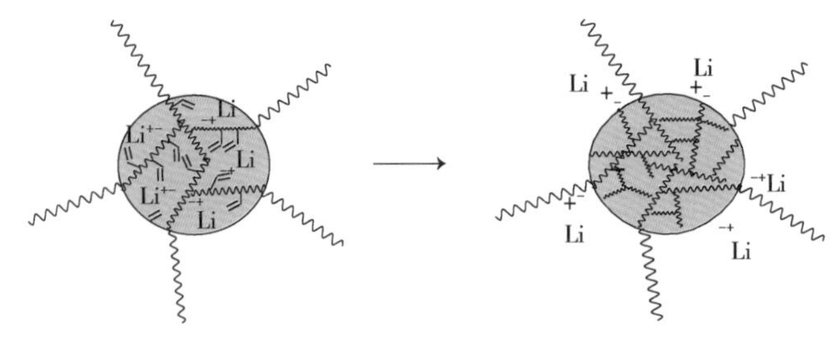

形成异戊二烯-丁二烯-苯乙烯星形杂臂反应：

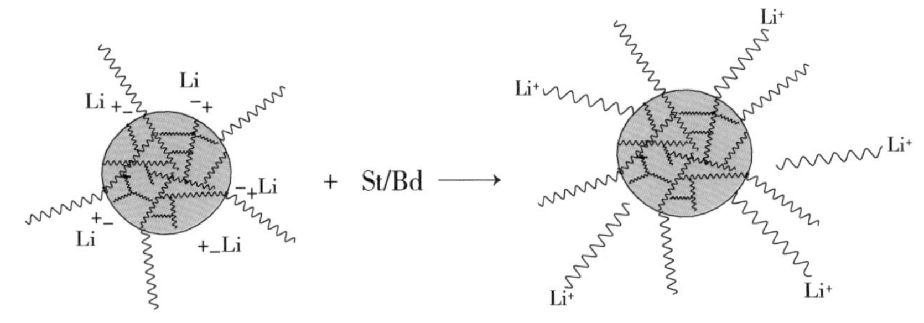

上式末端带有活性的是丁二烯-苯乙烯无规共聚链段，不带活性的是异戊二烯链段，链段长短与分子量有关。

终止反应：

$$\sim\sim\sim Li^{+} + H_2O \longrightarrow \sim\sim\sim + LiOH$$

该成套技术主要由助剂配置、溶剂回收、聚合、凝聚、干燥、包装、公用工程等单元组成。工艺采用间歇聚合和批量配方控制路线，掺混—凝聚—干燥采用连续工艺；聚合为间歇聚合，三釜平行进行，聚合反应获得的聚合物溶液（胶液）经过三釜凝聚脱除溶剂，再经过干燥处理得到 SIBR 产品。聚合过程中，溶剂经脱除杂质和水分等精制过程后循环使用。图 3-8 为 SIBR 成套技术工艺流程示意图。

SIBR 成套技术主要工艺指标如下：转化率为 100%，单釜聚合时间为 2~3h，年操作时间为 8000h，操作弹性为 60%~110%。

2. 主要产品牌号与应用领域

SIBR 成套技术可生产 SIBR4020 和 SIBR5015 两个牌号产品。图 3-9 显示了 SIBR 与其他胶种的动态力学曲线对比情况。从图中可以看出，SIBR4020 和 SIBR5015 均有一个较宽的动态黏弹曲线峰；SIBR4020 低温的黏弹性能与天然橡胶接近，0℃时与丁苯橡胶相近，60℃时低于顺丁橡胶；SIBR4020 的动态力学曲线与理想 SIBR 基本吻合。这与具有良好相容性的聚异戊二烯（PI）微相区和聚丁二烯-苯乙烯（PSB）微相区结构是分不开的，二者优势得到了很好的发挥，前者赋予了良好的低温性，后者赋予了高抗湿滑性，二者的化学键合与低侧基含量则赋予了低滚动阻力。

SIBR4020 的异戊二烯和苯乙烯含量分别约为 40%和 20%；SIBR5015 的异戊二烯和苯乙烯含量分别约为 50%和 15%。SIBR4020 和 SIBR5015 均可用于高性能轮胎领域，二者的质量指标见表 3-8。

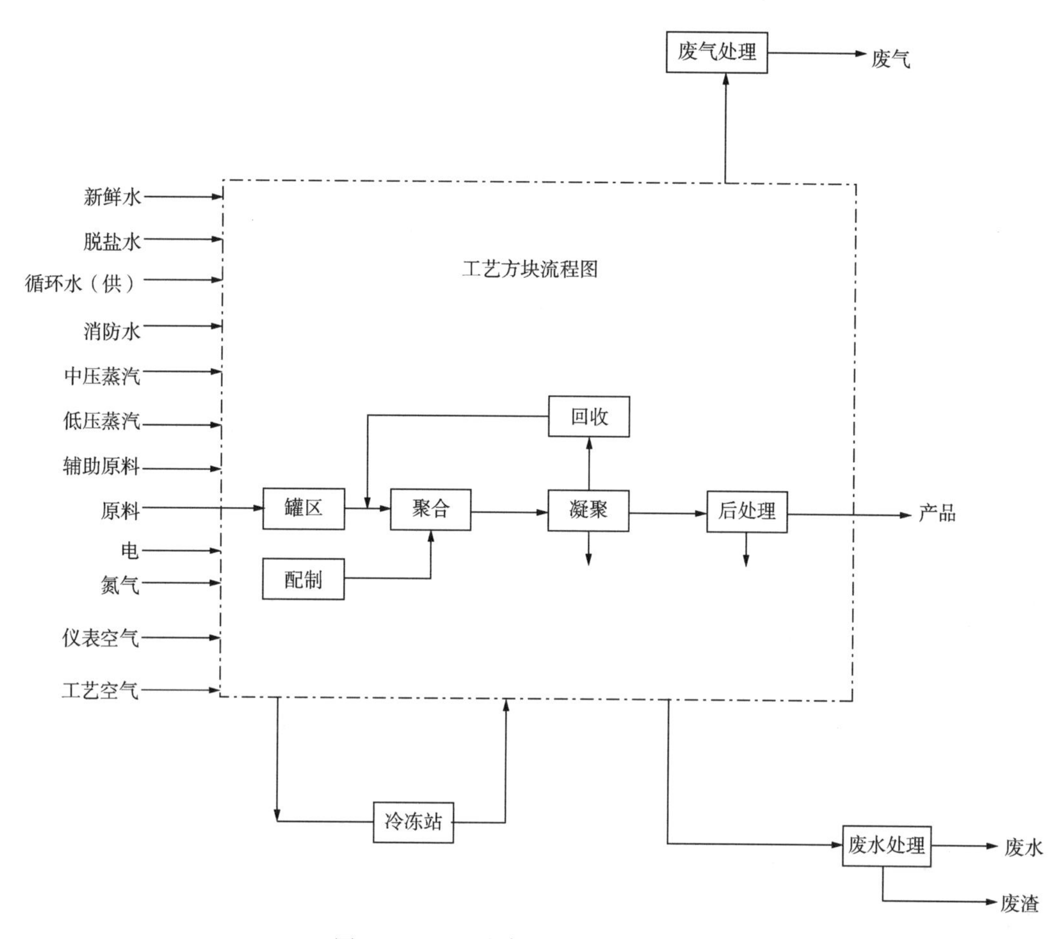

图 3-8　SIBR 成套技术工艺流程示意图

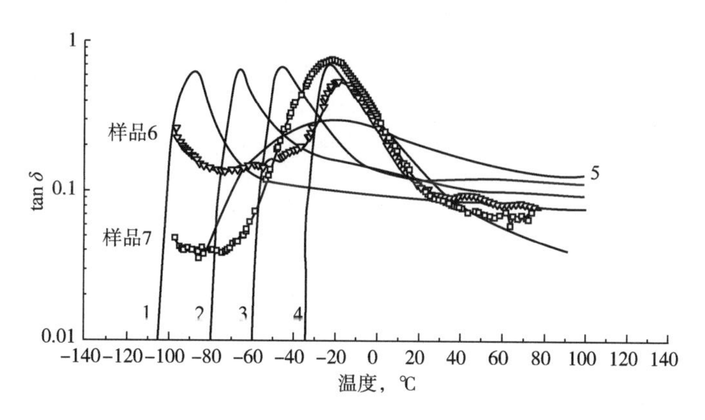

图 3-9　SIBR 与其他胶种的动态力学曲线对比

1—顺丁橡胶；2—天然橡胶；3—SBR1500；4—SBR1516；

5—理想 SIBR；6—SIBR4020；7—SIBR5015

表 3-8　SIBR4020 和 SIBR5015 质量指标

项目	SIBR4020	SIBR5015
异戊二烯含量,%	40±3	50±3
苯乙烯含量,%	20±3	15±3
生胶门尼黏度，$ML_{1+4}^{100℃}$	70±10	70±10
拉伸强度，MPa	≥ 18	≥ 18
300%定伸应力，MPa	≥ 12	≥ 12
伸长率,%	≥ 350	≥ 350
tan δ(0℃)	≥ 0.25	≥ 0.25
tan δ(60℃)	≤0.10	≤0.10

二、技术进展

1. 星形杂臂集成橡胶合成技术

采用“臂先”法合成星形杂臂聚合物时，由于活性分子链的黏度高，使得偶联效率较低；同时，由于不同链段的空间位阻效应不同，造成其与偶联剂的反应活性不同，导致难以控制杂臂聚合物的结构。“核先”法可以达到较高的偶联效率，但是难以合成杂臂型星形共聚物。将“臂先”法和“核先”法两种方法相结合，先将聚异戊二烯锂用二乙烯基苯（DVB）偶联成星形大分子引发剂，再引发丁二烯、苯乙烯聚合，制得星形杂臂聚异戊二烯-co-聚(丁二烯-苯乙烯)共聚物。由于 DVB 含有两个由苯环隔开的独立乙烯基，它们可与活性锂反应，当同一 DVB 分子上的两个双键均与活性锂加成时，就会形成支化，从而得到活性锂位于星形大分子核心的大分子引发剂。该引发剂官能团数与星形分子臂数相当，它们可继续引发丁二烯、苯乙烯增长反应，生成等臂数的丁二烯-苯乙烯支链，最终得到星形杂臂聚合物。

在 DVB 偶联反应过程中，虽然异戊二烯负离子的碱性略弱于苯乙烯负离子，但在线形聚异戊二烯锂(L-PILi)中加入 DVB 后，体系迅速由无色变成淡黄至棕黄色，表明 DVB 与异戊二烯负离子易发生加成反应且反应速率很快。

以异戊二烯段偶联前后为研究对象，在化学位移约为 7.0、6.6、5.7 处的吸收峰依次为苯乙烯基中苯环、C—H、CH_2—的质子峰，在化学位移约为 5.2 处的 CH_2—质子吸收峰由异戊二烯乙烯基的质子峰所掩盖(图 3-10)。这表明 DVB 与异戊二烯负离子发生了加成反应；同时，也表明 DVB 中的乙烯基并未完全反应。在加成反应一段时间后，测得的聚异戊二烯锂的分子量增长了好几倍，说明加成后的乙烯基苯乙烯与锂之间进一步发生了加成反应，从而将线形分子迅速偶联成星形聚异戊二烯锂。

偶联反应后，活性锂体系在加入丁二烯、苯乙烯单体溶液后继续引发增长，由于活性中心处于星形大分子核心，空间位阻增大，体系黏度也增大，丁二烯-苯乙烯链的增长相对缓慢，1h 后单体转化基本结束。随着 DVB 用量的增加，丁二烯-苯乙烯链的臂数增多，研究发现臂数不宜过高；当 DVB/Li 值为 1(物质的量比)时，即可获得较高偶联效率和适宜臂数。反应中，除了星形分子结构与组成，微观结构的形成也是需要关注的，主要包括丁二

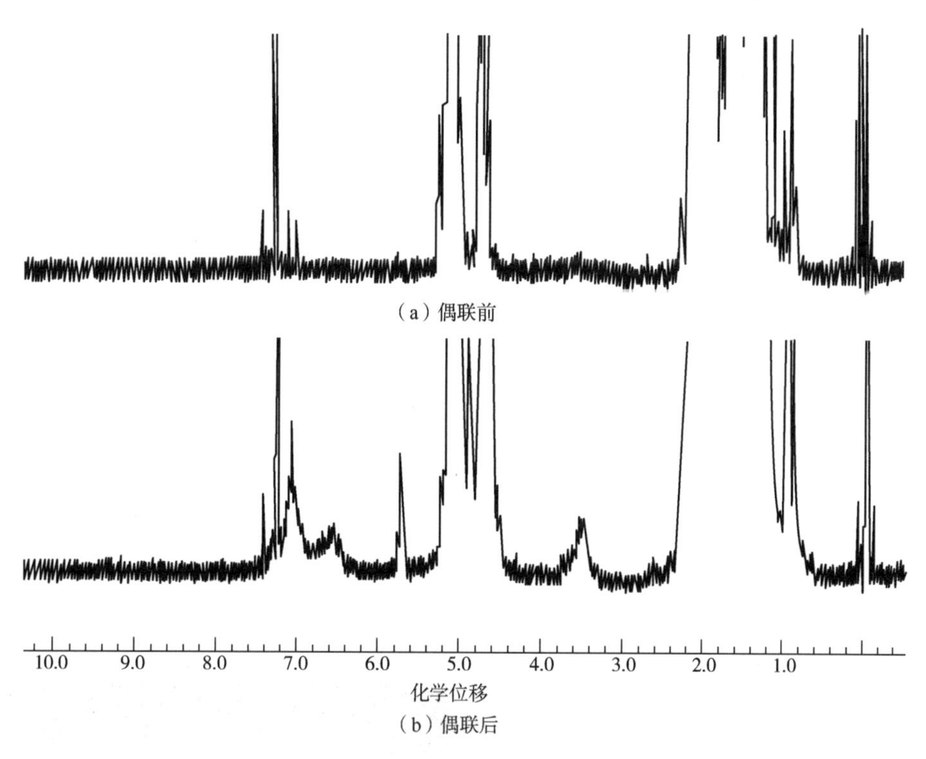

（a）偶联前

（b）偶联后

图 3-10　异戊二烯段偶联前后的核磁共振谱图

烯的 1,2-结构和苯乙烯单元的序列结构。采用极性添加剂及其复合体系对丁二烯链段的 1,2-结构含量进行调节，其中的 THFA 可以在低、中、高乙烯基范围内对丁二烯微观结构进行调节。丁二烯、苯乙烯共聚反应后，产物的核磁共振谱图如图 3-11 所示。

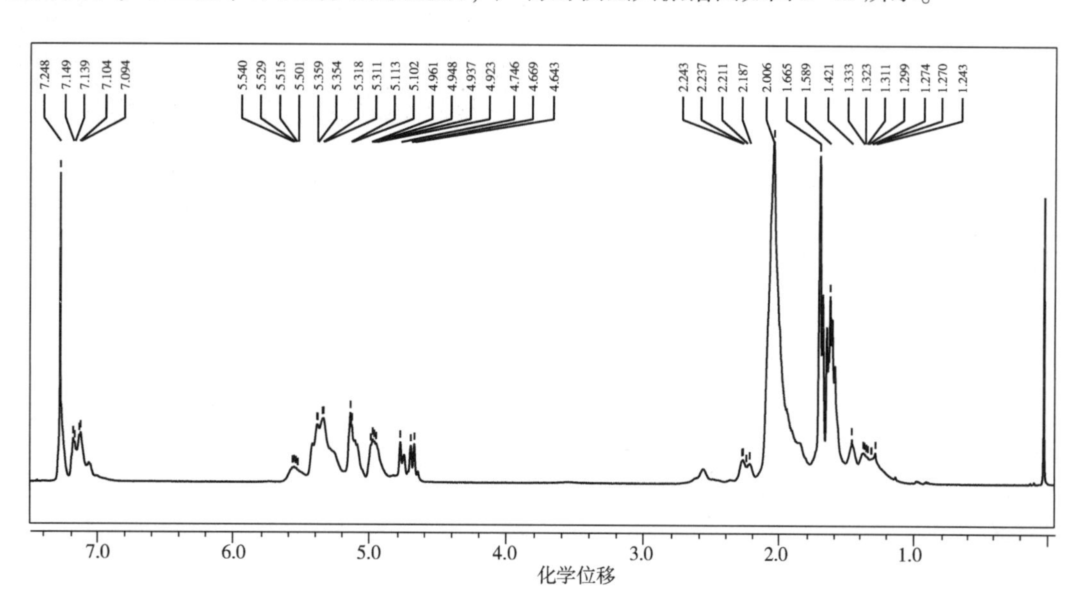

图 3-11　丁二烯-苯乙烯链段的核磁共振谱图

从图 3-11 可以看出，在丁二烯、苯乙烯共聚反应时，当 THFA/Li 值为 1.2(物质的量比)时，在化学位移为 6.5 处未出现吸收峰，说明在较高的温度(60℃)和极性调节剂用量下，苯乙烯与丁二烯竞聚率差距缩小，苯乙烯在分子链上呈无规分布，不会影响丁二烯-苯乙烯链段的性能。

2. 杂臂集成橡胶微相分离技术

由 PI/SBR 共混物、SIBR1(3,4-PI 和苯乙烯含量分别为 8.7%和 20%)、SIBR2 (3,4-PI 和苯乙烯含量分别为 26.3%和 20%)、SIBR3(3,4-PI 和苯乙烯含量分别为 29.9%和 15%)的扫描电镜照片(图 3-12)可知，采用化学键合可以使异戊二烯与丁二烯、苯乙烯的混合更为均匀，从而使性质各异的链段分散达到纳米级；在 PI 与 PSB 段中，没有共价键力约束时，二者相容性很差，PI 链段相区尺寸很大(微米级)，它们零散地分散于 PSB 连续相中[图 3-12(a)]；而采用 DVB 偶联后，两相分散均匀，PI 与 PSB 虽然还存在微相分离，但相区尺寸只有 20~30nm，并且微相的分离更有利各链段发挥各自的性能优势[图 3-12(b)]；当 3,4-PI 含量增大时，两种链段的玻璃化转变温度靠近，微相区逐步发生融合，相区尺寸进一步缩小[图 3-12(c)]，最终两种链段玻璃化转变温度重叠，链段运动相互协调，相区边界近乎消失[图 3-12(d)]。因此，通过调节共聚物组成和微观结构可获得不同的相形态。

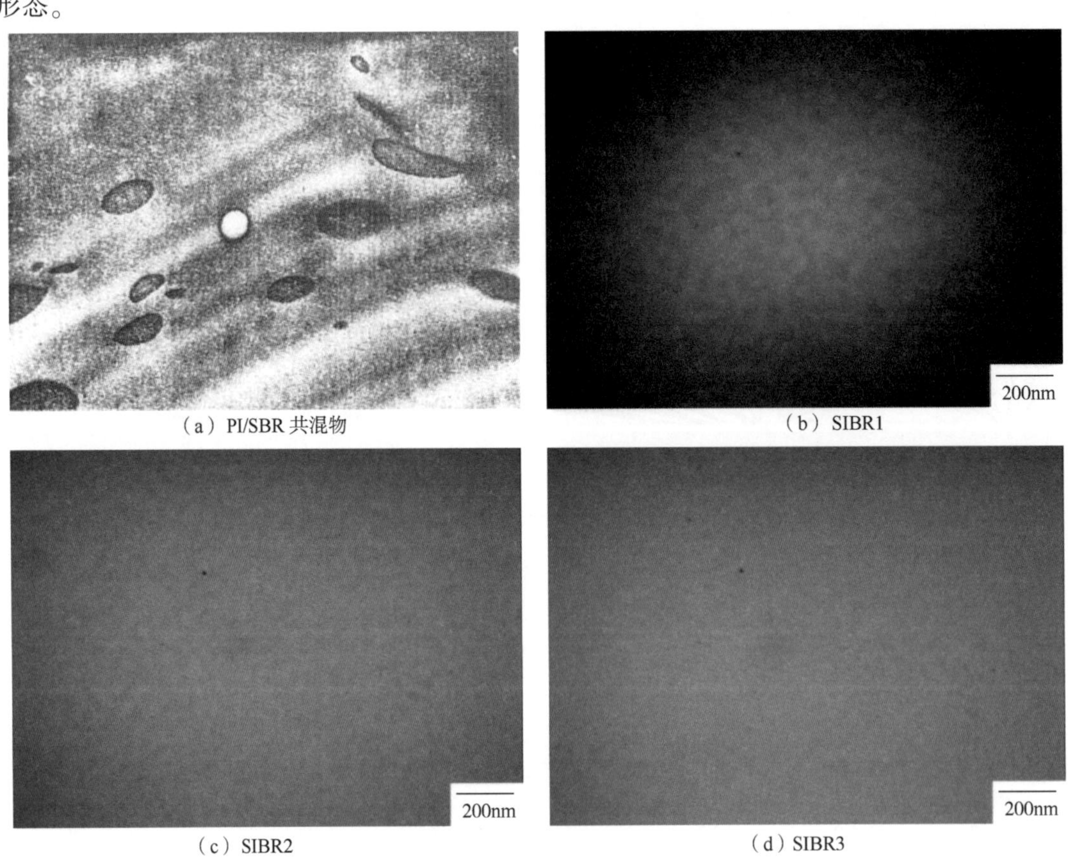

(a) PI/SBR 共混物　(b) SIBR1

(c) SIBR2　(d) SIBR3

图 3-12　不同试样的扫描电镜照片

三、应用前景

欧盟 REACH 法规和轮胎燃料标签法的实施，必将加快高性能 SSBR 的应用。SIBR 是第三代 SSBR，具有高抗湿滑性能和低滚动阻力的特点，在轮胎企业中具有较好的应用前景。

SIBR 还是一种优异的黏度指数改进剂和阻尼材料，氢化后具有良好的抗剪切性能和增稠能力，主要用于内燃机油、液压油、自动传动液和齿轮油的增黏剂。此外，通过阴离子聚合能合成出不同微观结构和不同分子量分布的阻尼橡胶，异戊二烯含量提高使集成橡胶具有更好的阻尼性能。

第五节　溶聚丁苯橡胶产品

中国石油 SSBR 采用连续、间歇聚合工艺，可生产线形、支化、星形、嵌段等不同结构的 SSBR。根据是否充油，又可分为油胶和干胶。独山子石化生产的 SSBR2564S、SSBR2557S、SSBR1550S、SSBR72612S、SSBR3840S 等，均采用由克拉玛依石化生产的环烷基环保型橡胶填充油(A1020)；此外，采用芳香基环保型填充油(TDAE)可生产 SSBR2557TH、SSBR3840T 等。

一、SSBR2564S 和 SSBR2557S

SSBR2564S 是环烷基环保型填充油的支化形产品，苯乙烯和乙烯基含量分别约为 25%和 64%。采用 5 釜连续溶液聚合，可得到高乙烯基含量的无规共聚丁二烯-苯乙烯聚合物；然后，与支化剂反应，形成支化结构的聚合物；填充环烷基环保型填充油(A1020)后，经凝聚脱溶剂、挤压脱水、膨胀干燥，得到 SSBR2564S，产品满足 GB/T 37388—2019《溶液聚合型苯乙烯-丁二烯橡胶(SSBR)》要求。

SSBR2557S 是环烷基环保型填充油的线形产品，苯乙烯和乙烯基含量分别约为 25%和 57%。采用 5 釜连续溶液聚合，可得到高乙烯基含量的无规共聚丁二烯-苯乙烯聚合物；填充环烷基环保型填充油(A1020)后，经凝聚脱溶剂、挤压脱水、膨胀干燥，得到 SSBR2557S，产品满足 GB/T 3788—2019《溶液聚合型苯乙烯-丁二烯橡胶(SSBR)》要求。

技术关键包括：高门尼黏度基础胶与 A1020 的相容性控制；与 A1020 相适应的 SSBR 基础胶分子结构设计；高门尼黏度 SSBR 结合苯乙烯的无规化控制。

SSBR2564S、SSBR2557S 及其硫化胶的技术指标分别见表 3-9 和表 3-10。

表 3-9　SSBR2564S 和 SSBR2557S 技术指标

性质	数值		检测方法
	SSBR2564S	SSBR2557S	
苯乙烯含量,%	25 ± 2	25 ± 2	GB/T 37388—2019
嵌段苯乙烯含量,%	<1.0	<1.0	GB/T 37388—2019
环烷油，质量份	35.7~41.4	24.3~29.3	SH/T 1718—2015

续表

性质	数值		检测方法
	SSBR2564S	SSBR2557S	
门尼黏度，$ML_{1+4}^{100℃}$	50 ± 5	55 ± 5	GB/T 1232. 1—2016
灰分,%	≤0. 2	≤0. 2	GB/T 4498—2013
挥发分,%	≤0. 75	≤0. 75	GB/T 6737—1997
乙烯基,%	64 ± 4	57 ± 4	GB/T 37388—2019

表 3-10　SSBR2564S 和 SSBR2557S 硫化胶技术指标

性质	数值		检测方法
	SSBR2564S	SSBR2557S	
300%定伸压力，MPa	8. 0~10. 0	8. 0~16. 0	GB/T 528—2009
拉伸强度，MPa	≥15. 0	≥15. 0	GB/T 528—2009
断裂伸长率,%	≥350	≥350	GB/T 528—2009
tanδ(0℃)	>0. 5		动态热机械分析
tanδ(60℃)	<0. 2		动态热机械分析

目前，该产品已在国内市场得到广泛应用，主要用于生产抗湿滑性能好、低滚动阻力高的轮胎。

二、SSBR72612S

SSBR72612S 是采用间歇聚合工艺生产的中苯乙烯含量、高乙烯基含量的星形产品。以丁二烯和苯乙烯为原料、A1020 为填充油、环戊烷为溶剂、不对称醚为结构调节剂，在高效阴离子催化剂的作用下可制备该产品，其技术指标见表 3-11。

表 3-11　SSBR72612S 技术指标

项目	指标	检测方法
颜色	黄色	目测
灰分,%	≤0. 2	GB/T 4498. 1—2013
挥发分,%	≤0. 75	GB/T 6737—1997
生胶门尼黏度，$ML_{1+4}^{100℃}$	43~53	GB/T 1232. 1—2016
油含量,%	23. 0~29. 3	SH/T 1718—2015
总苯乙烯含量,%	21. 5~25. 5	GB/T 37388—2019
乙烯基(1,3-丁二烯)含量,%	59. 0~63. 0	GB/T 37388—2019

该产品主要用作高性能轮胎胎面胶，具有抗湿滑性能好、滚动阻力低的特点。

三、高苯乙烯含量 SSBR3840S 和 SSBR3840T

在 SSBR 中，当苯乙烯质量分数约为 25%时，力学性能与动态力学性能可达到较好的平衡。但是，在生产超高性能轮胎或赛车胎时，要求提高抗湿滑性，而对滚动阻力要求不高。因此，开发高苯乙烯含量 SSBR 能满足国内对高抗湿滑轮胎的市场需求[5-6]。

SSBR3840S 和 SSBR3840T 是采用复合结构调节剂合成的高苯乙烯含量 SSBR。复合结构调节剂采用四氢糠醚（THFA）及十二烷基苯磺酸钠（SDBS）体系。THFA 对 1,2-结构调节能力很高，当 THFA/Li 值为 0. 8～1. 0（物质的量比）时，1,2-结构含量约为 40%；SDBS 调节 1,2-结构的能力相对较低，但其对苯乙烯在分子链的无规度有重要影响。

SSBR3840S 和 SSBR3840T 分别采用环烷基环保型填充油（A1020）和芳香基环保型填充油（TDAE）作为填充油，主要用于生产抗湿滑性能好的赛车轮胎与超高性能轮胎，其技术指标见表 3-12。

表 3-12　SSBR3840S 和 SSBR3840T 技术指标

项目	数值		检测方法
	SSBR3840S	SSBR3840T	
苯乙烯含量，%	36～40	36～40	GB/T 37388—2019
乙烯基含量，%	36～44	36～44	GB/T 37388—2019
生胶门尼黏度，$ML_{1+4}^{100℃}$	60±5	60±5	GB/T 1232. 1—2016
油含量，%	25. 8～28. 8	25. 8～28. 8	SH/T 1718—2015
拉伸强度，MPa	实测	实测	GB/T 528—2009
300%定伸应力，MPa	实测	实测	GB/T 528—2009

四、SSBR2557TH

SSBR2557TH 是以芳香基环保型橡胶填充油生产的高门尼黏度、高乙烯基含量充油橡胶，苯乙烯和乙烯基含量分别约为 25%和 57%，为无规线形产品。

SSBR2557TH 技术指标见表 3-13。

表 3-13　SSBR2557TH 技术指标

项目	数值	检测方法
苯乙烯含量，%	23～27	GB/T 37388—2019
乙烯基含量，%	60～66	GB/T 37388—2019
生胶门尼黏度，$ML_{1+4}^{100℃}$	57～67	GB/T 1232. 1—2016
油含量，%	25. 8～28. 8	SH/T 1718—2015
拉伸强度，MPa	≥17	GB/T 528—2009
300%定伸应力，MPa	≥10	GB/T 528—2009

SSBR2557TH 主要用于生产抗湿滑性能好、滚动阻力低的高性能轮胎。

五、雪地胎用 SSBR1550S

SSBR 通用产品在制备雪地胎时，由于其最低使用温度(玻璃化转变温度约为-25℃)高于冬季环境温度，易造成橡胶材料变硬而失去弹性。SSBR 的耐低温性能与苯乙烯质量分数、乙烯基质量分数和门尼黏度有关。分子链刚性降低，耐低温性能会得到改善，但也会影响 SSBR 的性能。制备中等耐寒地区轮胎时，需要 SSBR 的玻璃化转变温度为-50~-40℃。因此，耐低温性能较好的 SSBR 可满足不同市场的需求。

SSBR1550S 是低苯乙烯含量 SSBR，苯乙烯含量在 15%左右，乙烯基含量在 50%左右，玻璃化转变温度为-45℃，主要用于生产耐低温性能好的雪地胎，其技术指标见表 3-14。

表 3-14　SSBR1550S 技术指标

项目	数值	检测方法
苯乙烯含量,%	13~17	GB/T 37388—2019
乙烯基含量,%	46~54	GB/T 37388—2019
生胶门尼黏度，$ML_{1+4}^{100℃}$	65±5	GB/T 1232. 1—2016
油含量,%	25. 8~28. 8	SH/T 1718—2015
拉伸强度，MPa	实测	GB/T 528—2009
300%定伸应力，MPa	实测	GB/T 528—2009

参 考 文 献

[1] 李军，黄金霞，赵金德，等．白炭黑发展现状及市场前景[J]．化工科技，2011，19(4)：67-71.

[2] 张立群，吴友平，王益庆，等．橡胶的纳米增强及纳米复合技术[J]．合成橡胶工业，2000，23(2)：71-77.

[3] Nordsiek K H. The《integral rubber》concept — an approach to an ideal tire tread rubber[J]. Kautschuk und Gummi，Kunststoffe，1985，38(3)：178-185.

[4] Nordsiek K H. Model studies for the development of an ideal tire tread rubber[C]//The 125th Meeting of the Rubber Division，1984.

[5] 管建主，袁才登，郝雁钦．溶聚丁苯橡胶聚合技术进展[J]．石化技术，2007，14(1)：65-70.

[6] 刘华侨，孙茂忠，李红卫，等．不同牌号溶聚丁苯橡胶在轮胎胎面胶中的应用性能[J]．轮胎工业，2020，40(5)：286-290.

第四章　丁二烯橡胶

顺丁橡胶(BR)是世界上仅次于 SBR 的第二大胶种。目前，中国是世界上最大的 BR 生产国，多采用镍或稀土催化体系生产高顺式聚丁二烯橡胶。BR 在中国主要用于轮胎、制鞋、高抗冲聚苯乙烯(HIPS)改性等领域。NdBR 是采用稀土(钕)催化剂制备的聚合物，具有链结构规整度高、线性好、自黏性好等特点，加工和力学性能优异，应用于轮胎，具有较好的耐磨性、抗疲劳性、生热性、滚动阻力和抗湿滑性。NdBR 符合对安全性、牵引性、滚动性、耐用性等有更高要求的现代子午线轮胎的用胶要求，是满足轮胎标签法要求的高性能轮胎的理想材料。

中国石油开发了 3×10^4t/a NdBR 生产技术，并在独山子石化改造建设了 3×10^4t/a NdBR 装置。2017 年，中国石油牵头国家重点研发计划项目“高性能合成橡胶产业化关键技术”，开展高活性高顺式 NdBR 定向催化技术研究，开发了窄分子量分布、高门尼黏度 BR9101N 和 BR9102 等产品。

第一节　聚合原理与工艺

一、聚合原理

BR 属于配位聚合。以聚合级丁二烯为原料，65~88℃抽余油切割组分为溶剂，通过配位聚合可得到高顺式丁二烯聚合物。其中，NdBR 采用由新癸酸钕、烷基铝和氯化物制备的均相复合催化剂；镍系 BR 采用由环烷酸镍、三异丁基铝和三氟化硼乙醚络合物制备的催化剂。

配位聚合的主要特征是准活性聚合，催化剂可以全部、快速转变为活性中心，催化剂加入聚合釜后如果搅拌良好，单体分布均匀，则所有链增长同时开始，各链增长速率相同；然后，链增长以活性中心为配位端持续进行，直至所有单体完全反应。在无杂质和温度不高的情况下，体系不存在链终止反应，直至单体反应完全；但是，链端活性并未消失，重新加入单体后可继续反应，为终止链端活性，需加入终止剂以终止反应。

聚合过程包括以下 3 个阶段：

(1) 链引发：单体先以 π 键与金属离子配位，这样削弱了 M—R 键的稳定性，从而使单体易于插入 M—C 键，形成新的 M—C 键。

(2) 链增长：单体丁二烯与活性中心配位加成，使活性链增长。

(3) 链终止：活性链向单体转移或遇上其他活性体(或杂质)终止活性，聚合反应停止。若无杂质存在时，聚合不存在终止反应。在聚合后期，由于缺乏单体，而使得增长中心处于“休眠”状态或存在可逆失活。因此，在聚合末釜加入终止剂以终止反应。

二、聚合工艺

以丁二烯为原料，65~88℃抽余油切割组分为溶剂，在催化剂作用下，通过多釜串联连续聚合、水析凝聚、挤压脱水、膨胀干燥的方法生产 BR。图 4-1 为 BR 生产流程示意图。

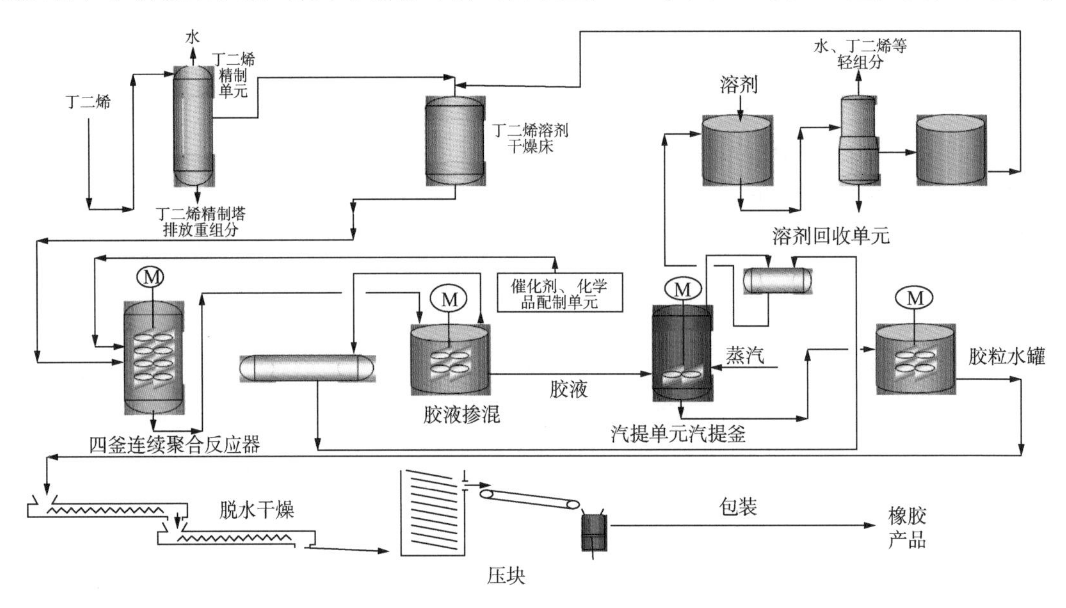

图 4-1　BR 生产流程示意图

1. 单体与助剂

1,3-丁二烯质量分数不低于 99.5%，总炔烃含量不高于 20μg/g，阻聚剂对叔丁基邻苯二酚(TBC)含量不高于 20μg/g。

主要辅助材料包括催化剂、溶剂、分散剂和抗氧剂。

2. 生产工序

BR 的生产采用连续式溶液聚合工艺，主要包括原料接收贮存与配制、化学品接收与配制、聚合、掺混、凝聚及后处理、包装单元等工序。此外，还有冷冻、溶剂回收等辅助工序。

1) 聚合工序

首先，丁二烯与精溶剂油(充冷油)经静态混合器混合后(丁二烯和精溶剂油的混合物简称丁油)进入预冷器，用-7℃的冷冻乙二醇水溶液冷却至 2℃左右(开车时，经丁油预热器，用低压蒸汽加热至 50℃左右；正常运行时，若第一台聚合反应器温度不够，也可采用预热措施)；然后，再与催化剂经丁油、催化剂混合器混合后进入第一台聚合反应器。

第一台聚合反应器的聚合温度由预冷温度控制，第二台和第三台聚合反应器的温度由充冷油控制。每台聚合反应器夹套均用-7℃的冷冻乙二醇水溶液冷却，以辅助调节聚合反应器温度。

胶液由最后一台聚合反应器顶部采出，与终止剂一起进入动态混合器，混合后与防老

剂进入 $2^{\#}$ 动态混合器充分混合后进入胶液罐。

聚合系统的压力由末釜出口管道压力调节阀控制。按一定比例调节丁二烯与溶剂油进料，设有进料联锁保护装置，以确保装置安全运行。

由于聚合反应对原料含水量要求严格，因此在溶剂油进料管线上设有在线水质分析仪，以检测溶剂油中的含水量。

2）掺混工序

来自聚合工序的胶液依次进入 6 台胶液罐。当每台胶液罐进料结束后搅拌 2h，测定胶液门尼黏度。若门尼黏度值在规定范围内，可送往凝聚釜进行喷胶；若超出范围，可将门尼黏度值偏高和偏低的胶液按一定比例混合，待达到要求时，再送至凝聚釜进行喷胶。

胶液进入胶液罐时，闪蒸后的溶剂油和丁二烯混合气体用粗溶剂吸收；吸收后的溶剂油进入吸收溶剂分水罐，分水后的油相进入回收溶剂中间罐，水相进入工艺泵的入口。

3）凝聚及后处理工序

胶液连续定量进入两台串联的凝聚釜中，前后两台凝聚釜底分别用中压过热蒸汽和蒸汽加热，二者釜温分别维持在 96℃和 100℃左右，胶粒在此条件下凝聚完全，由胶粒泵送往后处理。凝聚釜顶蒸出的溶剂油、丁二烯和水蒸气进入回收溶剂空气冷却器，在温度降至约 55℃后进入调节冷却器，再经循环水冷却至 40℃；然后，进入回收溶剂回收罐进行油水分离；分离后的水相和吸收溶剂分水罐水相在工艺水凝结器中，使小油滴进一步凝结成大油滴，之后，水相进入热水罐以回收利用，油相返回回收溶剂分水罐；在回收溶剂分水罐中，油相自流至回收溶剂中间罐中，部分送往回收单元精制，部分经吸收溶剂冷却器冷却后用作吸收溶剂。

来自后处理的循环热水进入热水罐，由热水泵送至凝聚釜。胶液流量与热水流量采用比例调节。热水罐上部溢水口溢出的热水经冷却器冷却至 45℃以下后，排入地下污水管网。在分散剂配制罐中，将分散剂制成一定浓度的水溶液后送入凝聚釜，以保证胶粒大小适中（约 15mm）。凝聚釜的胶粒水经缓冲罐后进入振动筛，以脱去胶粒中部分悬浮水；再于洗胶罐中除去杂质，经溢流槽进入振动输送筛，脱去胶粒中 40%～60%的悬浮水。

洗涤后胶粒经挤压脱水机后，所含水分降至 8%～12%；然后，切成薄片（2～3mm），再进入挤压膨胀干燥机，在闪蒸作用下，使胶中水分降至 0.75%以下，经热风干燥箱进一步干燥。在水平输送机的输送下，进入多级水平振动机自然冷却；之后，经成型、包装，送入成品库。

第二节　稀土顺丁橡胶技术

独山子石化对镍系 BR 装置改造后可用于生产 NdBR。通过试生产，优化了 NdBR 的工艺条件，产品在轮胎制造企业进行了应用试验，形成具有自主知识产权、可产业化的 NdBR 成套生产技术（包括装置改造、生产工艺、催化剂制备、产品应用等）。

一、技术概况

1. 装置组成

装置主要包括界区内的生产单元和辅助生产单元(表4-1)。其中，化学品配制、溶剂精制、单体精制、聚合反应和胶液掺混有一条生产线；汽提有一条生产线；后处理有两条生产线。装置年操作时间为8000h，生产能力为6.25t/h，设计负荷为60%~110%。

表4-1 NdBR成套生产技术装置各单元组成

生产单元	组成
化学品配制	钕剂、铝剂等化学品贮存配制
溶剂精制	湿溶剂罐、溶剂精制塔、重组分精制塔、干溶剂罐等
单体精制	湿丁二烯分离罐、丁二烯精制塔、干丁二烯罐、苯乙烯干燥床、干苯乙烯罐等
聚合反应和胶液掺混	聚合釜、胶液掺混罐等
汽提	汽提塔、胶粒水罐、油水分离罐等
后处理	胶粒脱水、干燥、胶块成型和包装成套设备，以及尾气处理设备等
公用工程及辅助生产设施	环保橡胶填充油系统、冷冻站、火炬系统、胶液排放、公用工程系统等

2. 公用工程消耗

装置公用工程有循环水、脱盐水、中压蒸汽、低压蒸汽、氮气、净化风、电和外送凝液，其消耗量见表4-2。

表4-2 NdBR成套生产技术装置公用工程消耗

项目	1t胶消耗量	1h消耗量	年消耗量
脱盐水，t	0.240	1.5	12100
循环水，t	198.240	1239	9912000
中压蒸汽，t	1.185	7.405	59240
低压蒸汽，t	2.695	16.8	134752
氮气，m^3	25	156	12.48×10^5
仪表风，m^3	40	250	2×10^6
工业风，m^3	10	63.0	5.04×10^5
电，kW·h	571	3568.7	2.855×10^7

3. 能耗物耗指标

装置的能耗物耗指标见表4-3。

表 4-3　NdBR 成套生产技术装置能耗物耗指标

项目	数值	项目	数值
单程转化率,%	92	溶剂消耗，kg/t	20
单体消耗，kg/t	≥1020	综合能耗，kg/t	470

二、技术创新

NdBR 技术具有以下创新点：

（1）高活性均相复合稀土催化剂制备技术。该稀土催化剂体系由新癸酸钕、烷基铝、氯代烷基铝和第四组分组成。催化剂具有较高的催化活性，易于输送，转化率达到 95%以上，产品中顺式-1,4-结构含量在 97%以上，聚合物低支化低凝胶、门尼黏度与分子量分布可调；同时，该催化剂还具有高度稳定性，在无水、无氧、放置 15 天后，仍保持均相状态，催化活性无明显变化。

（2）丁二烯采用高浓度进料，提高了生产能力和生产效率。正常聚合工况下，无须冷却介质撤热，利用所放热量可降低胶液输送黏度，克服输送困难，减少装置冷却水的用量和冷油补充量，降低后序汽提及溶剂回收处理的负荷。

（3）催化剂残留对生胶的产品质量无影响，从源头上削减“三废”排放。

（4）开发了适合稀土催化剂体系的工艺路线，形成了全套工业化技术。探索并提出了适宜的催化剂陈化方式，解决了催化剂沉淀堵管线的问题，并可生产 NdBR 充油产品。

（5）蒸汽预凝聚技术。采用新型凝聚釜搅拌结构(3 层异型搅拌器)，改变折流方式，加强返混，提高了轴径向作用力，进一步减小胶粒的粒径，解决了胶粒结团的问题。

（6）采用 AspenOne 中的聚合物计算软件 Polymer Plus 模拟计算 5×10^4t/a NdBR 的聚合反应，经工业生产数据修正后为工程化提供依据。

三、节能节水减排措施

在生产过程中，采取的节能节水减排措施主要如下：

（1）充分考虑加热蒸汽的逐级利用。

（2）采用带蒸汽回收的三釜汽提，后汽提釜顶蒸汽可进入汽提首釜利用，可降低汽提釜蒸汽消耗；由于汽提单元外排污水量与加入的新鲜蒸汽和脱盐水量相近，这也间接降低了装置的污水含量；同双釜等压汽提相比，三釜汽提的能耗和溶剂油消耗减少。

（3）胶液掺混单元、汽提单元、溶剂油回收单元的冷凝器，采用冷冻水冷却回收其中的烃类化合物，可有效降低溶剂油消耗。

（4）各分水包的排水不进入含油污水系统，污水的排放量少、COD 低。

（5）在生产中无废碱液排放，也减少了含油污水的排放。

（6）聚合反应器不用夹套冷却，冷冻水负荷低，能耗也低。

（7）溶剂油精制塔和单体精制采用节能流程。

（8）以装置蒸汽凝液用作汽提单元搅拌器、机泵和管线的冲洗，减少装置脱盐水消耗。

四、"三废"排放

1. 废气排放

在生产过程中，脱水振动筛、挤压脱水膨胀干燥一体机等设备排放的主要是蒸汽和含微量烃废气，经风罩收集后用风机增压高处排放，不会造成环境污染。安全阀和压力控制阀排出的主要是单体以及溶剂的轻重烃类组分，其中的气相密闭排至火炬，液相作为燃料送出装置。正常生产时，只有各容器压力控制阀向火炬系统排放少量烃类物质。

2. 废水排放

分水罐分离出的水进入汽提单元的油水分离罐，然后，进入汽提釜回收其中的烃类。汽提单元加入的新鲜蒸汽，最终以水排出。采用三釜差压汽提工艺，废水排放量少，废水排放选在后处理单元的撇胶罐，COD 低。

装置产生的废水先经污水池隔油进行沉淀处理，然后，进入工业水处理装置集中处理，达标后外排。

3. 废渣及废液排放

废渣主要包括清理设备时产生的废胶、丁二烯自聚物、清过滤器废物和废弃分子筛干燥剂。其中，废胶、丁二烯自聚物、清过滤器废物的排放量为 100t/a，废弃分子筛干燥剂的排放量为 5t/2a。在清理设备时，产生的废胶、丁二烯自聚物用无害化填埋处理；用热氮气吹扫废弃分子筛催化剂，在确认碳氢化合物含量低于 5μg/g 后，可进行无害化填埋处理。

五、应用前景

NdBR 是制造绿色轮胎的关键材料之一。中国橡胶工业协会出台《轮胎分级标准》《轮胎标签管理规定》，积极推进轮胎产品升级绿色发展。在 2018 年，发布了《绿色设计产品评价技术规范　汽车轮胎》，指出在 2~3 年，将滚动阻力和抗湿滑性纳入 CCC 认证，有力提升了国内高性能轮胎的市场占有率。欧盟轮胎标签法的实施，促使现在橡胶制品质量升级，扩大了 NdBR 在轮胎制造领域的应用，提升了其应用比例。

第三节　稀土丁戊橡胶技术

一、技术概况

稀土丁戊橡胶(Nd-BIR)是由稀土催化体系制备的高顺式-1,4-结构(含量高于 95%)的丁二烯与异戊二烯的共聚物[1]，是世界尚未实现产业化的合成橡胶。Nd-BIR 因具有规整的分子微观结构、分子量高、分子量分布可控等优势而具备良好的加工性能，可用于制造轮胎制品，满足工程化需求。Nd-BIR 制备聚合反应式如下：

$$H_2C{=}\underset{H}{C}{-}\underset{H}{C}{=}CH_2 + H_2C{=}\underset{CH_3}{C}{-}\underset{H}{C}{=}CH_2 \longrightarrow {*}\!\left[-CH_2\underset{HC=CH}{\quad}H_2C-CH_2\underset{\underset{CH_3}{C}=CH}{\quad}H_2C-\right]\!{*}$$

稀土催化体系具有优异的定向效应，是唯一能够实现丁二烯和异戊二烯同时以高顺式无规共聚的催化剂[2-7]，使得 Nd-BIR 兼顾了顺丁橡胶和异戊橡胶的优良性能。除保持 BR 的耐磨耗、高弹性、耐寒、低生热等优点外，异戊二烯单元的引入还改善了 BR 的抗湿滑性能；同时，由于两种单体单元的高顺式和无规的链结构，有效消除了分子链的低温结晶性。因此，Nd-BIR 胶具有极好的耐低温性(脆性温度低于-80℃)，远优于低温环境下广泛使用的硅橡胶(脆性温度低于-50℃)，将在高性能轮胎、军工行业所需低温组件、低温密封材料等领域得到广泛应用，具有广阔的工业化应用前景[8-10]。

目前，国外 Nd-BIR 研发总体处于中试阶段，尚无成熟工业化产品。2014—2020 年，中国石油开展了 Nd-BIR 制备技术的研发，开发出用于丁二烯-异戊二烯共聚的高活性稀土催化剂，以及耐低温性能优异的 Nd-BIR 产品，研究了 Nd-BIR 微观结构、序列结构和分子结构对力学性能的影响，开发出具有自主知识产权的 3×10^4t/a Nd-BIR 工艺包技术。

采用稀土催化剂，在溶液聚合条件下，实现丁二烯、异戊二烯的高顺式共聚，通过调控单体配比和分子链序列结构，制备了用于耐超低温(脆性温度不大于-95℃)与轮胎领域的 Nd-BIR；在此基础上，开发了全流程数字化 Nd-BIR 聚合生产模型，能完整和准确模拟从进料到产出产品的工艺过程，最终形成了具有自主知识产权的 3×10^4t/a Nd-BIR 工艺包技术。

该技术主要产品指标如下：催化剂活性 Nd/(Bd+Ip)值不大于 0.5×10^{-4}(物质的量比)，共聚物中各链节顺式含量高于 97%，产品脆性温度低于-65℃(低温领域不大于-80℃)，产品分子量分布指数不大于 3。

该技术主要由催化剂和防老剂配制，连续聚合，凝聚，溶剂、丁二烯和异戊二烯回收，胶粒挤压脱水、膨胀干燥和称重包装后处理等单元组成。聚合物溶液进入贮罐后降压闪蒸为气相和液相，气相(丁二烯、C_5组分和 C_6组分)由贮罐顶部进入回收单元；液相(聚合物溶液)存于贮罐中，经喷胶泵与热水混合后送至凝聚单元，实现胶粒水与溶剂油的进一步分离；随后，胶粒水进入后处理单元得到 Nd-BIR 产品。图 4-2 为 Nd-BIR 工艺流程示意图。

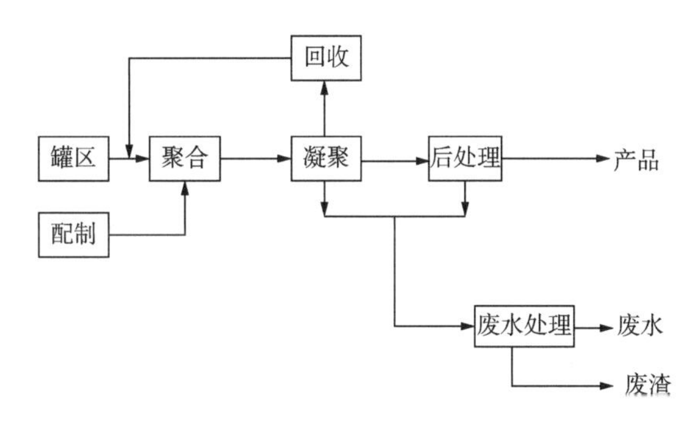

图 4-2 Nd-BIR 工艺流程示意图

二、技术创新

3×10^4t/a Nd-BIR 工艺包技术从分子结构调控入手，开发了活性中心可控的四元稀土催化体系，设计了催化体系稳定高效、工艺技术安全可靠的 Nd-BIR 生产技术，具有以下创新点：

(1) 高活性高稳定性稀土催化剂制备技术。

高度稳定的均相稀土催化体系，由新癸酸钕、烷基铝、氯化物等组成。在保持高催化活性的前提下，通过单体投料配比调节与聚合工艺调控，实现了相态、活性中心种类可控、高活性高顺式定向稀土催化剂的制备。在普通工业原料规格下，催化活性可以达到非均相催化体系技术水平，转化率达到90%以上；同时，该稀土催化剂具有高度稳定性，在无水、无氧下放置48h，仍保持均相状态，催化活性无明显变化。

(2) 稀土 Nd-BIR 结构控制技术。

丁二烯-异戊二烯链段的微观结构、序列结构是影响 Nd-BIR 性能的主要因素，而单体竞聚率调控是实现共聚物序列结构调控的有效手段。该技术设计合成了强吸电子正离子金属中心新型钕催化体系，该中心具有更大的配位空间，可调控丁二烯与异戊二烯竞聚率，从而实现 Nd-BIR 微观结构与序列结构的精确调控。

Nd-BIR 属于无规共聚物，具有较高的顺式结构含量(不小于 97%)，分子量分布较窄(不大于 3.0)，适合高寒地区轿车轮胎用胶料；当分子量分布较宽(不小于 3.0)时，适合耐低温领域用胶料。

(3) 湿法凝聚后处理技术。

采用节能型的三釜凝聚工艺，双釜之间可采用等压式和压差式两种控制方法，保证了凝聚效果，同时具有多重调节手段；双釜之间采用连接管代替胶粒泵，防止脱除溶剂不净的胶黏产品堵塞泵口。湿法凝聚后处理工艺(以双釜为例)流程如图 4-3 所示。

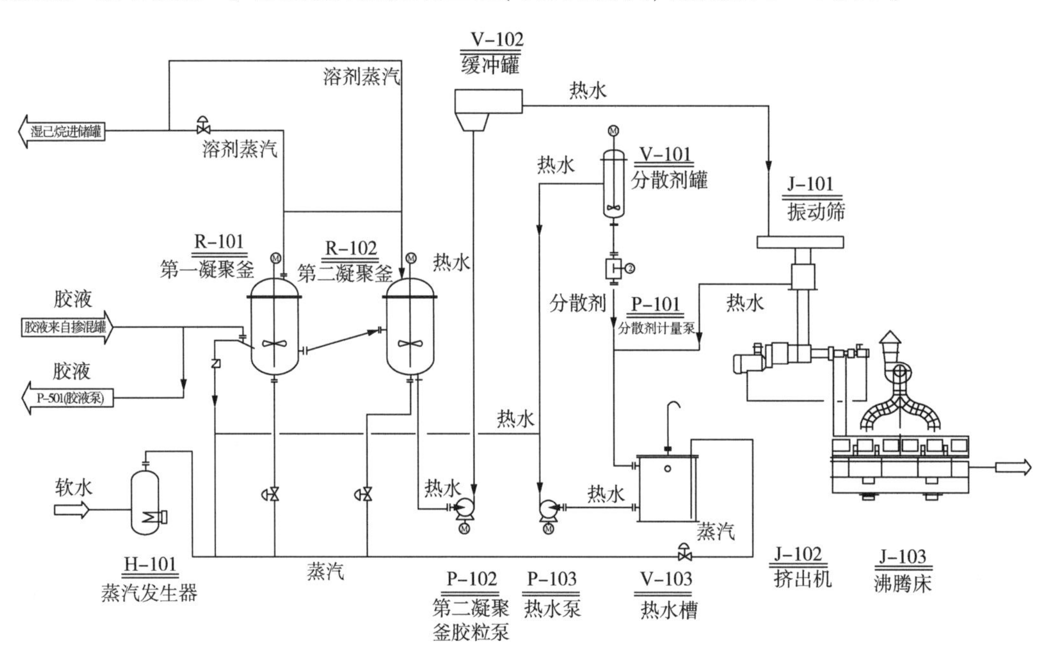

图 4-3 湿法凝聚后处理工艺(以双釜为例)流程示意图

三、推广应用

Nd-BIR 在国内某轮胎公司进行了高寒地区雪地胎应用测试。测试结果表明：Nd-BIR

可以有效提高混炼胶的硫化速率，以及硫化胶的撕裂强度、屈挠龟裂寿命和回弹性；特别地，在滚动阻力基本相当的情况下，加入 Nd-BIR 的胎面胶具有更好的湿抓着性，能有效提高制动性能。

第四节　稀土顺丁橡胶产品

一、窄分布稀土顺丁橡胶 BR9101N 和 BR9102

中国石油开发了窄分布 NdBR 中门尼黏度产品 BR9101N 和高门尼黏度产品 BR9102，技术指标见表 4-4。

表 4-4　稀土顺丁橡胶产品技术指标

项目	BR9101N	BR9102	测试方法
顺式-1,4-结构含量,%	≥96	≥96	SH/T 1727—2017
分子量分布	≤3	≤3	ISO 11344：2016
挥发分,%	≤0.75	≤1.0	GB/T 24131—2009
灰分,%	≤0.5	≤0.5	GB/T 4498.1—2013
生胶门尼黏度，$ML_{1+4}^{100℃}$	45±4	63±5	GB/T 1232.1—2016
300%定伸应力(145℃，35min)，MPa	≥8.0	实测	GB/T 8660—2018 GB/T 528—2009
拉伸强度(145℃，35min)，MPa	≥14.5	实测	
扯断伸长率(145℃，35min),%	≥365	实测	

注：混炼胶和硫化胶的性能指标均采用 ASTM IRB No. 8 进行评价。

NdBR 与 SSBR 共混，制造的高性能轮胎不仅可以节油，还可以提升安全性，满足高性能轮胎在高速、安全、节能、环保等方面的需要。

二、稀土丁戊橡胶 Nd-BIR8020 和 Nd-BIR9010

Nd-BIR 可广泛应用于低温环境、高性能绿色轮胎等领域。中国石油开发出具有自主知识产权的 3×10^4t/a Nd-BIR 工艺包技术，产品主要技术指标见表 4-5。

表 4-5　稀土丁戊橡胶产品技术指标

项目	Nd-BIR8020	Nd-BIR9010	测试方法
丁二烯含量,%	80±4	90±4	红外光谱法
异戊二烯含量,%	20±4	10±4	红外光谱法
生胶门尼黏度，$ML_{1+4}^{100℃}$	45±5	45±5	GB/T 1232.1—2000
顺式结构含量,%	≥97%	≥97%	SH/T 1727—2004
脆性温度,℃	≤-85	≤-65	GB/T 15256—2014
用途	耐低温领域	轮胎领域	

参 考 文 献

[1] 中国科学院长春应用化学研究所第四研究室. 稀土催化合成橡胶文集[M]. 北京: 科学出版社, 1980.
[2] 沈琪, 杨国洁, 王佛松. 聚合条件对稀土丁二烯-异戊二烯共聚物的分子量及其分布的影响[J]. 合成橡胶工业, 1983, 7(4): 280-283.
[3] 龚志, 郭春玲, 郑玉莲, 等. 用均相的稀土催化剂进行丁二烯-异戊二烯本体共聚合的研究[J]. 高分子学报, 1992(5): 606-610.
[4] 代全权, 薛冬桦, 范长亮, 等. 陈化温度对稀土催化体系共聚丁二烯-异戊二烯的影响 [J]. 合成橡胶工业, 2008, 31(5): 402.
[5] 徐端端, 胡雁鸣, 李杨, 等. 用稀土催化剂制备高顺式丁二烯-异戊二烯共聚物[J]. 合成橡胶工业, 2011, 34(4): 272-276.
[6] 孔春丽, 胡雁鸣, 李杨, 等. 磷酸酯钕系催化剂合成高顺式丁二烯-异戊二烯共聚物[J]. 合成橡胶工业, 2012, 35(5): 356-360.
[7] 代全权, 胡雁鸣, 白晨曦, 等. 新癸酸钕/烷基铝/二异丁基氯化铝催化丁二烯/异戊二烯共聚合[J]. 合成橡胶工业, 2015, 38(6): 422-426.
[8] 杨新飞, 刘建超, 汪凌燕. 丁二烯/异戊二烯共聚物的研究进展[J]. 特种橡胶制品, 2019, 40(1): 75-80.
[9] 张新惠, 李柏林, 刘亚东, 等. 稀土催化本体聚合丁二烯-异戊二烯橡胶的性能[J]. 合成橡胶工业, 1992, 15(5): 277-279.
[10] 方天如, 沈琪, 杨国洁. 分子量及其分布对稀土丁-异戊橡胶硫化胶性质的影响[J]. 合成橡胶工业, 1981, 4(2): 89-92.

第五章　丁腈橡胶

丁腈橡胶(NBR)是以丙烯腈、丁二烯为单体，经乳液共聚而成的弹性体。NBR 的显著特征是分子链带有腈基，具有较好的耐油性、耐磨性、耐溶剂性和耐热性。NBR 的生产从热法乳液聚合发展到冷法乳液聚合，形成了间歇和连续聚合工艺。产品可分为极高腈(43%以上)、高腈(36%~42%)、中高腈(31%~35%)、中腈(25%~30%)和低腈(24%以下)5类，主要用于耐油橡胶制品、密封件、改性剂、黏合剂等领域。中国石油开发了具有自主知识产权的 5×10^4t/a NBR 成套技术和 NBR 环保生产技术，开发出 NBR4105、NBR3308E、NBR2805E 和 NBR1806E 等系列产品。

第一节　聚合原理与工艺

一、聚合原理

NBR 生产工艺包括乳液聚合、溶液聚合、悬浮聚合、溶液—乳液共聚合等。其中，乳液聚合广泛应用于工业化生产。中国石油、阿朗新科公司、日本合成橡胶公司、俄罗斯 Sibur 有限公司等均采用该技术生产 NBR。

NBR 乳液聚合的基本原理与 ESBR 类似，微溶于水的丁二烯和部分溶于水的丙烯腈共聚合遵循胶束成核机理。聚合过程经历胶束成核和乳胶粒生成期或增速期、乳胶粒数恒定或恒速期、乳胶粒数降速期 3 个阶段，最终形成直径为 50~200nm 的聚合物粒子。

1. 丁二烯和丙烯腈的自由基共聚合反应历程[1-3]

NBR 是主要由丙烯腈和丁二烯共聚而成的无规共聚物，其自由基反应历程包括链引发、链增长、链转移和链终止。

1）链引发

引发剂分解形成初级自由基，并使单体活化形成自由基。在制备 NBR 时，引发多采用氧化—还原体系。热法乳液聚合(20~50℃)常以过硫酸钾为引发剂，三乙醇胺为活化剂；冷法乳液聚合(3~20℃)常用过氧化氢二异丙苯-硫酸亚铁-甲醛次硫酸氢钠的氧化还原引发体系。

链引发速率即单位时间内单体的消耗量，由引发效率、引发剂分解速率常数和浓度决定：

$$R_i = \frac{\mathrm{d}[\mathrm{M}_i]}{\mathrm{d}t} = 2fk_\mathrm{d}[\mathrm{I}] \tag{5-1}$$

式中　R_i——链引发速率，mol/(L·s)；

[M_i]——单体自由基浓度，mol/L；

k_d——分解速率常数，s^{-1}；

t——反应时间，s；

[I]——引发剂浓度，mol/L；

f——引发剂效率，通常为0.5~0.9。

2）链增长

链引发形成的单体自由基活性并不衰减，继续和其他单体分子结合成单元更多的链自由基，新的链自由基不断形成并增长的过程称为链增长反应。

链增长反应有两个特征：一是放热，丁二烯和丙烯腈的聚合热在110kJ/mol左右；二是增长活化能(20~34kJ/mol)低，增长速率极高，在几秒钟内就可使聚合度达到数千甚至上万。如此高的增长速率是难以控制的，单体自由基一经形成，立刻与其他单体加成，增长成活性链，最后终止成大分子。

共聚增长形成NBR分子，结构单元连接以头—尾为主，腈基在空间的排布是无序的，属于无定形共聚物。

3）链转移

丁二烯和丙烯腈的共聚合靠链转移反应调节分子量(链转移剂也称为分子量调节剂)。链转移反应通式如下：

$$M_n\cdot(\text{链自由基})+SY(\text{链转移剂})\longrightarrow M_nY+S\cdot(\text{新的自由基})$$

链自由基使SY产生新的自由基，后者活性一般低于前者。

链自由基可能从链转移剂分子上夺取一个氢原子而终止，并使失去原子的链转移剂分子成为活性不高的自由基。链转移剂与其他低分子(如溶剂、阻聚剂)均能使链自由基发生链转移反应。在制备NBR的聚合反应中，多发生向链转移剂分子的链转移反应。向低分子的链转移，使链自由基歧化终止，导致分子量降低，也可能使分子链交联或支化，反应减慢。

在制备NBR的共聚合反应中，常用硫醇、黄原酸酯等作为链转移剂，也有用烷基硫醇和二硫代二烷基黄原酸酯作为复合调节剂。

4）链终止

终止反应有耦合终止和歧化终止两种方式。两链自由基的独电子相互结合成共价键的终止反应为耦合终止。耦合终止后，大分子的聚合度为链自由基重复单元数的两倍。用引发剂引发并无链转移时，大分子两端均为引发剂残基。一个自由基夺取另一个自由基的氢原子或其他原子的终止反应称为歧化终止。歧化终止后，聚合度与链自由基中单元数相同，每个大分子仅有一端为引发剂残基，另一端为饱和键或不饱和键且两者各半。丁二烯和丙烯腈共聚时，耦合终止和歧化终止均存在。

在聚合达到一定转化率时，可直接加入醌、硝基、亚硝基、芳基多羟基化合物，以及许多含硫化合物，与引发自由基和增长自由基反应，使它们失去活性，从而终止链增长。

2. 共聚合反应速率及共聚物组成

1）共聚合反应速率

制备中高腈NBR的典型聚合动力学曲线如图5-1所示。在制备过程中，根据聚合速率快慢可分为诱导期、聚合初期、聚合中期、聚合后期等阶段。

（1）诱导期。

引发剂分解产生的初级自由基易为阻聚剂或杂质所终止，聚合速率几乎为0。去除阻聚剂和杂质，聚合反应可以做到无诱导期。

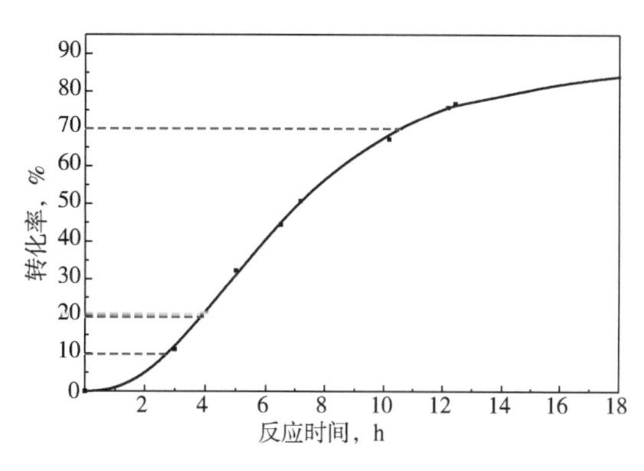

图 5-1 制备中高腈丁腈的典型聚合动力学曲线

（2）聚合初期。

转化率在20%以下，聚合较为缓慢。

（3）聚合中期。

当转化率高于20%时，进入聚合中期。此时，聚合速率加快，出现自动加速现象，自动加速可延续到转化率为50%～70%。

（4）聚合后期。

在转化率约为80%时，达到聚合后期。此时，聚合速率减缓，可终止反应。

随着聚合反应进行，相对于聚合物浓度，单体浓度、引发剂浓度和链转移剂浓度均降低，引发大分子活性链或向大分子活性链进行自由基转移的可能性增加。为防止NBR共聚物大分子的支化和交联使产品性能劣化，在一定转化率时即可终止聚合。

2）共聚物组成

丁二烯（M_1）和丙烯腈（M_2）的竞聚率分别为 r_1 和 r_2，二者连续出现在共聚物分子链中的平均单元数分别为 $\bar{n}_1$ 和 $\bar{n}_2$。链增长中心的反应活性仅由端基单元决定，并且不发生解聚，此时，共聚物组成的统计微分方程如下：

$$\bar{n}_1 / \bar{n}_2 = d[M_1]/d[M_2] = ([M_1]/[M_2]) \times [(r_1[M_1] + [M_2])/(r_2[M_2] + [M_1])] \tag{5-2}$$

式中 $d[M_1]/d[M_2]$——两种单体单元在共聚物中的物质的量比；

$[M_1]$，$[M_2]$——丁二烯和丙烯腈的浓度，mol/L；

r_1，r_2——丁二烯和丙烯腈的竞聚率；

$\bar{n}_1$，$\bar{n}_2$——丁二烯和丙烯腈连续出现在共聚物分子链中的平均单元数。

在不同温度下，丁二烯和丙烯腈共聚反应的竞聚率见表5-1。

表 5-1 不同温度下丁二烯与丙烯腈共聚反应的竞聚率

温度，℃	r_1	r_2
50	0.35～0.40	0.04～0.05
40	0.36	0.05
5	0.18±0.08	0.02～0.03

由表 5-1 可知，不同温度下 r_1 与 r_2 之积均低于 1。因此，丁二烯-丙烯腈共聚属于非理想共聚，NBR 是丁二烯与丙烯腈的无规共聚物。在共聚过程中，当丙烯腈为低配比时，丙烯腈聚合较快，因此聚合前期共聚物的结合丙烯腈量高于后期；而当丙烯腈为高配比时，丁二烯聚合较快，因此聚合前期共聚物的结合丙烯腈量低于聚合后期。产品的结合丙烯腈量不但随丙烯腈配比的增加而增加，而且随转化率的增大而变化。只有在丁二烯和丙烯腈质量比为 63/37（聚合温度为 25℃）和 56/44（聚合温度为 5℃）时，共聚物组成才为恒比组成。单体配比对共聚合反应速率和共聚物结合丙烯腈量的影响分别如图 5-2 和图 5-3所示。

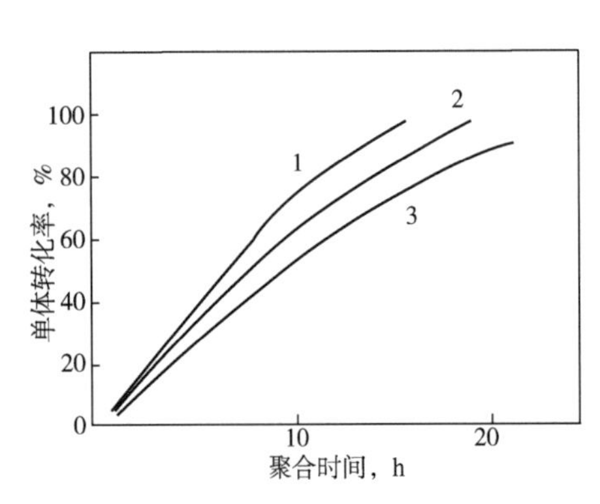

图 5-2　单体配比对共聚合反应速率的影响

1—丙烯腈和丁二烯质量比为 45/55；

2—丙烯腈和丁二烯质量比为 33/67；

3—丙烯腈和丁二烯质量比为 20/80

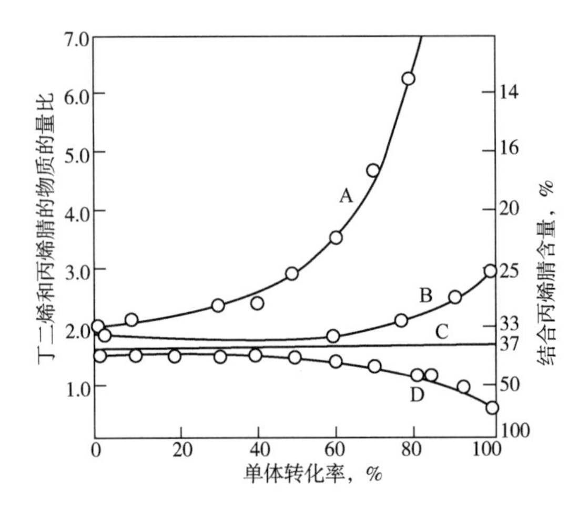

图 5-3　单体配比对丁腈共聚物组成的影响

A，B，C，D—原料单体中丁二烯和丙烯腈的物质的量比，分别为 2.05、1.84、1.67、1.50

此外，由于两种单体在水相中的溶解度不同、乳化体系对两种单体的溶解影响不同、单体的扩散速率不同、单体在聚合物颗粒中的溶解度不同等诸多因素的影响，实际与理论有较大偏差。

二、NBR 的结构与特性

1. 结构特点

NBR 的代表性结构如下：

$$-CH_2-CH=CH-CH_2-\underset{\displaystyle CN}{\underset{|}{CH}}-CH_2-$$

在 NBR 中，丁二烯（B）和丙烯腈（A）链节的连接方式一般为 BAB、BBA 或 ABB、ABA 和 BBB 的三元组；但是，随着丙烯腈用量增加，还会出现 AABAA 五元组连接方式，甚至可能出现丙烯腈的均聚物。

共聚物链节中丁二烯单元的微观结构以反式-1,4-结构为主，丁二烯链节的微观结构与聚合温度的关系见表 5-2。

表 5-2　丁二烯链节的微观结构与聚合温度的关系

聚合温度,℃	微观结构,%		
	顺式-1,4-结构	反式-1,4-结构	1,2-结构
10	12.2	74.5	13.3
20	13.1	73.1	13.8
30	14.8	70.9	14.3

2. 主要特性

在 NBR 结构中，由于极性腈基的存在，对非极性或弱极性的矿物油、动植物油、液体燃料、溶剂等有较高的稳定性，而芳烃溶剂、酮、酯等极性物质则对其有溶胀作用。NBR 在溶剂中的溶胀性与溶剂的性质有关，溶剂的苯胺点越低或芳烃含量越高，溶胀能力越强，在溶剂中的稳定性越差。

NBR 中由于存在易被电场极化的腈基，因而降低了介电性能。NBR 属于半导体橡胶，其结合丙烯腈量越高，介电性能越差。

NBR 的耐热性优于天然橡胶、丁苯橡胶和氯丁橡胶。与其他橡胶相比，NBR 具有较宽的使用温度范围，可在空气中于 120℃ 下长期使用；若隔绝空气，则可在 160℃ 下长期使用。

在 NBR 中，随着结合丙烯腈含量的增加，分子极性增加，玻璃化转变温度和溶解度参数提高，对 NBR 的性能也有影响。例如，提高了溶剂的稳定性(表 5-3)，改善了耐磨性和气密性；降低了耐寒性、回弹性和压缩永久变形性(表 5-4 和表 5-5)；此外，随着结合丙烯腈含量的增加，NBR 的拉伸强度、弹性应力、耐撕裂强度和硬度均增大，而扯断伸长率下降；化学稳定性和耐热性提高；硫化速率加快，门尼焦烧时间变短；流动性和动态力学性能变差；与 PVC 的相容性得到改善。

表 5-3　溶剂稳定性与结合丙烯腈含量的关系

项目	溶胀度,%			
	结合丙烯腈含量为 28%	结合丙烯腈含量为 33%	结合丙烯腈含量为 38%	结合丙烯腈含量为 55%
异辛烷(20d，20℃)	4.3	1.6	0.5	0.0
异辛烷和甲苯的物质的量比为 70/30(20d，20℃)	29.0	23.3	18.5	11.2
异辛烷和甲苯的物质的量比为 70/30(20d，50℃)	30.2	24.0	18.6	11.3
异辛烷和甲苯的物质的量比为 50/50(20d，20℃)	43.8	35.2	30.7	18.3
异辛烷和甲苯的物质的量比为 50/50(20d，50℃)	50.8	40.7	31.3	20.1

表 5-4　耐寒性与结合丙烯腈含量的关系

结合丙烯腈含量,%	玻璃化转变温度,℃	脆性温度,℃	结合丙烯腈含量,%	玻璃化转变温度,℃	脆性温度,℃
0		-80	33	-39~-37	-33
20	-56	-55	37	-34	-26.5
22	-52	-49.5	39	-33~-26	-23
26	-52	-47	40	-22	
29	-46	-46	52	-16	-16.5
30	-41	-38			

表 5-5　NBR 的回弹性与结合丙烯腈量的关系

结合丙烯腈含量,%	19	28	33	34	39	49
回弹性,%	40	34		24	12	7
压缩永久变形,%		34	36		42	

注：试验条件为 125℃，72h。

NBR 的主要缺点是耐候性较差，常需加入防臭氧剂、石蜡、抗氧剂等，以提高其硫化胶的耐候性。

NBR 主要用于制作耐油橡胶制品，可用于有苛刻要求的汽车应用领域，如燃料、输油软管，垫圈和水处理。在工业方面，NBR 可用于胶辊、液压软管，输送带、杂件、油田封隔器，以及各种管件和用品的密封。

三、聚合工艺

1. 主要原辅材料规格及性质

1）原材料

（1）丁二烯。在 NBR 生产中使用的 1,3-丁二烯质量分数不低于 99.5%，乙烯基乙炔含量不高于 50μg/g，阻聚剂(TBC)含量不高于 100μg/g。

（2）丙烯腈。在 NBR 生产中使用的丙烯腈质量分数不低于 99.5%，密度(20℃)为 0.800~0.807g/cm^3，乙腈质量分数不高于 150μg/g，总醛(以乙醛计)质量分数不高过30μg/g，水分质量分数为 0.20%~0.45%，色度(铂钴色度)不高于 5 号，阻聚剂(对羟基苯甲醚)含量为 35~45μg/g。

2）辅助材料

（1）乳化剂。十二烷基苯磺酸钠、烷基苯磺酸质量分数不小于 97%；游离油质量分数不大于 1.5%；硫酸质量分数不小于 1.5%；色度(Klett)不大于 35。

（2）扩散剂。扩散剂 Nβ 的 pH 值(2%水溶液)为 9.5~10.5；固体物质量分数为 44.0%~46.0%；灰分质量分数为 13.0%~17.0%；硫酸钠质量分数为 1.8%~4.9%；相对密度为1.237~1.243；色度(Gardner)不高于5号。

(3) 分子量调节剂。叔十二碳硫醇的质量分数不低于97%；含硫质量分数不低于2%；相对密度为0.860~0.865；折射率 n_D^{25} 为1.462~1.465。

(4) 终止剂。对苯二酚质量分数为99.0%~101.0%；熔点为171~175℃；灼烧残渣质量分数不高于0.05%。

2. 生产工序

NBR生产工艺主要包括原料接收贮存与配制、化学品接收与配制、聚合、单体回收、胶乳贮存与掺配、凝聚干燥压块等主流程工序。此外，还有冷冻及废水处理等辅助工序(图5-4)。

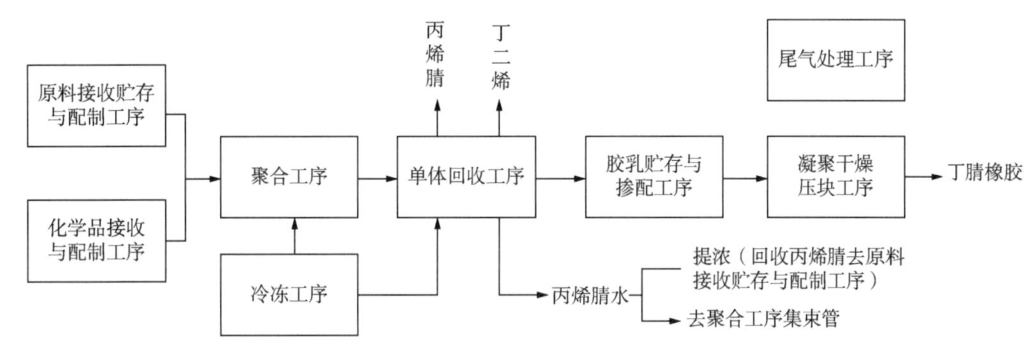

图5-4　乳液聚合NBR生产工艺流程图

1) 原料接收贮存与配制工序

该工序接收和贮存原料精制丁二烯、丙烯腈，以及回收丁二烯、丙烯腈水和提浓回收丙烯腈。根据生产牌号，按规定配方连续配制丁二烯与丙烯腈混合物，然后送入聚合工序。

原料性质影响共聚合过程与产品质量，因此需严格控制原料杂质含量。

(1) 控制原料配比和转化率，以稳定产品组成。在低温(5℃)下，丁二烯和丙烯腈的竞聚率(r_1和r_2)分别为0.10~0.26和0.02~0.03，属于高分子聚合理论中竞聚率均小于1的情况，共聚物中丙烯腈的质量分数F_2只与r_1和r_2有关，关系式如下：

$$F_2=(1-r_1)/(2-r_1-r_2) \quad (5-3)$$

在聚合温度为25℃时，丁二烯与丙烯腈的质量比为63/37，共聚物可称为恒比组成，即聚合物中结合丙烯腈质量分数恒定不变。但是，在实际生产中，共聚合反应受多种因素支配，单体组成、共聚物瞬时组成和平均组成均是单体配料组成和转化率的函数。原料配比为恒定值时，NBR中结合丙烯腈质量分数不变，与转化率无关；而原料配比偏离恒定值时，随着转化率提高，产物中结合丙烯腈质量分数也逐渐偏离恒定值，转化率越高，偏离程度越大；同时，原料中丙烯腈配比高于恒定值时，随着转化率升高，产物结合丙烯腈质量分数高于恒定值的差值也越大；同样，原料中丙烯腈配比低于恒定值时，随着转化率升高，产物结合丙烯腈质量分数低于恒定值的差值也越大。因此，在NBR生产中，根据结合丙烯腈质量分数情况，控制一定的转化率，可确保结合丙烯腈质量分数差异性不大；若产品牌号结合丙烯腈质量分数偏离恒定值过大，在聚合过程中还要补加单体，以保证产物中结合丙烯腈质量分数相对稳定。

(2) 严格丁二烯中的微量杂质。精制原料丁二烯中存在乙烯基乙炔、丁二烯二聚体和C_4杂质(如正丁烷、异丁烷、1-丁烯、顺式-2-丁烯、反式-2-丁烯和异丁烯)，尤其是随着生产周期延长，回收丁二烯中丁二烯二聚体、C_4杂质含量不断累积，质量分数最高可达到13%。这些杂质中，乙烯基乙炔具有交联剂作用，丁二烯二聚体具有阻聚剂作用，丁烯的同分异构体也可参加反应，对聚合反应与聚合物性能均有影响。

(3) 调控丙烯腈水(腈水)杂质含量及其回用比例。脱气塔顶采出的未反应丙烯腈和加热蒸汽凝液的混合物经油水分离后，分离出的大部分丙烯腈进入原料接收贮存与配制工序，部分未分离的游离丙烯腈与水中溶解的丙烯腈(20℃时丙烯腈在水中的饱和溶解度为7.35%)作为腈水，既可以直接小比例与精制丙烯腈在线掺混作为聚合反应用原料，也可经腈水提浓塔顶采出浓丙烯腈送原料接收贮存与配制工序作原料配制使用。由于腈水中含有阻聚剂、自聚物等杂质，对聚合有阻滞作用。此外，腈水对聚合反应、结合丙烯腈含量、门尼黏度和力学性能均有影响。

(4) 原料组成、生胶门尼黏度对产品性能的影响。结合丙烯腈质量分数越高，耐温、耐化学性越好，低温性能变差；生胶门尼黏度越高，力学性能提高，但加工性能变差。

2) 化学品接收与配制工序

该工序接收和贮存生产所需的脱盐水、乳化剂、电解质、络合剂、还原剂、除氧剂、终止剂、阻聚剂、防老剂等化学品，并按要求配制成规定浓度的混合物水溶液，连续向聚合工序供给。

3) 聚合工序

低温连续乳液聚合。丁二烯与丙烯腈的混合物(碳氢相)与助剂水溶液(水相)经混合、预冷却后，从第一聚合釜底部进入，再从上部采出，如此依次经过6~10台串联聚合釜，确保聚合温度(8~12℃)和压力(0.2~0.5MPa)稳定，当物料停留时间为17~23h或单体转化率达到60%~90%时，在末釜出口处加入聚合终止剂，停止反应，可制备乳液(胶乳，共聚物质量分数为13%~20%)和未反应单体等的混合物。

高温间断乳液聚合。丁二烯与丙烯腈混合物(碳氢相)与助剂水溶液(水相)进入聚合釜，然后加入引发剂，升温至一定温度且恒温反应7~15h，当转化率达到一定值时，聚合釜降至常温，将生成物倒入缓冲罐中贮存。

聚合工艺控制的关键在于聚合温度、转化率、门尼黏度和间歇聚合物组成的精准调控。

(1) 控制聚合温度。每台聚合釜内设有搅拌器和换热列管，利用列管中的液氨蒸发撤除反应热，保持聚合温度的稳定。聚合温度直接影响反应速率，根据产品牌号要求，需精准调控反应温度。

(2) 控制转化率。根据不同牌号的产品，转化率的控制指标各有差异。结合丙烯腈质量分数越高，转化率控制指标就越低。转化率过高，聚合物发生支化、交联的反应加剧，体系黏度增大，传热、传质困难，最终影响产品性能；转化率过低，生产效率低，经济性差，聚合配方中的活性配比是转化率的重要影响因素。

(3) 门尼黏度控制。在生产中，主要用分子量调节剂来控制门尼黏度。分子量调节剂加入量高，门尼黏度低(分子量越小)。调节剂采用多点方式加入。

(4) 间歇聚合物组成控制。间歇聚合采用常压状态加料，在单体加料与聚合釜升温过程中，由于聚合釜内体积膨胀，部分物料随着系统放空而损失，导致聚合物组成偏离期望值，可采取特殊加料方式加以解决。

4) 单体回收工序

胶乳和未反应单体的混合物经过常压、微负压和高负压三级闪蒸，可分离出未反应的丁二烯；未反应的丁二烯经冷却后送往单体接收贮存与配制工序，而胶乳和未反应的丙烯腈混合物由脱气塔顶部进入，经低温蒸汽加热，丙烯腈与蒸汽由塔顶经冷却、油水分离后，回收的丙烯腈送往单体接收贮存与配制工序；含丙烯腈的蒸汽凝液可直接小比例与精制丙烯腈混合作为聚合加料，也可将丙烯腈水送往腈水提浓塔，经蒸汽加热，丙烯腈从塔顶采出，废水排入化污系统。脱除丙烯腈的胶乳从脱气塔底部送往胶乳贮存与掺配工序。

5) 胶乳贮存与掺配工序

脱气后的胶乳按照结合丙烯腈质量分数或门尼黏度相同或相近原则进行贮存。根据不同牌号门尼黏度的要求，对各贮槽中的胶乳进行均匀掺混，当门尼黏度(上网门尼)符合要求时，送往凝聚干燥压块工序。

相同丙烯腈质量分数、门尼黏度差异大的胶乳相互掺混时，偏离产品门尼黏度控制中值越大的胶乳，掺混比例越小，以确保产品质量稳定，减少对加工性能的影响。

6) 凝聚干燥压块工序

掺混胶乳与防老剂乳液在线混合后进入凝聚槽，与凝聚剂溶液和凝聚乳清液进行凝聚反应，胶粒随乳清水溢流进入水洗槽，洗去乳化剂和其他杂质；然后，经过筛网脱水、挤压机脱水、热风干燥、压块成型后制备得到 NBR。

湿斑、色斑、杂质、胶料的塑化将影响产品的外观与性能，因此在凝聚干燥压块工序中需重点控制和防范。

(1) 湿斑胶、塑化胶的防范。干燥温度过高，橡胶受高温变色严重，干燥箱易发生着火；温度过低，易产生湿点胶、湿斑胶和水分胶，产品门尼黏度实测值偏低。NBR 受到高温加热(尤其是干燥器死角残存的黏胶，长时间加热)，可能形成塑化胶，影响到加工应用。因此，需定期停车对系统进行清理，尤其是对容易结块的部分(如合料器、布料器、干燥器侧板、网版、破碎机链条护板等)进行清理，防止大块料脱落进入干燥器中而产生湿斑胶，或干燥器中黏胶形成塑化胶。

(2) 色斑胶、杂质胶的防范。干燥器可蒸出湿胶中的残留单体，部分单体发生自聚，形成的自聚物长时间受热而部分焦化，焦状物落到橡胶中，形成深色的斑点(斑点胶)，影响产品外观。

(3) 产品性能衰减防范。NBR 受到氧气、臭氧、紫外线、重金属、机械疲劳等影响后，聚合物中部分双键发生氧化断裂，产生自由基后发生一系列化学反应，最终生成酮、醛等化合物，以及 HCN、H_2O 等小分子化合物，聚合物链发生交联、支化等反应，表观上反映出随着产品存放时间的延长，生胶门尼黏度降低。此外，NBR 受氧气、光照射、疲劳等因素影响，聚合物链断裂后，产生的自由基之间发生耦合反应，导致聚合物链增长、支化或交联，分子量增大，致使门尼黏度上升。

四、安全环保技术

1. 丁二烯系统氧含量、贮存温度的控制

原料接收贮存与配制工序、聚合工序和单体回收工序均存在氧(部分溶解于液体介质中)，存在产生丁二烯过氧化物和/或聚丁二烯过氧化物的风险。

2. 回收丁二烯贮罐密闭切水操作

由于回收丁二烯中含有水，因此需要及时排出，以防止冬季结冰使阀门冻裂或法兰垫片失效，造成丁二烯泄漏的风险。

3. 干燥尾气处理

1）现状和法规要求

兰州石化现有 1.5×10^4t/a 和 5.0×10^4t/a 两套乳液聚合 NBR 装置，干燥尾气排放量约为 90000m^3/h，废气中平均丙烯腈质量浓度为 5.9~8.3mg/m^3。GB 31571—2015《石油化学工业污染物排放标准》中规定了废气中有机特征污染物与排放限值，其中，废气中丙烯腈质量浓度限值不高于 0.5mg/m^3。

2）丙烯腈干燥尾气蓄热式催化剂焚烧(RCO)技术

为达到 GB 31571—2015《石油化学工业污染物排放标准》要求，必须采取措施对 NBR 装置干燥尾气进行处理。中国石油采用蓄热式催化剂焚烧(RCO)技术，建成了干燥尾气处理装置。

该技术采用贵金属催化剂，丙烯腈尾气于 300~500℃下反应，生成二氧化碳、二氧化氮和水蒸气。混合气由陶瓷蓄热体贮存热量，用以预热干燥尾气。处理后的洁净气体中，丙烯腈质量浓度在 0.5mg/m^3以下，非甲烷总烃处理率不低于 97%，满足国家标准要求。

第二节　丁腈橡胶技术

石化院与兰州石化合作，建立了环保抗氧体系的评价方法，率先开发出 NBR 环保化生产技术，并已成功应用于兰州石化 5×10^4t/a 和 1.5×10^4t/a NBR 装置，满足了国内市场对环保NBR 的需求。

一、技术概况

1. 非环保物质筛查

兰州石化结合欧盟 REACH 法规(特别是其高度关注物质)、RoHS 指令和相关法规，对 NBR 的原料、生产工序进行了系统筛查。NBR 生产过程中除丁二烯和丙烯腈外，还涉及乳化剂、扩散剂、引发剂、活化剂、终止剂、消泡剂和抗氧剂等多种助剂。

2. 乳化剂的环保化

乳化剂通常不直接参与化学反应，但是其在搅拌作用下将单体分散成乳液状态进行聚合。乳化剂的种类和浓度直接影响聚合体系中乳胶粒浓度、乳胶粒的尺寸及尺寸分布等，也影响引发速率与链增长速率，进而影响聚合物的性能。

NBR 乳液聚合常采用拉开粉（主要成分是二丁基萘磺酸钠）、脂肪酸皂、歧化松香酸皂、烷基磺酸盐、烷芳基磺酸盐作为乳化剂。拉开粉常用于热法 NBR 的生产，其乳化能力强、湿润性好，但是有毒，在回收单体时，泡沫生成量大，产生的废水 COD 含量高，难以生化处理，达不到环保要求。

兰州石化采用脂肪酸皂和油酸皂组成的复合乳化体系替代拉开粉，完成了丁腈硬胶 NBR3604 的工业试验，并通过产品的应用评价；采用以烷基磺酸盐为主的复合乳化体系替代拉开粉，完成了丁腈硬胶 NBR2707 的环保化技术开发。

3. 终止剂的环保化

常用的终止剂有酚（醌）类化合物［如苯酚、对苯二酚、对叔丁基邻苯二酚（TBC）］、硝基（亚硝基）化合物（如亚硝酸钠）、含硫化合物［如福美钠（SDD）、二甲基二硫代氨基甲酸钠、多硫化钠］、胺类（含羟胺）化合物（如二苯胺、硫酸羟胺、异丙基羟胺、二乙基羟胺），以及聚合物抑制剂（如 4-羟基-2,2,6,6-四甲基哌啶）。

苯酚（醌）类、亚硝酸盐类等化合物已列入 SVHC 清单，在制品中含量不高于 1000μg/g。在酸性环境下，SDD 易形成仲胺，而仲胺与硝化试剂（如亚硝酸钠）以及空气中存在的氮氧化物反应生成致癌的亚硝胺化合物。

在聚合转化率达 71%时，考察了加入不同终止剂时聚合转化率随反应时间的变化情况（图 5-5）。

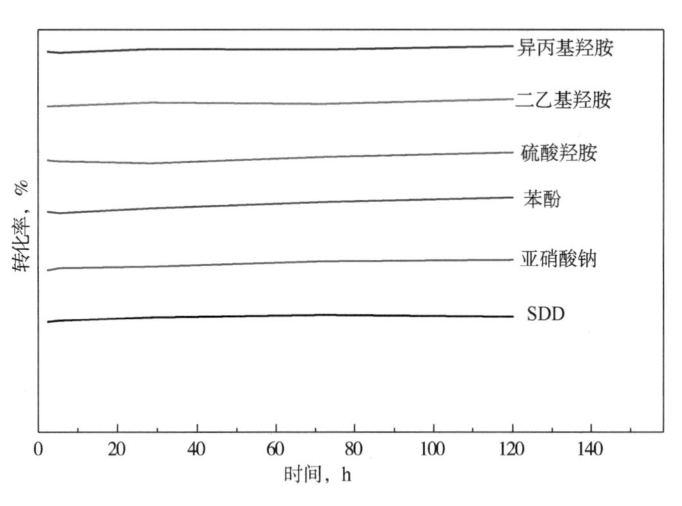

图 5-5 加入不同终止剂时聚合转化率随时间的变化

从图 5-5 中可以看出，加入不同终止剂后，NBR3305 胶乳的转化率几乎无增加，表明各终止剂有效地阻止了分子链的增长，起到了较好的终止效果。羟胺化合物终止作用主要体现在以下两个方面：一方面，直接破坏氧化还原体系中的过氧化物引发剂；另一方面，提供活泼氢终止活性自由基，生成的氮氧自由基是阻聚活性很强的稳定自由基，能通过加成、氢转移等反应快速终止增长的链自由基。羟胺类物质的阻聚功效取决于生成相应氮氧自由基的稳定性（越稳定，阻聚功效越强），硫酸羟胺、二乙基羟胺和异丙基羟胺相应的氮自由基结构如图 5-6 所示。硫酸羟胺的氮自由基结构的稳定性劣于二乙基羟胺和异丙基羟胺相应的氮自由基结构。

$$H-C(CH_3)_2-C_6H_4-C(CH_3)_2-O-OH + R(R_1)N-OH \text{（R和}R_1\text{可以相同，也可以为H）} \longrightarrow$$

$$H-C(CH_3)_2-C_6H_4-C(CH_3)_2-OH + R(R_1)N-O\cdot \text{（硝酮/氮氧自由基）}$$

$$R(R_1)N-OH + P\cdot \text{（分子链自由基）} \longrightarrow R(R_1)N-O\cdot + P-H$$

$$H_2N-O\cdot$$

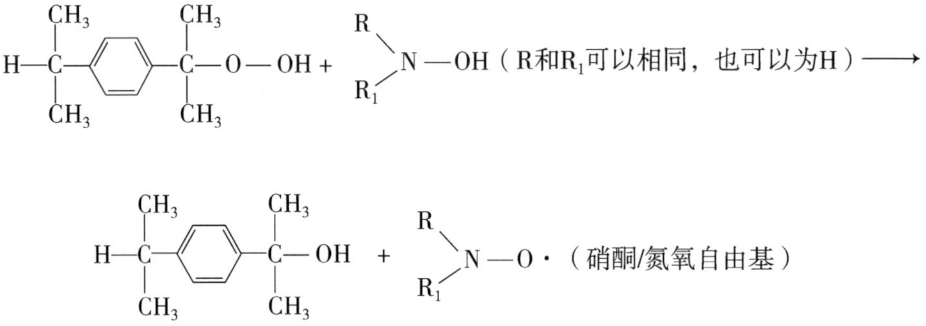

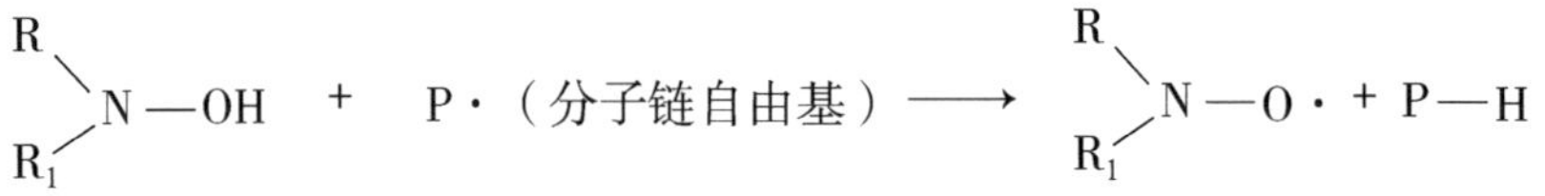

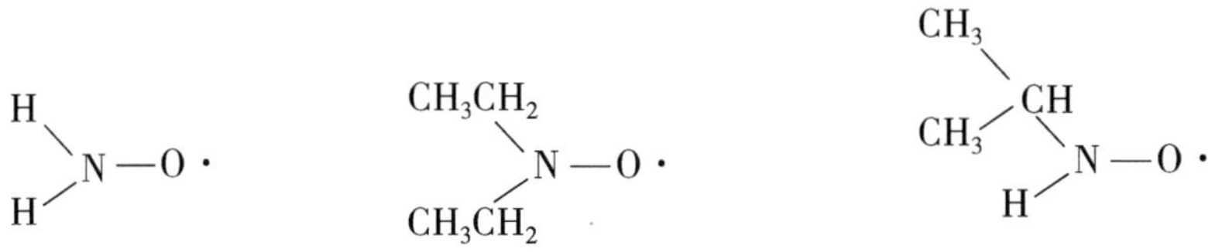

（a）硫酸羟胺的氮自由基

$$(CH_3CH_2)_2N-O\cdot$$

（b）二乙基羟胺的氮自由基

$$(CH_3)_2CH(H)N-O\cdot$$

（c）异丙基羟胺的氮自由基

图 5-6　硫酸羟胺、二乙基羟胺和异丙基羟胺相应的氮自由基结构

对采用环保羟胺终止的 NBR 样品进行检测，SVHC 均为未检出。

4. 消泡剂的环保化

在 NBR 制备和生产中，为了抑制胶乳脱气(残留单体脱除)过程或胶浆在凝聚洗涤过程中的泡沫，需加入一定量的消泡剂。

消泡剂常由活性物质(动植物油、疏水二氧化硅、高级醇等，起破泡、消泡作用，表面张力小)、扩散剂(润湿乳化剂，保证消泡微滴扩散接触到气泡膜并铺展)、载体(有助于活性物质和起泡体系结合，易于分散到起泡体系，把两者结合起来，其本身表面张力低，有助于抑泡，并且可以降低成本)组成。消泡剂的主要作用是破坏气泡表面液膜，阻止气泡形成，促使气泡破灭。

兰州石化排查了 NBR 中非环保物质，建立了消泡剂的评价方法，同时，确定了非环保物质源自消泡剂。与消泡剂生产企业合作确定了非环保物质源头，并加以剔除，实现了消泡剂的环保化。

5. 抗氧剂(防老剂)的环保化

NBR 常用的抗氧剂如下：(1)胺类，如防老剂丁(*N*-苯基-β-萘胺，对热、氧、屈挠和一般老化有良好的防护作用，对有害金属有抑制作用)、二苯胺基衍生物、抗氧剂 ODA、防老剂 4010、防老剂 4010NA、防老剂 4020 等；(2)受阻酚类，如抗氧剂 264(2,6-二叔丁基-4-甲基苯酚，非污染型酚类，对天然橡胶和合成橡胶的热氧老化均有一定的防护作用，对光老化及铜害也有防护作用，易迁移和黄变)、抗氧剂 2246、聚丁基双酚、抗氧剂 CPL(聚合酚)等；(3)亚磷酸酯类，如三壬苯基亚磷酸酯(TNP，优良的辅助抗氧剂)、抗氧剂 168 等。

抗氧剂只有均匀分散在橡胶基质中才能充分发挥防老化效果。抗氧剂在橡胶中的分散主要通过以下两种途径实现：一是在胶乳中加入乳化(自乳化)抗氧剂体系或在胶液中溶解加入；二是在胶料混炼中加入。NBR 生产中，必须在胶乳后处理过程中(通常是胶乳凝聚前)加入抗氧剂，以防脱水干燥过程中发生老化。

兰州石化设计了以高分子量酚(如聚合酚)和环保胺类为主抗氧剂体系，环保亚磷酸酯和含硫化合物为辅的复合体系，开发了抗氧剂体系微乳化技术，解决了油溶性抗氧剂的水分散难题，应用于制备中高腈 NBR 中。中高腈 NBR 老化性能、门尼黏度变化与热空气(100℃)老化情况依次见表 5-6、表 5-7 和图 5-7，实现了差异化 NBR 的长效老化防护[4]。

表 5-6　中高腈 NBR 老化性能

试样	微乳液中的抗氧剂类型	拉伸强度变化率,%	伸长率变化率,%	300%定伸变化率,%	硬度变化(邵尔 A)
参比试样	酚和亚磷酸酯复合物，通用	-4. 11	-21. 29	49. 14	2
试样 1	聚合酚和硫醚的双官能团型	-2. 79	-26. 70	72. 55	3
试样 2	多酚和硫醚的双官能团的复合物	-0. 69	-31. 24	64. 54	2
试样 3	双酚和硫醚的双官能团的复合物	2. 12	-25. 33	45. 08	3
试样 4	聚合酚和亚磷酸酯复合物	-3. 17	-43. 19	78. 62	3
试样 5	胺类和亚磷酸酯类复合物	0. 35	-18. 62	48. 74	3
试样 6	双酚和亚磷酸酯复合物	1. 05	-31. 40	79. 51	2
试样 7	多酚和亚磷酸酯结构的缩合物	-1. 40	-32. 19	79. 31	1

注：热空气老化，老化条件为 100℃，72h。

表 5-7 中高腈 NBR 门尼黏度变化

项目	门尼黏度变化，$ML_{1+4}^{100℃}$							
	参比试样	试样 1	试样 2	试样 3	试样 4	试样 5	试样 6	试样 7
初始	60.3	+2.1	+2.3	+2.8	−1.8	+0.6	−4.2	+2.5
室温[(25±2)℃]存放 360d	−0.4	−1.2	+0.8	+0.5	−0.6	+0.4	−0.9	+0.7

注：试样 1 至试样 7 同表 5-6。

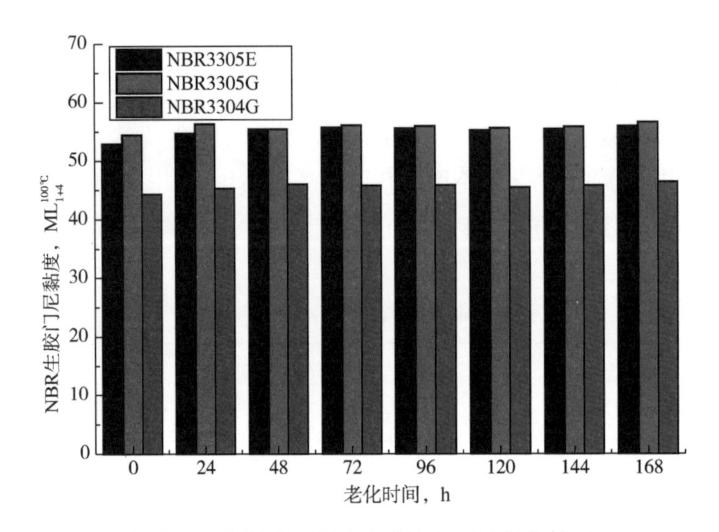

图 5-7 中高腈 NBR 热空气(100℃)老化情况

6. 残留单体的脱除

中国石油研制了非对称双向条形通道塔盘，开发了双塔串联脱除残留丙烯腈工艺，脱气胶乳中残留丙烯腈含量为 100~200μg/g，脱气单元运行周期较原引进技术延长约 40 天。在生产运行中，将部分塔板的条形孔改为上锥形孔[5]，脱气塔中积胶明显减少，延长了使用周期(约 30 天)。

二、技术特点

中国石油全面对标橡胶环保技术，以及 REACH 法规对近 200 种物质的限制，锁定了非环保物质如壬基酚(NP)及其衍生物，并厘清了其产生过程，确定了原料与助剂的环保化、生产工艺的清洁化、评价方法的系统化、产品多样化的具体方案。研究并揭示了 NBR 的热氧老化与防护的反应机理，设计了多元复合长效环保老化防护体系，首创了复合抗氧剂微乳液制备工艺，用量同比降低 50%且保持了较好的防护性能。设计了锥形塔板，辅以高效环保消泡剂，延长脱气塔清理周期 40 天，脱气胶乳中残留丙烯腈含量由 100~200μg/g 降至小于 20μg/g，实现胶乳后处理工艺的清洁化，以及装置的长周期高负荷稳定运行。建立了热空气老化伸长率减少量、抗氧剂中的 NP 检测、NBR 中组分抽提富集及分析检测、生胶外观比对、混炼胶硫变性能评价等为一体的系统评价方法，解决了非环保物质检测难、助剂评价方法缺失的问题。增设了原料、过程控制及产品检测指标，完善了质量体系，形成了 NBR 环保化技术。

NBR 环保技术主要特点如下：(1)适应性广，可应用于结合丙烯腈含量为 15%~46%的系列 NBR 产品乳液聚合制备及生产；(2)脱气塔清理周期可达 120 天以上，脱气胶乳中残留丙烯腈低至 20μg/g；(3)NBR 产品符合 REACH 法规和 RoHS 指令要求，高度关注物质和 RoHS 指令(2011/65/EU)涉及物均低于检出限。

第三节　羧基丁腈橡胶技术

羧基丁腈橡胶(XNBR)是由丁二烯、丙烯腈和不饱和羧酸经三元乳液共聚得到的特殊 NBR。一般羧基丁腈橡胶分子链中每 100~200 个碳原子含有一个羧基，羧基在聚合物链中呈无规分布，其结构式如下：

丙烯腈	丁二烯	丙烯酸	丁二烯
$CH_2-CH(C\equiv N)$	$CH_2-CH=CH-CH_2$	$CH_2-CH(C(=O)OH)$	$CH_2-CH(CH=CH_2)$

聚合物分子链中引入羧基后，从硫化机理看，可以在 NBR 硫化时形成的 C—S/键交联网络中引入离子键，离子键网络的产生可能发生一系列金属—羧基反应，从而改善产品的耐油性，赋予其更高的拉伸强度、撕裂强度、黏着性、耐磨性及抗臭氧老化性，特别是高温下的拉伸强度。羧基的引入还进一步提高了聚合物分子的极性，增强了其与聚氯乙烯、酚醛树脂等的相容性。然而，羧基的引入也带来一些不利影响，如羧基丁腈橡胶低温柔性较差，压缩永久变形较大，特别是焦烧安全性很差，耐水性、回弹性降低。羧基丁腈橡胶一般作为并用胶，主要用于制作纺织胶辊、光敏胶、黏合剂、油田用 O 形环，以及飞机、汽车、重要机械设备用动态密封件、高压密封件、耐磨件等，是高性能高附加值产品。

一、国内外同类技术对比

国外对 XNBR 的研究较早。1954 年，Brown 和 Duke 发表了丁二烯、丙烯腈、甲基丙烯酸三元共聚的 XNBR 的研究成果；1955 年，Brown 和 Gibbs 报道了用各种烯烃和二烯烃与不饱和羧基共聚制备羧基橡胶，并提出其性能的数据；1956 年，美国 Goodrich 化学公司首先实现了 XNBR 工业化生产，有 Hycar1072、Hycar1472 等牌号。

国内对 XNBR 的研究起步较晚。直至 20 世纪 80 年代，兰州石化采用自有技术，在中试装置上生产出羧基液体丁腈橡胶。2014 年，中国石油兰州化工研究中心采用低温过氧化物引发体系，自主开发出 XNBR 的中试制备技术，以及 XNBR3304 中试产品。

国内外部分公司生产的部分 XNBR 牌号及主要技术指标见表 5-8。

表 5-8　XNBR 的主要生产商及其产品

牌号		丙烯腈含量,%	门尼黏度 $ML_{1+4}^{100℃}$	相对密度	防老剂类型	性能及用途
英国 Doverstrand 公司的 Revinex D 系列	211A	中高	40~65	0.98	NS	无色，不污染，生胶硬度高，抗张强度高，耐磨，能溶于甲乙酮，良好的耐油、耐溶剂性能。广泛用于机械零件
	211A-HV	中高	65~85	0.98	NS	与 211A 性能相同，但门尼黏度较高。应用于复杂的模制操作，可解决排除裹入空气的问题
	211A-LV	中高	20~40	0.98	NS	与 211A 性能相同，但门尼黏度较低。应用于手制品与软管，重填料化合物
	212A-HV	高	75~95	1.03	SS	物理性能良好，溶于甲乙酮，耐油性优越。应用于要求具有优越的耐油、耐燃料性能和良好的耐磨性能的模制部件黏合剂
加拿大 Polystar 公司的 Krynac 系列	211	中高	55	0.99	SS	主要应用于黏合剂，在机械零件中也有应用
	110C	中	50	0.99	SS	主要应用于纺织工业的橡胶配件
	221	中	5	0.99	SS	具有高强度和优异的耐磨性，主要应用于密封件、胶辊、胶鞋、机械零件等
	231	中高	38	0.98	SS	具有优异的耐磨性、高强度和耐油、耐燃油性能。应用于注射模压制品、挤出制品(易加工)、胶乳制品、胶管胶带、密封件等
美国 Goodrich 化学公司的 Hycar 系列	Hycar1072	中高	30~60	0.98	NS	
	Hycar1472	—	45	—	NS	具有良好的耐油性。应用于黏合与涂层、树脂的改性、焦油帆布涂层
德国朗盛公司的 Krynac 系列	X146	32.5	45	0.97	NS	
	X160	32.5	58	0.97	NS	
	X740	26.5	38	0.99	NS	
	X750	27	47	0.99	NS	
日本瑞翁公司的 Nipol 系列	NX775	26	38~52	0.98	NS	具有优异的加工性能，高精确注射模塑成型，羧基含量为 3.735%
	1072	27	40~55	0.98	NS	良好的耐油性及优异的耐磨性，羧基含量为 3.375%
	1072CGX	27	20~30	0.98	NS	1072 的黏合型
	1072X28	27	35~55	0.98	NS	1072 的预交联型，挤出和压延时回缩性低

续表

牌号		丙烯腈含量,%	门尼黏度 $ML_{1+4}^{100℃}$	相对密度	防老剂类型	性能及用途
中国台湾南帝公司的 Nancar 系列	1072	27	48	0.98	NS	具有好的黏合性，优异的耐磨性。常应用于制作带、轮、鞋底，以及其他需要高耐磨性的产品
	1072CC	27	28	1.0	NS	具有良好的黏合性能。常应用于黏合剂和改性树脂
	3245C	32	45	1.0	NS	具有优异的耐磨性，并且易于加工。常应用于制作带、轮、鞋底，以及其他需要高耐磨性的产品

注：SS 表示微污染型，NS 表示非污染型。

从表 5-8 中可以看出，XNBR 的结合丙烯腈含量一般为中腈或中高腈，这有利于羧基在聚合物分子链上的均匀分布；门尼黏度较低，覆盖范围较普通 NBR 窄，从而保证产品良好的加工性能。

二、技术概况

1. 产品性能

XNBR 的主要性能之一就是具有优异的黏着力——韧性。这种韧性使 XNBR 具有较高的硬度、拉伸强度和撕裂强度，其耐磨性比普通 NBR 高几倍；此外，在高温下，其拉伸强度比普通 NBR 高得多，从而拓宽了其应用范围。普通 NBR 与 XNBR 的性能对比见表 5-9。

表 5-9 普通 NBR 与 XNBR 性能对比

项目	NBR	XNBR
100%定伸应力，MPa	3.1~3.3	8.4~8.7
300%定伸应力，MPa	14.9~15.2	23~25.5
拉伸强度，MPa	19.7~21	25.5~26.5
扯断伸长率,%	440~465	310~380
撕裂强度，kN/m	39~45	51~55.9
硬度(邵尔 A)	70	80
压缩永久变形(100℃，70h),%	15~17	39~45
Pico 磨耗指数	51~54	111~124

2. 生产工艺

XNBR 的生产工艺与普通 NBR 类似，同样包括单体贮存、助剂配制、聚合、单体回收、胶乳凝聚、洗涤、干燥、包装等工序。

聚合投料与 NBR 生产相似，分为一次性加料和分批加料两种方式。

（1）一次性加料：依次加入部分去离子水、水相、丙烯腈、不饱和羧酸、分子量调节剂，抽真空置换，加入丁二烯，最后加入引发剂；在一定聚合温度下开始聚合，通过定时测定胶乳干物质，确定转化率；当转化率达到规定范围时，加入终止剂终止聚合；胶乳经脱气回收系统，回收未反应单体；脱气胶浆经凝聚、洗涤、干燥、包装得到产品。此外，在后处理过程中于辊压机上进行压片操作时，XNBR 比 NBR 更易黏辊。在干燥工序，应特别注意控制干燥温度和停留时间。

(2) 分批加料方式：可以分批加入单体，也可以分批加入单体和乳化剂等。首批加料顺序与一次性加料方式相同，只是在规定的单体转化率时，分批加入丙烯腈或甲基丙烯酸。

丙烯腈用量影响共聚物中羧基分布，尤其是在羧酸用量高时，则需使用更高的丙烯腈配比，以保证羧基在聚合物分子链中的均匀分布。从图 5-8 中可以看出，以甲基丙烯酸为第三单体，当其加入量为 1.0~3.0 质量份时，产品中羧基含量达到 0.5%~1.8%(质量分数)；以丙烯酸为第三单体，当其加入量为 5.0 质量份时，产品中羧基含量仅为 1.3%(质量分数)左右。

XNBR 与普通 NBR 生产工艺有所不同。XNBR 生产因采用含羧基单体，必须在酸性介质中共聚，这样才能保证羧基不发生化学反应。应选用酸性介质中稳定的乳化剂。图 5-9 显示了不同乳化剂对聚合反应的影响。从图中可以看出，采用十二烷基硫酸钠或十二烷基苯磺酸钠作乳化剂，聚合均能正常进行；十二烷基硫酸钠乳化能力较强，聚合较快；选用十二烷基苯磺酸钠，聚合更平稳。

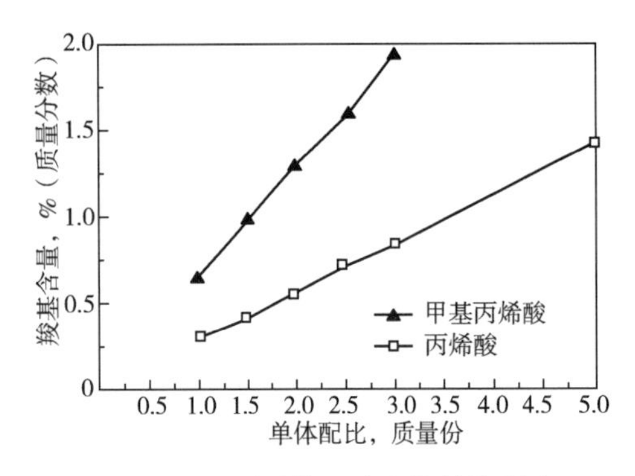

图 5-8　不同单体对共聚物结构影响

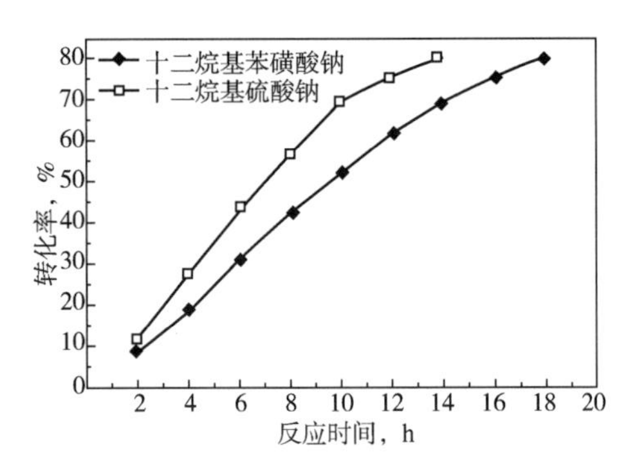

图 5-9　不同乳化剂对聚合反应的影响

XNBR 生产工艺中，影响产品门尼黏度的因素较多。与普通 NBR 相比，产品门尼黏度调控更复杂，这是由于极性单体总量对 XNBR 门尼黏度的影响高于分子量调节剂用量，极性单体总量和调节剂用量对门尼黏度的影响情况见表 5-10。

表 5-10　XNBR 极性单体总量和调节剂用量对门尼黏度的影响

丁二烯/丙烯腈/甲基丙烯酸(质量比)	叔十二碳硫醇用量，质量份	门尼黏度，$ML_{1+4}^{100℃}$
62/35/3	0.64	80.5
63/35/2	0.64	63.3
64/35/1	0.64	46.2

续表

丁二烯/丙烯腈/甲基丙烯酸(质量比)	叔十二碳硫醇用量，质量份	门尼黏度，$ML_{1+4}^{100℃}$
62/35/3	0.70	70.4
63/35/2	0.70	51.2
64/35/1	0.70	34.6

由表5-10中可以看出，极性单体总量增加1质量份，门尼黏度可上升约15个单位；调节剂用量增加每0.01质量份，门尼黏度降低1~2个单位。普通NBR聚合时，调节剂用量每增加0.01质量份，门尼黏度降低2~3个单位。因此，在聚合中，随着极性单体用量的变化，门尼黏度需进行相应调整，以保证产品门尼黏度的稳定。

图5-9为XNBR红外谱图。从图中可以看出，970cm^{-1}处为二取代烯烃($R_1CH{=}CHR_2$) C—H的变形振动峰；2238cm^{-1}处为不饱和腈C≡N的伸缩振动峰；919cm^{-1}处为单取代烯烃C—H的变形振动峰；2932cm^{-1}和2845cm^{-1}处为C—H的伸缩振动峰，这些峰的位置均与普通NBR红外谱图相似。但是，在1738cm^{-1}处有C═O的伸缩振动峰，说明样品中有酯基或羧基存在；1220cm^{-1}和1301cm^{-1}处的峰属于C—O的伸缩振动峰，3550cm^{-1}处有弱峰，说明有羧羟基存在。

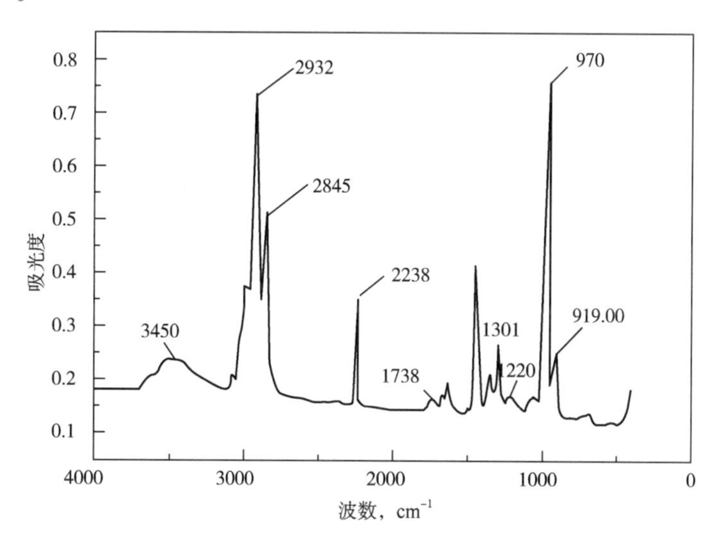

图5-9　XNBR红外谱图

3. 加工特性

XNBR的硫化机理与普通NBR是不同的。采用的基本配方如下：XNBR(DN631，羧基质量分数为0.01、丙烯腈质量分数为0.33、门尼黏度为55$ML_{1+4}^{100℃}$)100质量份，炭黑50质量份，邻苯二甲酸二辛酯10质量份，硬脂酸2质量份，硫化体系变量。进行6个硫化体系的研究：无硫硫化体系(A)，促进剂TMTD为3.5质量份；低硫高促进剂硫化体系(B)，硫黄为0.5质量份，促进剂M为2质量份，促进剂NS为2质量份；硫黄硫化体系(C)，硫黄为1.5质量份，促进剂NS为1.2质量份；过氧化物硫化体系(D)，过氧化二异丙苯为6质量份，交联剂 TAIC 为 1.5 质量份；金属氧化物硫化体系(E)，氧化锌为 8 质量份，促进剂 NS 为 0.7 质量份；硫黄/金属氧化物复合硫化体系(F)，氧化锌为 8 质量份，硫黄为 1.5 质量份，促进剂 NS 为 0.7 质量份，防焦剂邻苯二甲酸酐为 2 质量份。

先将除硫化体系之外的助剂与 XNBR 混炼制成母炼胶，再将母炼胶分成 6 份，分别向其中加入上述各硫化体系。在开炼机中混炼，前、后辊温度分别控制在(30±5)℃和(40±5)℃，使硫化剂和硫化助剂全部混入胶料，薄通 6 次后下片。在平板硫化机上硫化，硫化条件为 160℃下硫化 20min，即得 XNBR 的硫化胶。对 6 种硫化胶的硫化性能、力学性能、耐老化性能、耐磨性能、压缩永久变形、耐油性能进行了考察。

1）硫化性能

表 5-11 中列出了不同硫化体系 XNBR 的硫化性能。从表中可以看出，采用硫化体系 A、B、D 时，XNBR 硫化胶最大转矩较低，焦烧时间较长，A 和 D 的硫化速率较慢；采用硫化体系 E 时，XNBR 硫化胶最大转矩也较低，硫化速率快，焦烧时间短；采用硫化体系 C 和 F 时，XNBR 硫化行为最好。由于 XNBR 硫化时焦烧倾向大，因此在加工时还应加入防焦剂。

表 5-11　不同硫化体系 XNBR 的硫化性能

项目	硫化体系					
	A	B	C	D	E	F
焦烧时间，min	1.35	1.95	1.45	1.33	0.62	1.4
正硫化时间，min	21.58	14.67	12.38	18.75	5.4	11.08
最小转矩，N·m	3.4	4.59	4.6	5.5	6.18	5.2
最大转矩，N·m	5.29	8.6	12.81	9.8	9.76	14.8

2）力学性能

表 5-12 中列出了不同硫化体系 XNBR 的力学性能。从表中可以看出，采用硫化体系 C 和 F 制得的硫化胶，其力学性能较好，这是因为采用这两种硫化体系的硫化胶交联密度较高；此外，试样 300%定伸应力和拉伸强度较高，扯断伸长率偏低。

表 5-12　不同硫化体系 XNBR 的力学性能

项目	硫化体系					
	A	B	C	D	E	F
硬度(邵尔 A)	70	79	83	83	75	80
300%定伸应力，MPa	8.25	14.9	17.17		9	18.6
拉伸强度，MPa	11.8	17.5	22.9	7.3	12.0	21.7
扯断伸长率，%	498	408	369	260	484	355

3）耐老化性能

表5-13中列出了不同硫化体系XNBR硫化胶的耐老化性能。从表中可以看出，从老化前后拉伸强度性能变化的幅度看，硫化体系A、B和F优于硫化体系C、D和E。这是由于采用硫化体系C的XNBR硫化胶的交联键为键能较低的多硫键；采用硫化体系E的交联键虽为离子键，但交联密度很低，并且在硫化胶中残留的双键较多；采用硫化体系D的交联键虽为键能较高的C—C交联键，但由于羧基的存在，存在热分解的问题，耐热性较差；采用硫化体系A和B的交联键是键能较高的单硫或双硫交联键，也是比较稳定的；采用硫化体系F硫化所得XNBR硫化胶的交联键既有离子键，也有共价键，热稳定性较好。因此，对XNBR硫化胶的耐老化而言，可选择硫化体系A、B和F进行硫化。

表5-13　不同硫化体系XNBR硫化胶的耐老化性能

项目	硫化体系					
	A	B	C	D	E	F
硬度(邵尔A)变化率,%	+2	+4	+8	+5	+10	+2
拉伸强度变化率,%	-41	-53	-75	-63	-79	-54
扯断伸长率变化率,%	-30	-61	-90	-95	-94	-45

注：老化条件为155℃，24h。

4）耐磨性能

采用硫化体系A至硫化体系F所制备的XNBR硫化胶的磨耗依次为0.37cm^3/km、0.33cm^3/km、0.24cm^3/km、0.35cm^3/km、0.28cm^3/km、0.21cm^3/km。其中，硫化体系F的最小，这是因为采用硫化体系F硫化时，不但交联密度大，而且由于离子键的存在，提高了交联网络的强度，耐磨性增加。

5）压缩永久变形

与普通NBR硫化胶相比，XNBR硫化胶的压缩永久变形较大。一般情况下，要求XNBR制品的压缩永久变形小，因此选择合适的硫化体系就显得尤为重要。图5-10显示了不同硫化体系XNBR的压缩永久变形情况。从图中可以看出，采用硫化体系F制得的XNBR硫化胶的压缩永久变形最小，这是因为硫化胶的交联密度越大，从而其压缩永久变形越小。在上述6种硫化体系中，采用硫化体系C和F制得的硫化胶的交联密度相对较高；但是，采用硫化体系C时，其硫化胶中所生成的交联键多为多硫键，键能低，尽管交联密度较大，但多硫键在高温下易断裂，致使其压缩永久变形增大；采用硫化体系F所制得硫化胶不但交联密度高，而且交联键多为稳定的单硫键、双硫键和离子键，因此压缩永久变形最小。

6）耐油性能

表5-14中列出了不同硫化体系XNBR硫化胶的耐油性能。从表中可以看出，在汽油和苯的混合溶剂中，采用硫化体系A、B、D和E所得XNBR硫化胶，浸泡前后的硬度(邵尔A)、300%定伸应力、拉伸强度和体积的变化率均较大，而硫化体系C和F硫化胶的变化率则较小，原因是采用硫化体系C和F所制XNBR硫化胶的交联密度大，混合溶剂不容易进入其交联网络内部。

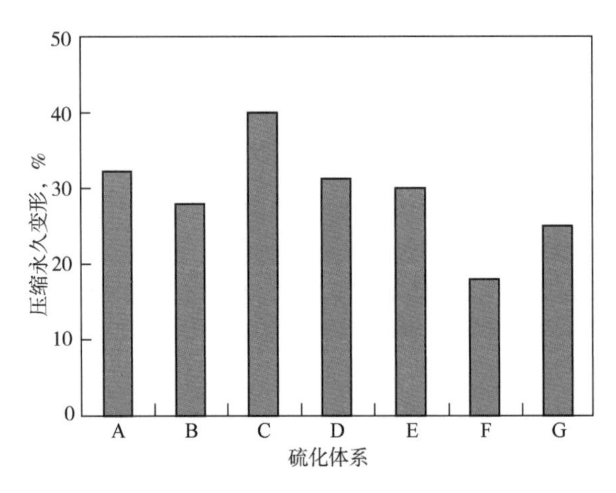

图 5-10 不同硫化体系 XNBR 的压缩永久变形

表 5-14 不同硫化体系 XNBR 硫化胶的耐油性能

项目	硫化体系					
	A	B	C	D	E	F
硬度(邵尔 A)变化率,%	+12	+14	+10	+16	+13	+8
300%定伸应力变化率,%	-34	-26	-17	-30	-28	-10
拉伸强度变化率,%	-38	-29	-20	-24	-27	-14
扯断伸长率变化率,%	-55	-40	-23	-38	-41	-20
体积变化率,%	35.5	30.2	20.8	26.1	23.4	19.1

注：实验条件为 120℃，8h。

三、应用前景

XNBR 力学性能突出，首先在国防、化工、机械等领域得到应用。随着市场需求加大，应用范围逐步扩大，主要用于特种橡胶制品、胶黏剂组分、密封制品和 O 形圈及掺混等。

第四节 丁腈橡胶产品

中国石油开发的环保化系列 NBR 产品有高腈 NBR4105，中高腈 NBR3305E、NBR3308E、NBR3304G、NBR3305G，中腈 NBR2907E、NBR2805E，中低腈 NBR2605，低腈 NBR1806、NBR1807 等。本节对典型的 NBR 产品进行详细介绍。

一、高腈 NBR4105

环保高腈 NBR4105 具有良好的耐介质性、耐金属腐蚀性和加工性，适用于制作耐油和耐溶剂的零部件，如油管与油管内衬、垫圈、油封、滚轮及包装材料等，可用于石油开采、油气输送、机械、化工等领域。高腈 NBR4105 的主要性能指标见表 5-15。

表 5-15　高腈 NBR4105 的主要性能指标

项目	优等品	合格品	典型测试结果	检测方法
挥发分,%	≤0.50	≤0.75	0.27	GB/T 24131.1—2018
灰分,%	≤0.80	≤0.80	0.56	GB/T 4498.1—2013
结合丙烯腈含量,%	40.5~42.5	40.0~43.0	41.5	SH/T 1157.2—2015
门尼黏度，$ML_{1+4}^{100℃}$	50~60	50~60	54	SH/T 1232.1—2016
300%定伸应力，MPa	10.5~17.0	10.0~18.0	14.3	GB/T 34685—2017 ASTM IRB No.8 GB/T 528—2009
拉伸强度，MPa	≥24.5	≥24.0	28.4	
拉断伸长率,%	≥450	≥420	539	
溶胀度,%	≤45	≤45	40	SH/T 1159—2010
硬度(邵尔 A)	≥55	≥55	71	GB/T 531.1—2008

二、中高腈 NBR3305E

NBR3305E 具有耐油和耐高低温性能优异、反拨弹性佳、加工性能良好、硫化速率快、低模具污染性好等特点，适用于制作油管、迫紧、衬垫、模压制品、滚轮等。NBR3305E 的主要性能指标见表 5-16。

表 5-16　NBR3305E 的主要性能指标

项目	优等品	合格品	典型测试结果
挥发分,%	≤0.50	≤0.70	0.23
灰分,%	≤0.75	≤0.75	0.67
结合丙烯腈含量,%	32.5~34.5	31.0~34.5	33.5
门尼黏度，$ML_{1+4}^{100℃}$	50~60	50~60	55
300%定伸应力，MPa	10.6~14.6	10.3~14.9	11.4
拉伸强度，MPa	≥25.0	≥24.0	26.8
扯断伸长率,%	≥470	≥440	579

注：检测方法同表 5-15。

三、中高腈 NBR3308E

NBR3308E 具有优异的耐油性和耐有机溶剂性，以及高温下耐老化和良好的加工性能，适用于制作油管、油封、迫紧、衬垫、滚轮、运动器材护套等。特别地，NBR3308E 因其良好的加工性、快速硫化性和低模具污染性，被广泛应用于保温发泡和胶管领域。NBR3308E 的主要性能指标见表 5-17。

表 5-17 NBR3308E 的主要性能指标

项目	优等品	合格品	典型测试结果
挥发分,%	≤0.50	≤0.70	0.21
灰分,%	≤0.75	≤0.75	0.66
结合丙烯腈含量,%	32.5~34.5	32.0~35.0	33.5
门尼黏度，$ML_{1+4}^{100℃}$	75~85	75~85	80
300%定伸应力，MPa	10.4~14.4	10.1~14.7	12.2
拉伸强度，MPa	≥26.4	≥25.3	28.6
扯断伸长率,%	≥490	≥460	568

注：检测方法同表 5-15。

四、中腈 NBR2805E

NBR2805E 具有良好的回弹性、压缩永久变形和耐低温性能，主要用于制作耐油及耐低温制品，如油管、迫紧、衬垫、油封、隔膜、皮带、印刷滚轮、运动器材护套等。NBR2805E 流动性优异，尤其适用于注塑、挤出等加工，常用于制作密封制品。NBR2805E 的主要性能指标见表 5-18。

表 5-18 NBR2805E 的主要性能指标

项目	优等品	合格品	典型测试结果
挥发分,%	≤0.50	≤1.00	0.23
灰分,%	≤0.75	≤0.75	0.62
结合丙烯腈含量,%	27.5~28.5	26.5~29.5	28.0
门尼黏度，$ML_{1+4}^{100℃}$	45~55	45~55	50
300%定伸应力，MPa	8.0~15.0	7.0~15.0	12.6
拉伸强度，MPa	≥23.5	≥21.5	24.6
扯断伸长率,%	≥450	≥350	485

注：检测方法同表 5-15。

五、低腈 NBR1806

NBR1806 耐低温性、弹性和耐油性之间有较好的平衡，可广泛用于航空、包装、衬垫、油封等要求低温曲挠性的耐油领域，其主要性能指标见表 5-19。

表 5-19 NBR1806 的主要性能指标

项目	合格品	典型测试结果
挥发分,%	≤1.00	0.29
灰分,%	≤1.00	0.78
结合丙烯腈含量,%	17.0~21.0	18.5
门尼黏度，$ML_{1+4}^{100℃}$	60~75	68

续表

项目	合格品	典型测试结果
300%定伸应力，MPa	6.0~15.0	8.0
拉伸强度，MPa	≥17.5	22.4
扯断伸长率,%	≥400	575
玻璃化转变温度,℃		-56.9

注：玻璃化转变温度检测方法为 GB/T 29611—2013，其他指标检测方法同表 5-15。

参 考 文 献

[1] 赵旭涛，刘大华．合成橡胶工业手册[M].2 版．北京：化学工业出版社，2006.

[2] И.В.加尔莫诺夫. 合成橡胶[M]. 秦怀德，译.2 版．北京：化学工业出版社，1988.

[3] 张传贤，火金山，等．丁腈橡胶[M]. 北京：中国石化出版社，2010.

[4] 钟启林，张元寿，郑彩琴，等．抗氧剂对中高腈丁腈橡胶性能的影响[C]//2014 年丁苯、丁腈橡胶/胶乳及氯丁橡胶生产技术交流研讨会，2014.

[5] 应婵娟，张又山，颜龙，等．降低丁腈橡胶装置脱气塔丙烯腈含量[C]//2017 年合成橡胶暨热塑性弹性体技术交流及市场分析会技术报告，2017.

第六章　乙丙橡胶

乙丙橡胶(EPR)是乙烯、丙烯和二烯烃在 Ziegler–Natta 催化剂作用下配位聚合的共聚物弹性体。EPR 具有良好的耐热性、耐臭氧性、耐候性、耐低温性及介电性能优异等优点，被广泛应用于汽车工业、塑胶跑道、防水卷材、电线电缆、油品添加等领域。中国石油是国内最早开展 EPR 生产和研发的单位，截至 2020 年底，中国石油拥有 8.5×10^4t/a EPR 产能，主要围绕催化剂、聚合工艺等方面开展研究，开发出 4×10^4t/a EPR 成套技术，以及汽车海绵条 J-5105，润滑油黏度指数改进剂(以下简称黏指剂)X-0150、J-0080，中压电线电缆用 J-3042 等新牌号。

第一节　聚合原理与工艺

一、聚合原理

乙烯、丙烯和二烯烃在 Ziegler–Natta 催化剂作用下，按配位聚合机理进行共聚合反应。使用的主催化剂为钒化合物，主要为三氯氧钒或改性钒，助催化剂为烷基铝[1-3]。

钒化合物与烷基铝进行反应生成活性中心，由活性中心引发单体进行聚合反应。该活性中心是由钒、铝化合物组成的络合物，可溶于己烷中。在活性中心上存在着空的 d 轨道，单体首先与空的 d 轨道络合，由于单体上双键的 π 电子与空的 d 轨道络合使金属—碳键变弱，单体分子进而插入金属—碳键中，单体不断地重复进行上述反应过程，生成长链大分子。反应机理如下：

(1) 烷基化形成活性种。

钒化合物与烷基铝作用，取代原配位卤素，生成以 V(Ⅲ)为中心并带有活性空位的正八面体 V(Ⅲ)—Al 金属络合物活性种。

$$\mathrm{V(Cl)(Cl)} \xrightarrow{\mathrm{Al(CH_2R)_3}} \mathrm{V(CH_2R)(Cl)} \xrightarrow{\mathrm{Al(CH_2R)_3}} \mathrm{V(CH_2R)}(\square)$$

(2) 链引发与链增长。

共聚单体的双键首先在活性种的活性空位处配位，配位后使 V—CH_2R 键活化并形成四元环的过渡态，随后共聚单体插入到被削弱的 V—CH_2R 键中间，由共聚单体与 CH_2R 直接连接形成新的增长链端，同时活性空位被转移到原 CH_2R 的位置上，从而完成一次链增长，链增长持续进行即形成聚合物长链。

$$>V(CH_2R)(\square) + CH_2{=}CHR' \xrightarrow{\text{配位}} >V(CH_2R)(CH_2{=}CHR') \xrightarrow{\text{转换}} \text{[V}\cdots H_2RC\cdots CH_2{=}CHR'\text{]} \xrightarrow{\text{链插入}} >V(\square)-CH_2-CH(CH_3R)-R'$$

(3) 链转移。

向助催化剂转移：

$$>V-CH_2-CH_2-R' + RH_2C-Al(CH_2R)_2 \longrightarrow >V-CH_2R + (CH_2R)_2Al-CH_2-CH_2-R'$$

向单体转移：

$$>V-CH_2-CH(H)-R' + H_2C=CH_2 \longrightarrow >V-CH_2CH_3 + H_2C=CH_2-CH_2-R'$$

(4) 链终止。

β-H 自终止(β-H 消除)：

$$>V-CH_2-CH(H)-R' \longrightarrow >V-H + H_2C=CH_2-CH_2-R'$$

氢调终止：

$$>V-CH_2-CH_2-R' + H-H \longrightarrow >V-H + H_3C-CH_2-CH_2-R'$$

(5) 加入甲醇使催化剂失去活性。

当加入氢气使聚合反应终止后，生成的“V—H”仍具有催化活性，并且还有少部分催化剂残留在聚合物中，加入甲醇与其进行反应使催化剂失活：

$$(C_2H_5)_nAlCl_{3-n}+CH_3OH \longrightarrow (CH_3O)(C_2H_5)_{n-1}AlCl_{3-n}+C_2H_6$$

$$VOCl_3+CH_3OH \longrightarrow (CH_3O)VOCl_2+HCl$$

二、聚合工艺

EPR 聚合反应采用溶液聚合工艺[4-5]。反应单体可以是乙烯，也可以是丙烯或二烯烃。生成的大分子是由乙烯、丙烯和二烯烃组成的无规共聚物，即三元乙丙橡胶(EPDM)。如不加入二烯烃，生成物即为二元乙丙橡胶(EPM)。采用加入分子量调节剂氢气的方式终止聚合反应。聚合反应完成后，聚合物溶液经水洗脱除残留催化剂，再经闪蒸将聚合物从溶剂中分离出来，之后经造粒制成粒状产品。根据实际需要及产品性质，可将粒状产品压制成块状产品。

中国石油 EPR 装置采用典型的 Ziegler-Natta 溶液聚合工艺技术[6-7]，生产线由 9 个单元组成，包括催化剂、二烯烃和稳定剂制备(100#)、聚合(200#)、催化剂失活和洗涤(300#)、提浓干燥(400#)、包装(500#)、甲醇回收(600#)、溶剂回收(700#)、二烯烃回收(800#)和公用工程系统(900#)等(图 6-1)。工业装置采用单台大容积聚合反应釜，反应热借单体蒸发外冷回流方式移出。采用蒸发脱除单体，热碱水洗涤法脱除残余催化剂，干式凝聚法提纯聚合物。采用闪蒸提浓技术脱除大部分溶剂，分子筛吸附法精制(干燥)回收溶剂，热水干燥聚合物。采用双螺杆挤出机将胶粒进一步脱除残余溶剂后压块或造粒包装。

乙烯、丙烯、亚乙基降冰片烯(ENB)或双环戊二烯(DCPD)在钒-铝催化剂作用下，在一定的聚合温度和压力条件下，于己烷溶剂中进行阴离子配位聚合反应，氢气为聚合反应的分子量调节剂，聚合物溶液中残留的催化剂与甲醇反应，使催化剂失活。在串联的 3 台搅拌釜中，将终止反应的聚合液用 NaOH 热水溶液洗涤，洗涤水与聚合物溶液逆流接触，使聚合物溶液中残留钒含量小于 10μg/g，再通过独特的闪蒸技术将聚合物从己烷溶剂中分离出来。二烯烃单体、溶剂和甲醇精馏回收后循环利用。

以下对主要工艺单元进行介绍。

1. 聚合单元

连续将乙烯、丙烯、氢气、二烯烃、己烷、钒催化剂和铝催化剂经计量后加入聚合反应器(图 6-2)。在反应器中，己烷作为溶剂，在催化剂的引发下，乙烯、丙烯和二烯烃进行共聚合反应。反应温度控制在 35~55℃，反应压力控制在 0.4~0.7MPa，氢气作为分子量调节剂，聚合反应时间为 0.5~1.0h。乙烯、丙烯和 ENB 的单程转化率依次约为 90%、30% 和 80%。聚合液中聚合物质量分数为 9%~13%。聚合反应器气相部分中的氢气、乙烯和丙烯组分由工艺在线气相色谱连续监测，并通过 DCS 连续控制单体进料量。

2. 失活和洗涤单元

在失活器中，于搅拌状态下，残留在聚合物溶液中的残余催化剂与甲醇反应而分解。在接触器中，于搅拌状态下，含有分解催化剂的聚合物溶液与 NaOH 碱性水溶液接触，使残余催化剂和甲醇被萃取进入水相，同时发生中和反应；之后在第一分离器中，将溶液分离成聚合物溶液相和水相。以上步骤重复 3 次。含有催化剂残余物和甲醇的水相送至甲醇回收单元。

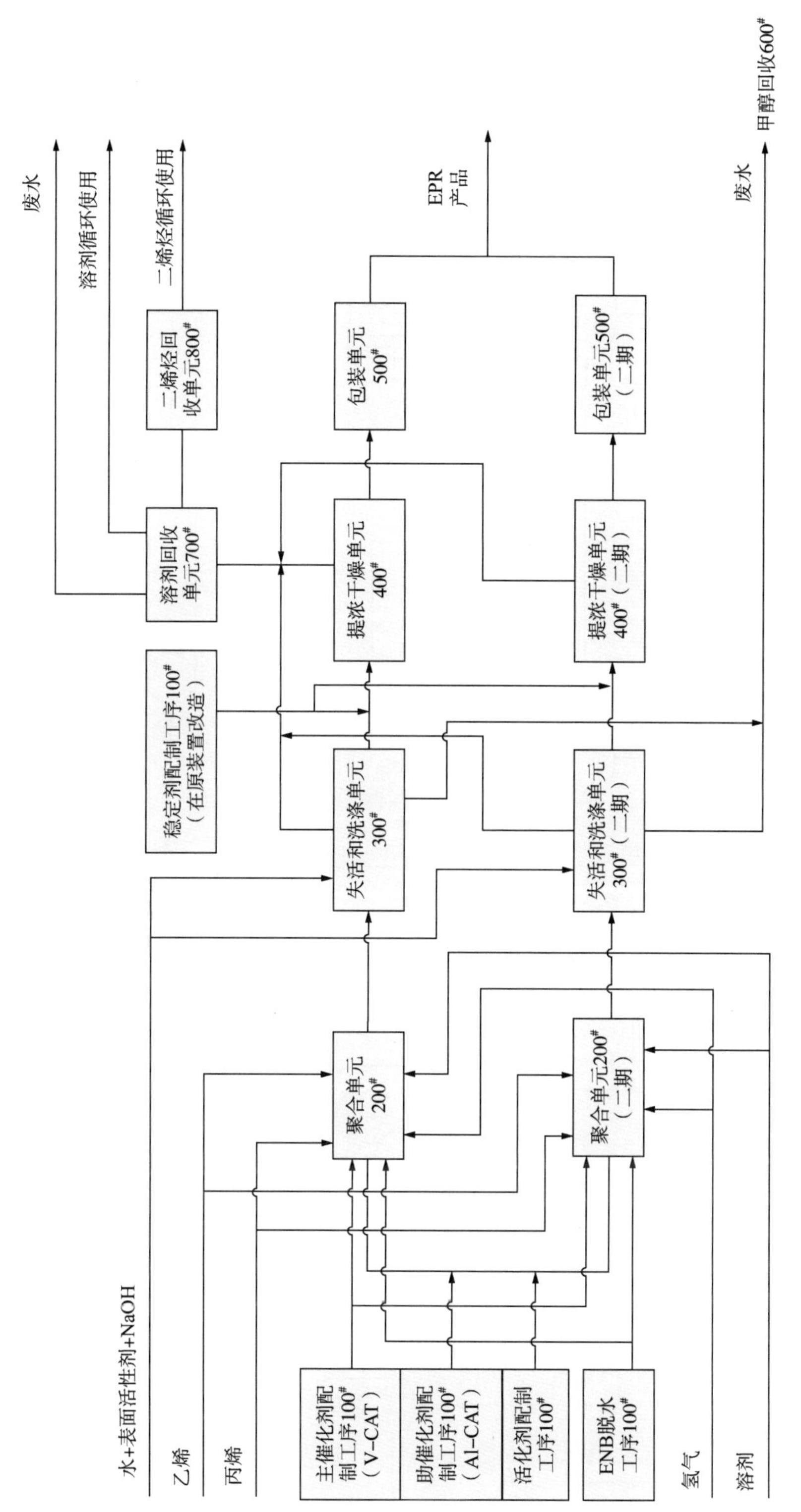

图6-1　中国石油EPR生产工艺流程示意图

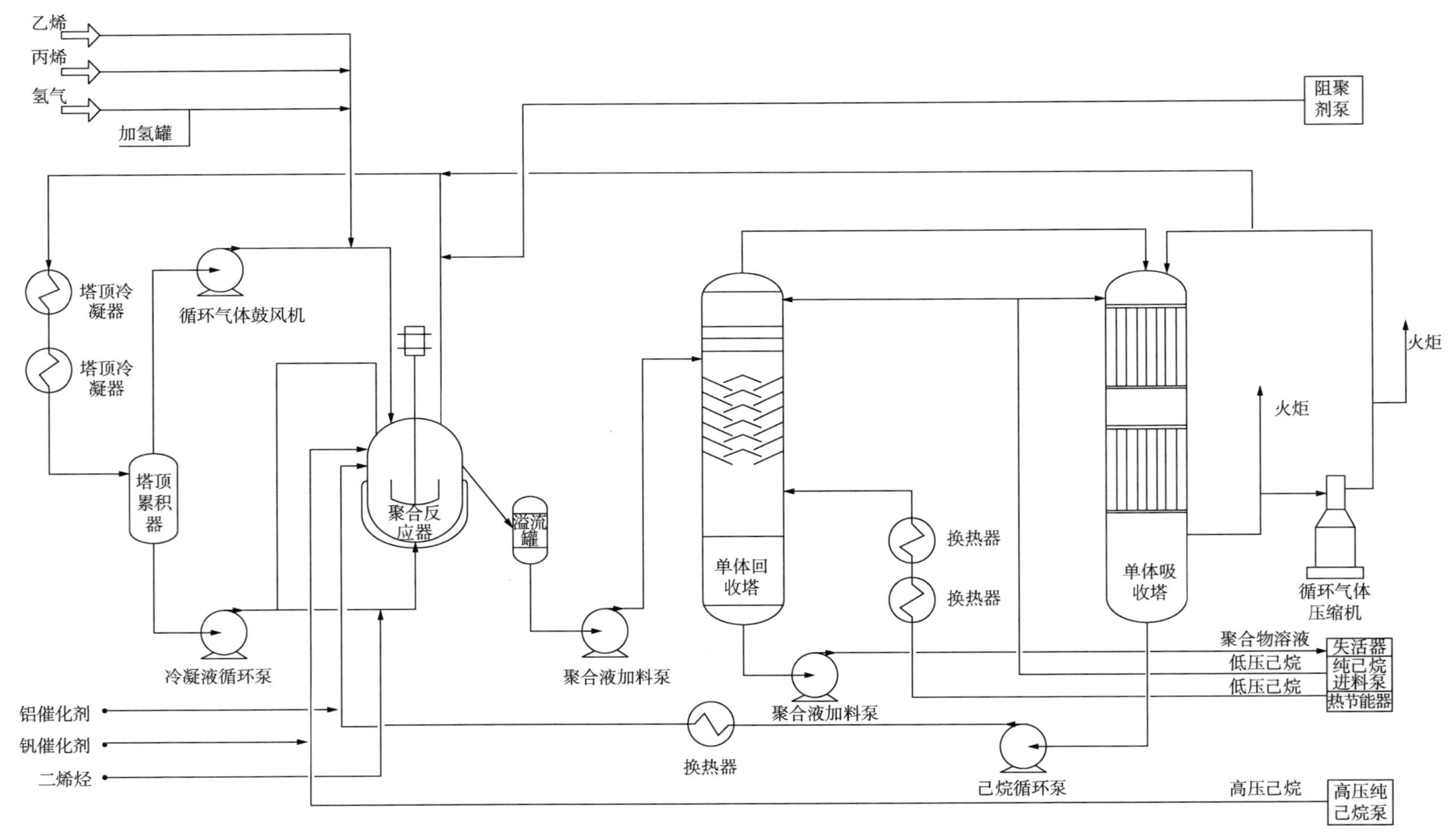

图6-2 中国石油EPR生产工艺聚合单元流程示意图

脱除催化剂后聚合物溶液压力降至常压，部分己烷汽化，从而使聚合物溶液浓缩。离开闪蒸罐的己烷蒸气直接送至溶剂回收单元。在闪蒸罐中浓缩的聚合物溶液从闪蒸罐底部排出，根据产品牌号类型加入稳定剂和填充油，之后送至干燥单元。

3. 干燥单元

在干燥单元，用加热的方法将聚合物溶液分离成己烷蒸气和熔融聚合物相，熔融的聚合物再经挤出机进行真空干燥。经预闪蒸的聚合物溶液用加热器加料泵增压，采用第一和第二聚合物溶液加热器将升压后的聚合物溶液加热。之后聚合物溶液先经减压阀减压，再经过热器加热，由闪蒸和加热至过热条件下，溶剂己烷从熔融的聚合物中分离出来。沉积在闪蒸料斗底部的聚合物送入挤出机，经挤出机真空干燥后造粒，颗粒在向包装单元输送过程中冷却。

4. 包装单元

设有两套包装系统，一套为粒状产品包装系统，另一套为块状产品包装系统，可根据产品形式选择使用。粒状包装系统由输送水输送的粒子用脱水筛和脱水机将粒子从水中分离出来，经振动筛筛分后，符合尺寸要求的用颗粒干燥鼓风机产生的干燥空气风送至颗粒干燥料斗中，并将粒子表面附着的水分干燥。块状包装系统由输送水输送的粒子，先经脱水机脱水，再经料斗秤称重后，用压块机将粒子压块包装。

第二节　乙丙橡胶技术

1997 年，中国石油引进的 2×10^4t/a EPR 装置正式投产。装置经过多年的扩建和改造，又新增了 2 套装置，总产能达到 8.5×10^4t/a。其中，一套 EPR 装置设计能力为 2.5×10^4t/a，部分引进国外技术，自主开发了溶剂及二烯烃回收技术，于 2008 年建成投产；另一套装置采用中国石油自主开发的工艺技术，设计能力为 4×10^4t/a，于 2014 年建成投产。

多年来通过对 EPR 两套引进装置技术进行消化、吸收和再创新，中国石油掌握了蒸发单体溶剂撤热聚合技术、聚合物组成控制技术、单体及溶剂回收利用技术、干式脱溶剂后处理技术、失活洗涤技术等关键技术，开发出 4×10^4t/a EPR成套技术,并建成生产装置。

一、EPR 成套技术

EPR 成套技术采用传统的三氯氧钒/倍半烷基铝催化剂体系，具有反应时间可控、催化剂活性高、聚合稳定性好、能耗低、聚合物凝胶含量少、产品综合性能好等特点，技术优势是工艺成熟、生产可控性好、安全环保。涉及溶液聚合反应、催化剂失活脱除、胶液闪蒸提浓、真空脱挥等主要核心技术。主要工艺技术指标如下：聚合总转化率大于 95%，聚合时间为 0.5~1.0h，年操作时间为 8000h，操作弹性为 50%~100%。

1. 工艺流程

图 6-3 为中国石油 EPR 工业化成套技术工艺流程示意图。聚合反应得到的聚合物溶液经过闪蒸提浓脱除绝大部分溶剂，再经真空脱挥发分处理得到 EPR 产品。聚合过程中未反应的乙烯、丙烯和氢气经压缩机输送循环利用，第三单体经精馏提纯后继续使用，溶剂经

脱除杂质和水分等精制过程后循环使用。

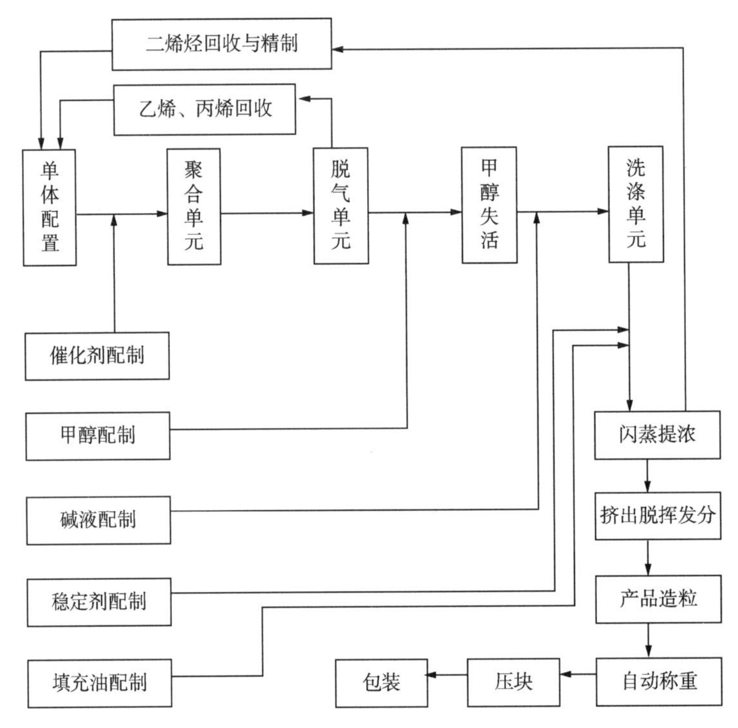

图 6-3　中国石油 EPR 工业化成套技术工艺流程示意图

2. 主要技术

1）蒸发单体溶剂撤热聚合技术

由于乙烯、丙烯聚合反应属强放热反应，加之工艺中所采用的催化剂为高温失活型催化剂，物系黏度高，传热效率低，为保证聚合反应的顺利进行，撤热方式是聚合单元的核心技术之一。

蒸发单体溶剂撤热聚合技术是单体乙烯和丙烯、第三单体 ENB、氢气、催化剂及己烷在高压、低温条件下，以混合状态进入聚合反应釜中完成聚合反应。其中，单体丙烯以液态进入聚合釜中，吸收热量瞬间蒸发，能撤出一部分反应热，保证聚合反应温度平稳控制。在聚合过程中，除了单体丙烯带走一部分热量，溶剂以预冷方式进料，也能撤出一部分反应热，从而达到有效移出反应热的目的，进一步保证聚合反应温度平稳控制。

2）聚合物组成控制技术

低凝胶含量控制技术采用高活性催化体系，具有反应速率、反应温度和体系黏度可控，单体转化率高等特点。通过改变催化剂的进料方式，调整催化剂配比，使催化剂在溶液中分布均匀，聚合产物交联度降低，进而使聚合物凝胶含量明显降低。

聚合物组成控制技术是乙烯、丙烯及二烯烃单体通过在线精准控制，保证聚合物组成的稳定可控。利用反应气相在线色谱分析仪及红外分析仪，在线分析反应器的气相组成，依此调整单体的进料量，从而保证产品质量。通过控制氢气和乙烯的比例、助催化剂和主催化剂的比例来控制聚合物的分子量及其分布。该技术使得聚合物分子链控制更加精准，凝胶含量更低，产品质量更加均一，助催化剂消耗显著降低。

3）单体及溶剂回收利用技术

采用双塔蒸发工艺脱除胶液中未反应的乙烯、丙烯和氢气。回收的单体通过压缩机循环进入聚合系统继续参与聚合反应。

采用多塔串联连续精馏工艺回收溶剂中的己烷和第三单体，通过控制精馏塔底温度和操作压力来控制第三单体的自聚，获得纯度大于90%的第三单体溶液，与新鲜第三单体并用，返回聚合反应系统。回收己烷经过干燥脱水处理，控制水含量不大于10μg/g，达到聚合精度要求。

4）干式脱溶剂后处理技术

采用真空闪蒸技术脱除胶液中的溶剂己烷，通过控制闪蒸罐的压力来控制脱溶剂效果，具有挂胶少、闪蒸速度快、脱除效率高、闪蒸效果好的特点。采用挤出干燥技术进一步脱除胶液中的溶剂己烷，通过控制挤出机的温度、转速来控制脱溶剂效果，保证胶液中的溶剂己烷能够彻底脱除。脱除溶剂的聚合物可根据不同牌号的产品采用不同的口型直接对胶条进行造粒，胶粒通过水下冷却方式冷却后，进入脱水机脱除表面的水分，最后进行包装。

5）失活洗涤技术

通过控制甲醇的用量来实现催化剂失活，从而终止反应。催化剂洗涤脱除是用不含表面活性剂的 NaOH 热水溶液，在 3 台串联洗涤器中，在高速搅拌下进行洗涤，洗涤水与聚合液逆流接触。洗涤后的聚合液在分离器中静置分层，排出下部污水回收甲醇，洗涤后聚合物中钒含量小于10μg/g(以干胶计)，灰分质量分数小于 0.1%，可通过提高水洗失活单元操作温度及压力降低胶液中的水含量。该技术具有水洗后聚合物中催化剂脱除彻底、产品色泽好的特点。

二、产品特性

EPR 成套技术可生产 20 余个牌号的 EPM、EPDM 及充油型 EPDM 产品，目前主要生产 EPDM。产品质量可与国外同类产品相媲美，已广泛应用于汽车工业、建筑工业、工业橡胶制品、电线电缆、塑料改性、轮胎工业、油品添加剂等领域[5]。

1. EPDM 特性

中国石油 EPDM 产品有两个系列：一个系列以 DCPD 作为第三单体；另一个系列以 ENB 作为第三单体。

EPDM1000 系列是 DCPD 型，EPDM2000 系列是 DCPD 和 ENB 的混合型，EPDM3000 系列和 EPDM4000 系列是 ENB 型。EPDM 产品硫化速率排序如下：EPDM4000 系列、EPDM3000 系列、EPDM2000 系列、EPDM1000 系列。因此，EPDM4000 系列产品最适合与硫化速率快的橡胶混合使用，如天然橡胶、SBR 和 BR；而 EPDM1000 系列产品适合与硫化速率低的 IIR 混合使用。

EPDM 系列中的 45 型号(1045、3045 和 4045)具有分子量低和分子量分布宽的特点，具有优异的挤出性能。牌号末位数为 1 的型号(1071、3091 和 4021)具有优良的格林强度，从而具有极佳的揉搓加工性能。牌号为 3062E 和 3072E 的产品属充油型 EPDM，在高填充情况下仍具有优良的物理性能。EPDM 的黏性与丁苯橡胶相似，并可通过加入 2~5 质量份烷基苯基树脂改善其黏性。

EPDM 系列中牌号末尾数为 0 的型号(1070、3070 和 4070)具有优良的强度特性。由于在主链中没有双键存在，EPDM 具有优越的抗臭氧和耐热老化性能及电性能。

2. EPM 特性

中国石油 EPM 产品按用途分为两大类：一类为树脂改性用弹性体，包括 P-0180、P-0280、P-0480、P-0680 四个牌号。产品为颗粒状，易于混合，向捏合机进料效率高；产品无色透明，对树脂颜色无不良影响；具有优良的耐热性，在 300℃下与树脂混合及捏合时，不会使其自身质量发生变化；具有优越的耐气候性，质量轻；具有优良的电性能、耐化学品性能及耐低温性能等。另外一类为 00 系列黏指剂，满足从非剪切稳定性产品到剪切稳定性产品整个产品范围的要求，能够根据客户的实际需求进行定制。产品按剪切稳定性、增稠能力分为 J-0010、J-0030、J-0050 及 X-0150 四个牌号。其中，J-0010 具有高剪切稳定性、低增稠能力的特点；J-0030 具有中剪切稳定性、中增稠能力的特点；J-0050 具有低剪切稳定性、高增稠能力的特点；而 X-0150 在具有高剪切稳定性的同时，具有优异的低温性能。

三、产品牌号与用途

截至 2020 年 12 月，中国石油现有 24 种 EPR 产品(表 6-1)。

表 6-1 中国石油 EPR 产品规格

项目	0045	1035	1045	1070	1071	X-2072	X-3012P
门尼黏度，$ML_{1+4}^{100℃}$	35~45	25~35	35~45				
门尼黏度，$ML_{1+4}^{125℃}$				42~52	43~53	41~51	
熔体流动速率(190℃)，g/10min							3~7
乙烯含量,%	50.6±2.5	55.7±2.5	55.7±2.5	55.3±2.5	56.9±2.5	56.9±2.5	75.0±2.5
丙烯含量,%	49.6±2.5	38.4±2.5	38.4±2.5	40.6±2.5	38.7±2.5	38.0±2.5	21.4±2.5
碘值，g/100g		12±2.5	12±2.5	10±2.5	11±2.5	6.5±2.5	10±2.5
DCPD 含量,%		3.7~5.9	3.7~5.9	3.0~5.2	3.3~5.5	1.3~2.9	
ENB 含量,%						2.0~4.0	2.6~4.6
密度，g/cm³	0.87	0.87	0.87	0.87	0.87	0.87	0.87
分子量分布	宽	宽	宽	窄	很窄	窄	窄
稳定剂+抗氧剂含量,%	0.20	0.20	0.20	0.20	0.20	0.07	0.07
氯捕集剂含量,%						0.1	0.1
挥发分,%	≤0.75	≤0.75	≤0.75	≤0.75	≤0.75	≤0.75	≤0.75
钒含量，μg/g	≤10	≤10	≤10	≤10	≤10	≤10	≤10
氯含量，μg/g	50	50	50	50	50	50	50
灰分,%	≤0.1	≤0.1	≤0.1	≤0.1	≤0.1	≤0.1	≤0.1
硫化时间(160℃)，min	30	30	30	30	30	30	30
格林强度，MPa		≥0.8	≥0.8		≥3.5		

续表

项目	0045	1035	1045	1070	1071	X-2072	X-3012P
200%定伸应力，MPa						≥5	≥4.9
300%定伸应力，MPa	≥1.8	≥6	≥7	≥6	≥8		≥7
拉伸强度，MPa	≥3.5	≥14	≥15	≥15	≥15	≥15	≥14.7
扯断伸长率，%	≥360	≥320	≥320	≥300	≥360	≥270	≥270
表面硬度（JISA）	59	61	61	57	66	63	63
电阻率，Ω·cm	10^{15}	10^{15}	10^{15}				
介电常数	3	3	3				
击穿电压，kV/mm	38	38	38				
介电损失角正切	5×10^{-3}	5×10^{-3}	5×10^{-3}				
颜色	浅黄色	浅黄色	浅黄色	浅黄色	浅黄色	浅黄色	浅黄色

项目	3045	3062E	3070	3072E	3090E	3091	X-3092P
门尼黏度，$ML_{1+4}^{100℃}$	40±5						
门尼黏度，$ML_{1+4}^{125℃}$		41±5	45±5	52±5	59±5	57±5	59±5
乙烯含量，%	54.1±2.5	71.0±2.5	55.8±2.5	69.2±2.5	56.0±2.5	59.4±2.5	70.2±2.5
丙烯含量，%	41.3±2.5	25.1±2.5	39.6±2.5	26.2±2.5	39.7±2.5	35.3±2.5	27.2±2.5
碘值，g/100g	13±2.5	11±2.5	13±2.5	13±2.5	12±2.5	15±2.5	7±2.5
ENB 含量，%	3.5~5.6	2.9~4.9	3.6~5.6	3.6~5.6	3.3~5.3	4.3~6.3	1.6~3.6
填充油，质量份		18~22		36~44	7~13		
密度，g/cm^3	0.86	0.87	0.86	0.87	0.87	0.87	0.87
分子量分布	宽	窄	窄	窄	窄	很宽	窄
稳定剂+抗氧剂含量，%	0.07	0.07	0.07	0.07	0.07	0.07	0.07
氯捕集剂含量，%	0.1	0.1	0.1	0.1	0.1	0.1	0.1
挥发分，%	0.75	0.75	0.75	0.75	0.75	0.75	0.75
钒含量，μg/g	≤10	≤10	≤10	≤10	≤10	≤10	≤10
氯含量，μg/g	200	200	200	200	200	200	200
灰分，%	≤0.1	≤0.1	≤0.1	≤0.1	≤0.1	≤0.1	≤0.1
硫化时间（160℃），min	30	20	30	30	20	30	20
格林强度，MPa	≥0.8					≥0.9	
200%定伸应力，MPa			≥4.5		≥3.5	≥4.5	
300%定伸应力，MPa	≥6	≥8		≥5.6			≥7
拉伸强度，MPa	≥14	≥14	≥14	≥14	≥13	≥11	≥13
扯断伸长率，%	≥360	≥300	≥290	≥350	≥270	≥270	≥350
表面硬度（JISA）	67	66	69	59	64	67	70
电阻率，Ω·cm	10^{15}						

续表

项目	3045	3062E	3070	3072E	3090E	3091	X-3092P
介电常数	3						
击穿电压，kV/mm	38						
介电损失角正切	5×10^{-3}						
颜色	浅黄绿色	浅黄绿色	浅黄绿色	浅黄绿色	浅黄绿色	浅黄绿色	浅黄绿色

项目	X-4010	4021	4045	4070	X-4075E	4095
门尼黏度，$ML_{1+4}^{100℃}$	5~11	19~29	40~50			
门尼黏度，$ML_{1+4}^{125℃}$				39~49	34~44	54~64
乙烯含量,%	58.5±2.5	49.8±2.5	52±2.5	53.9±2.5	52±2.5	52.3±2.5
丙烯含量,%	33.8±2.5	42.5±2.5	40.3±2.5	38.4±2.5	40.3±2.5	40±2.5
碘值，g/100g	22±2.5	22±2.5	22±2.5	22±2.5	22±2.5	22±2.5
ENB 含量,%	6.7~8.7	6.7~8.7	6.7~8.7	6.7~8.7	6.7~8.7	6.7~8.7
填充油，质量份					17~23	
密度，g/cm^3	0.87	0.87	0.87	0.87	0.87	0.87
分子量分布	窄	很宽	宽	窄	宽	宽
稳定剂+抗氧剂含量,%	0.14	0.14	0.14	0.14	0.14	0.14
氯捕集剂含量,%	0.2	0.2	0.2	0.2	0.2	0.2
挥发分,%	≤0.75	≤0.75	≤0.75	≤0.75	≤0.75	≤0.75
钒含量，μg/g	≤10	≤10	≤10	≤10	≤10	≤10
氯含量，μg/g	400	400	400	400	400	400
灰分,%	≤0.1	≤0.1	≤0.1	≤0.1	≤0.1	≤0.1
硫化时间(160℃)，min	20	30	30	30	30	20
格林强度，MPa					≥0.8	≥0.8
200%定伸应力，MPa	≥5			≥5		≥4
300%定伸应力，MPa		≥8	≥10		5	
拉伸强度，MPa	≥18	≥11	≥15	≥14	≥13	≥14
扯断伸长率,%	≥200	≥350	≥320	≥270	≥350	≥260
表面硬度(JISA)	65	67	67	68	68	68
电阻率，Ω·cm			10^{15}			
介电常数			3			
击穿电压，kV/mm			38			
介电损失角正切			5×10^{-3}			
颜色	浅黄绿色	浅黄绿色	浅黄绿色	浅黄绿色	浅黄绿色	浅黄绿色

项目	P-0180	P-0280	P-0480	P-0680
熔体流动速率(230℃)，g/10min	6.8~11.0	4.0~6.8	1.4~3.0	0.5~1.4
乙烯含量,%	76.6±2.5	76.6±2.5	76.6±2.5	76.6±2.5

续表

项目	P-0180	P-0280	P-0480	P-0680
丙烯含量,%	23.4±2.5	23.4±2.5	23.4±2.5	23.4±2.5
密度, g/cm^3	0.87	0.87	0.87	0.87
分子量分布	窄	窄	窄	窄
稳定剂+抗氧剂含量,%	0.03	0.03	0.03	0.03
挥发分,%	≤0.6	≤0.6	≤0.6	≤0.6
钒含量, μg/g	≤3	≤3	≤3	≤3
氯含量, μg/g	30	30	30	30
灰分,%	≤0.1	≤0.1	≤0.1	≤0.1
拉伸强度, MPa	≥15	≥15	≥20	≥35
扯断伸长率,%	≥700	≥700	≥600	≥500
表面硬度(JISA)	65	66	67	68
电阻率, Ω·cm	10^{17}	10^{17}	10^{17}	10^{17}
介电常数	2.3	2.3	2.3	2.3
击穿电压, kV/mm	48	48	48	48
介电损失角正切	2×10^4	2×10^4	2×10^4	2×10^4
颜色	无色或白色	无色或白色	无色或白色	无色或白色

中国石油新开发的 EPR 产品规格见表 6-2。

表 6-2 中国石油新开发 EPR 产品规格

项目	J-0080	J-0050	J-0030	J-0020	J-0010
门尼黏度, $ML_{1+4}^{100℃}$		50±5	30±5	16.5	10.5
门尼黏度, $ML_{1+4}^{125℃}$	65±5				
乙烯含量,%	49.3~54.3	49.3~54.3	47.8~52.8	48.1~53.1	48.1~53.1
丙烯含量,%	45.7~50.7	45.7~50.7	47.2~52.2	46.9~51.9	46.9~51.9
密度, g/cm^3	0.86	0.86	0.86	0.86	0.86
分子量分布	窄	窄	窄	窄	窄
挥发分,%	0.75	0.75	0.75	0.75	0.75
钒含量, μg/g	10	10	10	10	10
氯含量, μg/g					
灰分,%	0.1	0.1	0.1	0.1	0.1
项目	J-3080	J-4090	J-4080	J-2080	J-2070
门尼黏度, $ML_{1+4}^{100℃}$				48~58	
门尼黏度, $ML_{1+4}^{125℃}$	70±5	65±5	48~58		44±5

续表

项目	J-3080	J-4090	J-4080	J-2080	J-2070
熔体流动速率(190℃), g/10min	65.5~71.5			62.0~68.0	
乙烯含量,%		49.5~55.5	49.0~55.0		54.8~60.8
丙烯含量,%	24.5~30.5	36.8~42.8	37.3~43.3	32~36	37.3~43.3
碘值, g/100g	11±2.5	22±2.5	22±2.5	5±2.5	5±2.5
ENB 含量,%	3~5	6.7~8.7	6.7~8.7	1.0~3.0	0.9-2.9
稳定剂+抗氧剂含量,%	0.07	0.07	0.07	0.07	0.07
氯捕集剂含量,%	0.1	0.1	0.1	0.1	0.1
挥发分,%	≤0.75	≤0.75	≤0.75	≤0.75	≤0.75
钒含量, μg/g	10	10	10	10	10
灰分,%	≤0.1	≤0.1	≤0.1	≤0.1	≤0.1

截至2020年12月，中国石油EPR主要产品特性及用途见表6-3。

表6-3 中国石油EPR主要产品特性及用途

牌号	特性	用途
1035	挤出性良好	电线电缆，输送带
1045	挤出性良好	电线电缆，防水卷材，冷凝器帽和辊子
1070	物理性能良好	防水卷材
1071	加工性良好，格林强度高	轮胎
X-2072	加工性良好，挤出性良好	屋顶卷材
J-3045	硫化快，加工性好	柔性容器，海绵，汽车塞帽，电线电缆
J-3070	硫化快，物理性能优良	垫板，密封条，垫圈，软管，润滑油添加剂
J-3062E	硫化快，物理性能优良	汽车软水管，窗框，工业制品
J-3072E	格林强度高，硫化快，物理性能优良	汽车软水管，垫片，橡胶减振器，白胎侧，与二烯烃橡胶掺和使用
J-3080		密封条，TPV
X-3110		各种挤出制品
J-3090E	低温下柔韧性好，硫化快，物理性能优良	汽车软水管，密封圈，垫片
J-3091	格林强度高，硫化快，挤出性能优良	防雨条，建筑材料，缓冲垫之类的注塑件
X-3092P	抗冲击性能良好	树脂改性剂，汽车树脂保险杠
X-4010	硫化极快，流动性良好	模制海绵材料
J-4021	硫化极快，挤出性良好	海绵，电绝缘材料
J-4045	硫化极快，挤出性良好	海绵，电绝缘材料
J-4070	硫化极快，物理性能优良	白胎侧，海绵，软管，与二烯烃橡胶混合

续表

牌号	特性	用途
X-3012P	流动性好	高硬度制品
X-4075E	硫化极快，挤出性良好	海绵材料
J-4095	硫化极快，挤出性良好	海绵，与二烯烃橡胶混合
J-5105	硫化极快，挤出性良好	海绵，二烯烃橡胶的混合
P-0180	高流动性，高光泽性	烯烃树脂改性剂
P-0280	高流动性，高光泽性	烯烃树脂改性剂
P-0480	高抗冲击	烯烃树脂改性剂
P-0680	高抗冲击	烯烃树脂改性剂
J-0010		润滑油黏指剂
J-0030		润滑油黏指剂
J-0050		润滑油黏指剂，树脂改性剂
X-0150	耐低温	润滑油黏指剂

第三节　乙丙橡胶产品

中国石油具有完善的科研平台，拥有催化剂制备、模试装置、中试装置、后加工应用和分析检测全流程研发装置和仪器设备，具有与工业装置结合的优势，有多条 EPR 生产线，为新产品开发应用奠定了基础。近年来，中国石油开发出 EPM 和 EPDM 两个系列 15 个牌号新产品。本节对新开发的几个主要产品进行介绍。

一、三元乙丙橡胶 J-4045

钒系 EPR 聚合物因具有乙烯含量和门尼黏度范围广、优异的力学及加工性能等方面的优势，在 EPR 中仍占有举足轻重的地位[6-8]。

中国石油针对钒系催化剂存在共聚单体插入率偏低，催化剂活性衰减快、用量大，催化效率低，需脱除残留催化剂，控制钒含量等问题，进行了钒催化剂改性研究，筛选出合适的配体，合成出改性钒催化剂。利用该催化剂开发了 J-4045 产品。J-4045 用于加工洗衣机波纹管制品，厂家应用评价结果(表 6-4)表明，该产品加工性能良好，制品表面光滑，物性指标合格。

表 6-4　J-4045 厂家应用物性测试结果

项目	产品指标	测试值
硬度(邵尔 A)	55~65	61
拉伸强度，MPa	≥10	10.9
扯断伸长率，%	≥400	424

二、汽车海绵条 J-5105

中国石油开发了用于海绵密封条的J-5105新牌号，该产品具有硫化速率快、较高的门尼黏度、极高的ENB含量和适中偏低的乙烯含量等特点，能满足国内高档海绵密封条制品厂家的需求[9-10]。该产品先后在河北某汽配集团和贵州某密封件公司进行海绵密封条制品试生产，取得了很好的应用效果。分别选用汽车发动机机盖用海绵密封条、汽车门窗海绵密封条两种口型，挤出、硫化的J-5105海绵制品表面光滑，发泡良好，呈均匀闭孔。切割后断面无异常，制品外观符合要求，弹性良好，制品尺寸稳定，达到国外同类产品水平，可完全替代国外进口产品。J-5105性能指标见表6-5。

表 6-5　J-5105 性能指标

项目	J-5105	测试方法
ENB 含量,%	8.0~10.0	GB/T 21464—2008
乙烯含量,%	52~58	SH/T 1751—2005
分子量分布	2.5~3.5	GB/T 21864—2008
钒含量，μg/g	10	GB/T 6730.76—2017
挥发分,%	≤0.75	GB/T 6737—1997
灰分,%	≤0.1	GB/T 4498.1—2013
门尼黏度，$ML_{1+4}^{125℃}$	60~70	GB/T 1232.1—2016
拉伸强度，MPa	≥14.0	GB/T 528—2009
300%定伸应力，MPa	≥8.0	
扯断伸长率,%	≥300	

三、双峰分布乙丙橡胶

中国石油采用双釜并联掺混法开发了双峰EPR[11]。主要技术是采用双釜分别合成高分子量和低分子量EPR，按不同比例进行掺混。高分子量EPR具有高乙烯含量和低ENB含量的特点；低分子量EPR具有高丙烯含量和高ENB含量的特点。2013年，已在200t/a EPR装置上研发出具有双峰分布的EPR，合成的样品与V7500硫化胶各项指标对比见表6-6 。

表 6-6　中国石油双峰分布 EPR 与 V7500 物性测试对比

项目	V7500 指标	测试样品
生胶门尼黏度，$ML_{1+4}^{125℃}$	90±5	87.9
拉伸强度，MPa	≥10.0	19.0
300%定伸应力，MPa	≥8.0	14.1
伸长率,%	≥250	410

四、中压电线电缆用 J-3042

中国石油首次用钒-铝催化体系合成出可应用于中压电线电缆领域的 EPR J-3042，该产品具有较高乙烯含量、较低门尼黏度、中等 ENB 含量等特点，可广泛应用于低、中压电线电缆绝缘层，还应用于船舶电缆、车辆电缆、室外电缆护套等，在用于超高压引线、接线方面是其他橡胶不能代替的。随着中国电力工业、数据通信业、城市轨道交通业、汽车业以及造船等行业规模的不断扩大，对电线电缆的需求迅速增长，中国的电线电缆行业必将迎来新的商机和市场[12-13]。

J-3042 先后在江苏某船用电缆有限责任公司完成了应用试验，结果见表 6-7。J-3042 的加工成品完全可以应用于中压电线电缆绝缘层且性能优异。

表 6-7 J-3042 厂家应用评价数据

项目	测试结果	项目	测试结果
炼胶	良好	100%定伸应力，MPa	4
硫化(170℃)T_{90}，min	13.87	300%定伸应力，MPa	10
硬度(邵尔 A)	70	扯断永久变形,%	40
拉伸强度，MPa	10.7	击穿强度，kV/mm	31.5
扯断伸长率,%	336	电阻率，Ω·cm	2.2×10^{15}

五、润滑油黏指剂 X-0150

黏指剂作为高级润滑油中重要的添加剂，一直是研究的热点。目前，市场上的主流黏指剂是乙丙共聚型黏指剂(OCP)。OCP 增稠能力和剪切稳定性较好，但低温性能较差，因此在用于多级内燃机油中时，常常要向其中添加一些酯型降凝剂复合使用，以改善油品的低温性能[14-16]。

中国石油升级开发了润滑油黏指剂 X-0150，其在汽油机领域表现出良好的性能。通过序列结构设计及分子量调控，改善 EPR 的运动黏度及稠化能力，同时降低分子结构的支化程度，提高剪切稳定性，平衡了黏指剂低温性能与剪切性能之间的矛盾。生产工艺上创新使用了分子量均衡分布调控技术，实现了产品分子量分布均匀和产品性能指标稳定的目标。

中国石油兰州润滑油研究开发中心进行了 X-0150、J-0010 和 7067 全配方润滑油对比评价，采用国外降凝剂(V1-147 和 V1-368)，基于 CI-4 5W/30 配方，评价三种黏指剂的高温、低温性能，以及与降凝剂的配伍性。测试结果(表 6-8)表明，在低温动力黏度(-25℃)、低温泵送黏度(-35℃)、高温高剪切黏度、高温清净性以及与降凝剂的配伍性方面，X-0150 与 7067 基本相当，略优于 J-0010。

表 6-8　黏指剂在成品油中的应用结果

项目	J-0010		X-0150		7067	
	V1-147	V1-368	V1-147	V1-368	V1-147	V1-368
运动黏度(100℃), mm^2/s	11.62	11.62	11.49	11.53	11.54	11.62
低温动力黏度(-25℃), mPa·s	3080	3120	3150	3160	3170	3160
低温泵送黏度(-35℃), mPa·s	11000	10900	9300	9100	9000	9200
高温高剪切黏度, mPa·s	3.52	3.52	3.53	3.48	3.50	3.52
倾点,℃	-42	-42	-42	-45	-39	-39
高温清净性(板式成焦器), mg	356.6	475.8	437.2	225.2	488.5	413.9
高温沉积物质量, mg	44.5	47.1	41.3	41.4	38.8	39.6
热管氧化, 级	4.5	4.5	4.5	4.5	4.5	4.5

在山东某石油有限公司以 X-0150 为黏指剂，制备了 SM 5W30、SM 5W40、CH-4 20W50三个等级的汽柴油用润滑油，结果见表 6-9。

表 6-9　X-0150 制备润滑油性能测试结果

项目		CH-4 20W50	SM 5W30	SM 5W40
运动黏度, mm^2/s	100℃	20.36	11.14	13.95
	40℃	170.25	63.55	85.00
闪点,℃		252	220	225
低温动力黏度, mPa·s		5143①	4761②	5953②
高温高剪切黏度, mPa·s		4.92	3.19	3.78
倾点,℃		-21	-36	-36

① 测试温度为-15℃。
② 测试温度为-30℃。

对 SM 5W30 级别汽车用润滑油进行了 10000km 行车试验，试验条件如下：车型为哈弗 H9 (2.0T, 160kW)，路线为青州—四川—西藏—青海—青州，途经公路为川藏公路和青藏公路，海拔为 300~4000m，温度为-7~31℃，用时 28 天。润滑油黏度由出发前的 11.4mm^2/s 下降至完成行车试验后的 10.6mm^2/s，符合国家标准要求，可用于高级别润滑油。

参 考 文 献

[1] Cossee P. Ziegler-Natta catalysis I: Mechanism of polymerization of α-olefins with ziegler-natta catalysts [J]. Journal of Catalysis, 1964, 3(1): 80-88.
[2] 胡庆娟. 含给电子体的钒系催化剂催化乙烯/丙烯共聚合[D]. 长春：吉林大学，2016.
[3] 陈焕军. 乙丙橡胶新牌号技术开发及工业化研究[D]. 上海：上海师范大学，2016.
[4] 王春慧. 溶液法乙丙橡胶工艺特点及技术新进展[J]. 乙烯工业，2018，30(2)：1-5.
[5] 王倩，刘波. 三元乙丙橡胶应用市场分析及改性技术研究进展[J]. 化工管理，2020，4(10)：91-92.
[6] 张树，张志乾，吴一弦. 先进催化剂及其用于乙烯/丙烯配位共聚的研究进展[J]. 科学通报，2018，

63(34)：3530-3545.
[7] 叶秋阳，付梦翔，钟航，等．新型钒系催化剂用于乙丙橡胶的合成及特征[J]．合成橡胶工业，2020，43(1)：76.
[8] 任晓瑞．单茂钪催化合成功能化乙丙橡胶的研究[D]．大连：大连理工大学，2018.
[9] 王笑海，王雨晴，冯克新，等．高门尼、易加工密封条用乙丙共聚物的合成[J]．弹性体，2019，29(3)：56-59.
[10] 刘丽娟．两种乙丙橡胶在密封条应用中的性能[J]．弹性体，2019，29(3)：52-55.
[11] 徐宏彬，马达锋，梅利，等．乙丙橡胶的合成及其发展现状[J]．化工学报，2018，69(11)：4614-4624.
[12] 刘振国，郭志伟，郭兴田，等．中压电线电缆用乙丙橡胶J-2034P的制备及性能[J]．合成橡胶工业，2021，44(2)：101-105.
[13] 薛磊．三元乙丙橡胶复合材料的阻燃性能和陶瓷化性能研究[D]．天津：天津理工大学，2020.
[14] 张雪涛，张东恒，姚其风，等．几种黏度指数改进剂的增稠能力与剪切稳定性考察[J]．润滑油，2015，30(2)：31-35.
[15] 杨雨富，孙聚华，车浩，等．黏度指数改进剂对油品性能的影响[J]．弹性体，2018，28(3)：55-58.
[16] Li W. Hydrogenated styrene - isoprene - butadiene rubber：optimisation of hydrogenation conditions and performance evaluation as viscosity index improver[J]. Lubrication Science，2015，27(5)：279-296.

第七章　丁基橡胶

丁基橡胶(IIR)作为第四大合成橡胶胶种，是异丁烯和少量异戊二烯在低温下通过阳离子聚合制得的共聚物，可采用淤浆法或溶液法生产工艺制备。IIR具有突出的气密性和水密性、良好的化学稳定性和热稳定性，主要用于生产机动车轮胎内胎，此外，在密封材料、电绝缘材料及医用材料方面也有应用。中国石油在“十二五”“十三五”期间开展了IIR的研发工作，牵头国家重点研发计划“高性能合成橡胶产业化关键技术”项目，主要开展“星形支化IIR和硫化胶囊”研究，开发出自主合成的支化剂，实现了星形支化IIR的工业化。

第一节　聚合原理与工艺

一、聚合原理及特点

IIR分为普通IIR和卤化丁基橡胶(HIIR)。普通IIR为线性高分子化合物，结构如下所示，其分子链中异丁烯链节之间为头—尾连接，异戊二烯的加成方式主要为反式-1,4-加成，链节在主链上呈无规分布[1]。两个甲基的对称取代使IIR分子链为随意卷曲的无定形状态，但与天然橡胶一样，在拉伸时，IIR大分子间也会出现暂时的平行取向，形成结晶，因而有自补强作用。由于异戊二烯链节仅占主链的0.6%~3.0%，因此IIR分子链饱和度很高[2]。

$$\sim\left[CH_2-\overset{\displaystyle CH_3}{\underset{\displaystyle CH_3}{C}}\right]_n\sim\left[CH_2-\overset{\displaystyle CH_3}{C}=CH-CH_2\right]_m\sim\left[CH_2-\overset{\displaystyle CH_3}{\underset{\displaystyle CH_3}{C}}\right]_l\sim$$

1. 聚合原理

IIR的合成是典型的碳阳离子聚合过程。阳离子聚合是一种增长链活性端为阳离子的离子型聚合。阳离子可以是碳阳离子、氧鎓离子、硫鎓离子或铵离子等，通常所说的阳离子聚合指的是碳阳离子聚合。阳离子聚合反应是具有给电子取代基的烯烃类单体，在亲电试剂作用下，产生链引发，进而发生链增长、链转移和链终止的过程[3]。由于异丁烯分子两个甲基的超共轭效应，使得其双键具有很强的亲核性，在强质子酸引发剂的作用下易形成稳定的碳阳离子，且较小的空间位阻有利于链增长反应，使得异丁烯具有很高的反应活性，且聚合速率极快，导致单位时间放热量很大。因此，温度控制成了 IIR 聚合过程的关键，为了防止局部温度过高发生链转移，聚合反应需要在极低的温度下进行[4]。

1）链引发

1946 年，Evans 和 Plesch 等发现了异丁烯聚合的“共催化”现象，即只有在微量水或质子酸存在下，采用 Lewis 酸才能使异丁烯聚合，因此，长期将 Lewis 酸称为引发剂，水或质子酸称为共引发剂[5]。20 世纪 70 年代，Kennedy 根据实验结果提出，提供质子的水或质子酸应称为引发剂，而 Lewis 酸称为共引发剂。

IIR 聚合反应的共引发剂一般采用 $AlCl_3$，引发剂为水。由于 IIR 聚合溶剂为氯甲烷（MeCl），其中存在少量的 HCl，因此 HCl 和氯代烷也可以参与引发。引发剂和共引发剂发生反应，形成不稳定的络合物、紧密离子对和自由离子对。

离子对中的阳离子与亲核性强的异丁烯分子相互作用，形成带有叔碳原子的碳阳离子，从而实现单体链的引发。

$$\mathrm{(CH_3)_2C{=}CH_2 + H^+ \longrightarrow H_3C{-}C^+(CH_3)_2}$$

2）链增长

带有叔碳原子的碳阳离子与异丁烯分子相互作用，即发生链的增长。

$$\mathrm{H_3C{-}C^+(CH_3)_2 + H_2C{=}C(CH_3)_2 \longrightarrow H_3C{-}C(CH_3)_2{-}CH_2{-}C^+(CH_3)_2}$$

$$\mathrm{H_3C{-}C(CH_3)_2{-}CH_2{-}C^+(CH_3)_2 + \mathit{m}H_2C{=}C(CH_3)_2 \longrightarrow H_3C{-}C(CH_3)_2{+}CH_2{-}C(CH_3)_2{+}_{\mathit{m}}CH_2{-}C^+(CH_3)_2}$$

IIR 是异丁烯与少量异戊二烯的共聚物，其链增长可表示如下：

$$\mathrm{H_3C{-}C(CH_3)_2{-}CH_2{-}C^+(CH_3)_2 + \mathit{m}H_2C{=}C(CH_3)_2 + CH{=}C(CH_3){-}CH{=}CH_2 \longrightarrow}$$

$$\mathrm{H_3C{-}C(CH_3)_2{+}CH_2{-}C(H_3C)(CH_3){+}_{\mathit{m}}H_2C{-}C(CH_3){=}CH{-}CH_2{-}CH_2{-}C^+(CH_3)_2}$$

3）链终止和链转移

增长的 IIR 分子链与负离子分解物反应，致使增长链的末端生成不饱和双键而终止聚合反应。

$$H_3C-\underset{CH_3}{\overset{CH_3}{\underset{|}{\overset{|}{C}}}}\!\!\left[CH_2-\underset{CH_3}{\overset{CH_3}{\underset{|}{\overset{|}{C}}}}\right]_m\!\!CH_2-\underset{CH_3}{\overset{CH_3}{\underset{|}{\overset{|}{C^+}}}} + AlCl_3\cdot OH^- \longrightarrow$$

$$H_3C-\underset{CH_3}{\overset{CH_3}{\underset{|}{\overset{|}{C}}}}\!\!\left[CH_2-\underset{CH_3}{\overset{CH_3}{\underset{|}{\overset{|}{C}}}}\right]_m\!\!H_2C-\overset{CH_3}{\overset{|}{C}}=CH_2 + AlCl_3\cdot H_2O$$

此外，增长的 IIR 分子链也可以向单体分子转移，这使增长的分子链失去活性而终止，同时又产生新的碳阳离子，继续进行聚合反应。

2. 聚合特点

IIR 聚合具有以下特点：

（1）单体的分子结构决定了该种单体是否能顺利地进行碳阳离子反应。异丁烯分子的两个甲基由于超共轭效应而具有较强的供电性，致使分子中的双键有足够的亲核性，很容易进行碳阳离子聚合。异丁烯与质子反应形成的碳阳离子比较稳定，而且具有较小的空间位阻，有利于链增长的不断进行。

（2）异丁烯分子与质子氢反应生成碳阳离子的焓为-788.1kJ/mol，该碳阳离子与异丁烯单体反应的焓为-100.1kJ/mol，表明异丁烯及其碳阳离子具有很高的反应活性。

（3）由于异丁烯碳阳离子的高反应活性，也导致了它极易与系统中的亲核杂质发生副反应。因此，IIR 聚合的原材料和系统均要求高纯度。

（4）异丁烯碳阳离子由于其聚合反应速率常数为 1×10^5L/(mol · s)，可在瞬间发生爆炸式反应。异丁烯聚合反应是放热过程，反应热为 53.4kJ/mol。由于反应速率快，单位时间反应热非常集中，因此 IIR 聚合过程通常采用淤浆法和特殊的反应器，以便有效地控制反应温度。

（5）为了得到高分子量的聚合物，必须在低温下聚合。在碳阳离子反应中，聚合产物的平均聚合度与反应温度之间的关系可由 Arrehnius 方程来表述：

$$DP_n = Ae^{-E_{DP}/RT} \tag{7-1}$$

$$E_{DP} = E_P - (E_t + E_{tr}) \tag{7-2}$$

式中 DP_n——聚合度；

A——指前因子；

E_{DP}——聚合度活化能，J/mol；

T——热力学温度，K；

R——气体常数，8.314J/(mol·K)；

E_P——链增长活化能，J/mol；

E_t——链终止活化能，J/mol；

E_{tr}——链转移活化能，J/mol。

一般情况下 E_{DP} 小于 0，因此降低温度有利于合成高分子量的聚合物。异丁烯与异戊二烯(体积比为 92：8)采用 $H_2O/AlCl_3$ 引发体系共聚合时，聚合物分子量与聚合温度的关系见表 7-1。

表 7-1　聚合温度对聚合物分子量的影响

聚合温度,℃	黏均分子量	结合异戊二烯含量,%(质量分数)
-30	30000	2.8
-78	149000	3.2
-100	257000	3.3
-125	487000	3.4

(6) 单体异丁烯与少量异戊二烯共聚合反应遵循一般的共聚合方程：

$$\frac{d[M_1]}{d[M_2]}=\frac{[M_1]}{[M_2]}\cdot\frac{r_1[M_1]+[M_2]}{r_2[M_2]+[M_1]} \tag{7-3}$$

式中　$[M_1]$，$[M_2]$——单体异丁烯和异戊二烯的浓度，mol/L；

r_1，r_2——异丁烯和异戊二烯两种单体的竞聚率。

在温度为-100℃下，以 $H_2O/AlCl_3$ 为引发体系共聚时，测得异丁烯和异戊二烯的 r_1 与 r_2 分别为 2.5±0.5 和 0.4±0.1。由于异丁烯的竞聚率远大于异戊二烯的竞聚率，聚合反应初期异戊二烯的结合量有限，分子链的不饱和度增长缓慢。当聚合转化率大于 70%以后，不饱和度明显上升。

(7) 异丁烯和异戊二烯共聚合反应使用强极性的氯甲烷为溶剂。氯甲烷的凝固点为-97.7℃。在低温聚合的条件下，氯甲烷能较好地与单体、一定浓度的引发剂混溶，但是不溶解聚合反应生成的橡胶细小颗粒，聚合系统呈淤浆态。这样的淤浆液黏度低、热阻小，易于在反应器内强制循环，迅速导出反应热，确保聚合物具有理想的分子量及其分布。

二、聚合工艺

普通 IIR 的生产方法主要有淤浆法和溶液法两种。

1. 淤浆法生产工艺

淤浆法 IIR 的生产工艺过程主要包括聚合、闪蒸脱气、回收循环、后处理以及清釜 5 个工序。

1）聚合

（1）原料精制。

将异戊二烯贮槽中精制的异戊二烯间断送至异戊二烯蒸馏釜，除去阻聚剂的异戊二烯气体经冷凝、分水后流入异戊二烯混料槽，在此与送来的回收异戊二烯混合，混合后的异戊二烯送至异戊二烯干燥器进行精制，精制后的异戊二烯流入精异戊二烯贮槽。将氯甲烷贮槽中的新鲜氯甲烷送至氯甲烷干燥器进行精制，精制后的氯甲烷流入精氯甲烷槽，再送至氯甲烷中间槽。以上装置内各干燥器的再生是将压缩氮气通过加热炉加热至300℃后进行。

（2）催化剂配制。

聚合过程需要使用Friedel-Crafts催化剂，如$AlCl_3$、$TiCl_4$、BF_3或$Al(C_2H_5)_2Cl$。为提高催化剂效率，很多情况下都需要利用助催化剂引发聚合。催化剂配制工艺流程如图7-1所示。

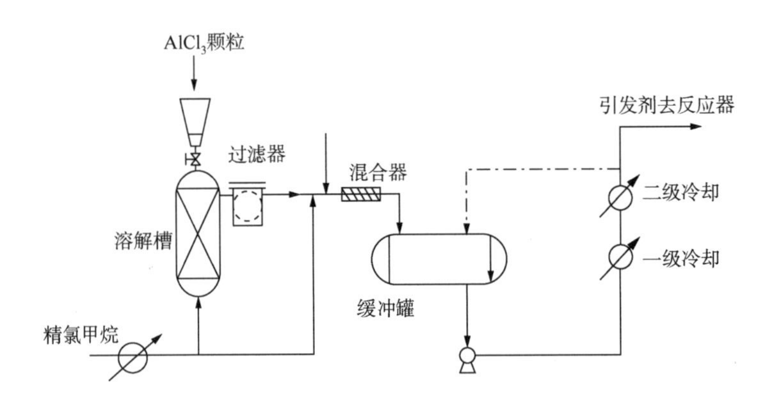

图7-1　催化剂配制工艺流程示意图

（3）聚合反应。

在用丙烯作冷却剂的带夹套的配制槽内，将精制的异丁烯、异戊二烯单体（异丁烯质量分数为97%~98%，异戊二烯质量分数为1.4%~4.5%）以及25%的氯甲烷配制成混合溶液，同时将催化剂级的无水粒状$AlCl_3$加入配制的氯甲烷混合溶液中搅匀。单体溶液和催化剂溶液分别经丙烯和乙烯冷却至-100℃后送入聚合反应釜，经搅拌接触，单体在形成的阳离子$AlCl_3$-MeCl催化剂体系下发生聚合反应。反应是在足够低的温度（低于-90℃）下进行的，不到1s便完成。反应热由通入反应釜内冷却列管的液态乙烯带出。

2）闪蒸脱气

闪蒸是在常压和70℃下进行的，向闪蒸槽中加入热水和蒸汽将未转化的单体和溶剂蒸出，经闪蒸气水冷器和闪蒸气后冷器，最终冷却至10℃后去氯甲烷缓冲槽，经闪蒸后的胶粒水送至真空脱气槽。

真空脱气是在0.05MPa（绝）和70℃下进行的，将残存氯甲烷、单体脱出，经真空分凝器、真空泵和水封槽后进入闪蒸气后冷器，经脱气后的胶粒水送至胶粒水槽，然后用胶粒水泵送至胶粒水缓冲槽。

3）回收循环

从闪蒸塔及真空脱气塔顶出来的未反应的单体和氯甲烷气体经冷却除水，压缩冷却再脱水后，经中性氧化铝或沸石分子筛干燥精制送入回收精馏塔。

4）后处理

胶粒水经胶粒水缓冲槽，溢流至振动筛，热水流入热水循环槽，然后送至闪蒸槽和真空脱气槽，含水50%的湿橡胶经挤压脱水机、膨胀干燥机、螺旋提升机、自动秤、压块机、运输机、金属检测器、薄膜包装机、纸袋包装机进入皮带运输机，最后送至橡胶成品仓库，不合格橡胶经卸块机卸出。

5）清釜

由于聚合过程催化剂分布不均匀，热量集中会造成局部过热或单体中有害物质的存在形成低聚物，附集在反应釜内壁上形成黏结挂胶，因此必须周期性清釜。清理挂胶一般采用溶剂法。

2. *溶液法生产工艺*

溶液法的技术特征是采用烷基氯化铝与水的络合物为引发剂，以异戊烷与氯乙烷作溶剂，异丁烯和少量异戊二烯于-90～-70℃下进行共聚合[5]。

聚合工艺条件如下：送往聚合的混合物料中，异丁烯的质量分数为50%～60%，异戊二烯的质量分数为1.3%～1.7%，进料温度控制在-105～-100℃。烷基氯化铝的配制质量浓度为3～6g/m^3，进料温度为-80～-75℃。聚合反应温度为-80～-70℃，不能高于-60℃；聚合反应压力由系统压降而定。

溶液法生产IIR有引发剂体系及混合配料的配制、冷却，聚合，胶液掺混、脱气和汽提，溶剂及未反应单体的回收精制和橡胶的后处理等主要工艺过程以及制冷、反应器清洗、添加剂配制等辅助过程。

符合质量要求的新鲜异丁烯、异戊二烯以及经回收精制处理后的溶剂(含一定量异丁烯)按一定比例配制成混合物料，供各生产线使用。

混合物料经水冷、丙烯(丙烷)冷却，与反应器溢流出的低温胶液热交换，再经乙烯冷却降温到规定温度，从底部进入反应器。按一定浓度要求和一定配比条件配制的引发剂溶液经冷却降温后，也从底部进入反应器，引发聚合反应。

聚合采用单反应器连续聚合方式，单体单程转化率为20%～30%。聚合料液溢流出反应器后，立即在管道加入终止剂终止反应，进入混胶罐。在混胶罐中，对不同聚合生产线的胶液进行掺混，以保证橡胶质量的均一。

胶液加入添加剂后进入脱气釜、汽提塔，在一定工艺条件下脱气、汽提，脱除溶剂和未反应的单体，橡胶则形成一定粒度的胶粒分散在热水中。

胶粒与输送水进入浓缩缓冲槽，送后处理系统脱水干燥；水返回脱气釜循环使用，多余的则排出系统。后处理工艺与淤浆法IIR相同。

脱气釜、汽提塔顶脱出的溶剂和未反应单体气体先经循环水冷却，分离冷凝水，再经压缩机压缩。升压后的气体经水洗塔水洗去除水溶性杂质，共沸蒸馏脱除水分，精馏分离除去重组分，实现溶剂和部分单体的循环使用。冷凝水与水洗塔排出的水同去甲醇塔脱除甲醇，水返回水洗塔使用，或排至污水系统处理。

溶液法生产工艺流程与淤浆法类似，其不同之处在于由于溶剂中含有非极性的烷烃，聚合产物为胶液，当单体转化率较高时，会导致体系黏度过大，使得传热传质受阻，因此需要控制胶液中聚合物的浓度，这就限制了 IIR 的生产能力。

与淤浆法相比，溶液法仍有不少优势。例如，可以在相对较高的温度下反应，降低了能耗；减少了氯甲院的使用，对环境污染较小；聚合反应速率较慢，反应更易控制：减少了挂胶现象，延长了连续生产周期；可以将 IIR 胶液直接卤化，节省了工艺步骤。目前，世界上仅俄罗斯的一家工厂采用溶液法生产 IIR。

淤浆法与溶液法两种生产技术，由于工艺及设备配置的差别，所用原料及动力消耗指标也不相同，具体情况见表 7-2。两种工艺的技术经济指标见表 7-3。

表 7-2　溶液法和淤浆法原料动力消耗对比

项目		淤浆法	溶液法
原料消耗，kg/t	异丁烯(100%)	1014~1021	1200
	异戊二烯(100%)	27~30	45
	乙烯	1~4	25
	丙烯(丙烷、氨)	0.5~7.0	25
	氯甲烷	6~20	
	三氯化铝	0.7~1.0	
	异戊烷和氯乙烷		107
动力消耗	蒸汽，t/t	3.5~6.5	6.0
	电，kW·h/t	1700~2200	4000
	循环水，t/t	650~800	1900

表 7-3　溶液法和淤浆法技术经济指标对比

项目	淤浆法	溶液法
异丁烯转化率,%	80~90	20~30
反应液中聚合物含量,%(质量分数)	24~27	10
反应器生产能力，t/(m^3·h)	0.2~0.5	0.1
反应器运转周期，h	40~60	500
原料及动力消耗	较低	较高
反应器清洗工艺	简单	复杂
内胎级产品质量	好	稍差

第二节 溴化异丁烯-对甲基苯乙烯聚合物技术

中国石油通过对国内外IIR不同生产技术的装置规模、投资、技术经济指标以及专利技术等方面的分析，明确重点开发溴化异丁烯-对甲基苯乙烯聚合物(BIMS)和星形支化IIR。在“十三五”期间，中国石油研究开发了BIMS。

一、BIMS分子结构及特征

BIMS是由对甲基苯乙烯与异丁烯在低温下通过阳离子聚合得到异丁烯-对甲基苯乙烯聚合物(PMS)，再通过溴化改性而制得。BIMS弹性体是完全饱和的三元共聚物，主链是异丁烯，侧链是PMS和溴化对甲基苯乙烯(苄基溴，Br-PMS)，即在聚合后的自由基溴化过程中，部分PMS基团转化成可硫化和功能化的苄基溴[6]。BIMS结构式如下：

$$\sim CH_2-\underset{CH_3}{\overset{CH_3}{C}}-CH_2-\underset{C_6H_4CH_2Br}{CH}-CH_2-CH_2-\underset{CH_3}{\overset{CH_3}{C}}\sim CH_2-\underset{C_6H_4CH_3}{CH}\sim$$

CH_2Br (Br-PMS)　　　　CH_3 (PMS)

与HIIR相比，BIMS弹性体的气密性、耐热老化性、耐臭氧性、动态性能、黏合性能、硫化特性以及与通用二烯烃橡胶的相容性更佳。BIMS弹性体的玻璃化转变温度介于聚异丁烯和聚苯乙烯之间，其值取决于单体投料比。BIMS弹性体具有聚异丁烯的性能，较低的使用温度，独特的动态回弹性，抗臭氧性类似EPR。BIMS中的苄基溴结构单元既可以和多种亲核试剂或基团反应，制备功能聚合物或接枝聚合物，也可以作为预聚体，制备离子交联聚合物、接枝聚合物和辐射交联聚合物。

BIMS弹性体的气密性及阻尼性能与传统IIR类似，但其耐热老化性能比传统溴化丁基橡胶好，用于内衬时可进一步改善耐曲挠、龟裂增长性能。此外，BIMS弹性体和其他一些通用橡胶及热塑性弹性体的相容性得到改善，拓宽了其在胎面、胎侧、胎体以及非胎橡胶制品中作为改性组分的应用领域。再者，由于BIMS分子中含有苄基溴官能团，易于和各种亲核试剂发生取代反应，引入具有一定功能的官能团(如酯基、羧基、硅烷基、氨基等)，可用于黏合剂、增容剂等特殊领域。BIMS还可借此反应与聚苯乙烯制取呈二相结构的接枝嵌段共聚物，这种热塑性弹性体具有独特的剪切—黏度效应，在低剪切力作用下可快速稠化，而在高剪切力作用下则呈现较低黏度，因而具有较好的加工性能。

二、PMS制备工艺

“十二五”和“十三五”期间，中国石油兰州化工研究中心与北京石油化工学院合作，开展离子液体介质中异丁烯共聚甲基苯乙烯弹性体制备小试及淤浆法异丁烯-对甲基苯乙烯技术研究工作。

1. 离子液体中制备 PMS

在反应温度为-35℃的条件下，研究了异丁烯(IB)、*p*-甲基苯乙烯(*p*-MeSt)在离子液体介质中的共聚行为，结果列于表 7-4。从表中可以看出，随着 IB 摩尔分数增大，共聚物分子量降低，分子量分布变窄，产率也略有降低。

表 7-4　单体加料比对共聚合的影响

序号	*n*(IB)：*n*(*p*-MeSt)（物质的量比）	IB 含量,%（摩尔分数）	数均分子量	重均分子量	峰位分子量	分子量分布指数	产率,%
1	0：100	0	5148	10841	7770	2.10	62.90
2	10：90	13.04	2085	3273	2592	1.57	87.70
3	20：80	20.63	1898	2770	2342	1.46	66.89
4	30：70	25.65	1416	1974	1617	1.39	91.23
5	40：60	31.27	1157	1492	1283	1.29	68.25
6	50：50	33.11	1057	1319	1139	1.25	63.41
7	60：40	38.65	950	1148	1003	1.21	41.01

注：设计共聚物分子量为 20000，*n*(IB)：*n*(p-MeSt)为 1：1(物质的量比)，*n*(引发剂)：*n*(共聚单体)为 1：18(物质的量比)，反应时间为 1h。

图 7-2 为不同单体加料比时共聚物的凝胶渗透色谱(GPC)和差示扫描量热(DSC)谱图。可见，GPC 曲线呈单峰分布，DSC 中聚合产物都仅有一个玻璃化转变温度值，且随着 IB 含量的增加，玻璃化转变温度值逐渐降低，表明异丁烯和对甲基苯乙烯的共聚物为无规产物。

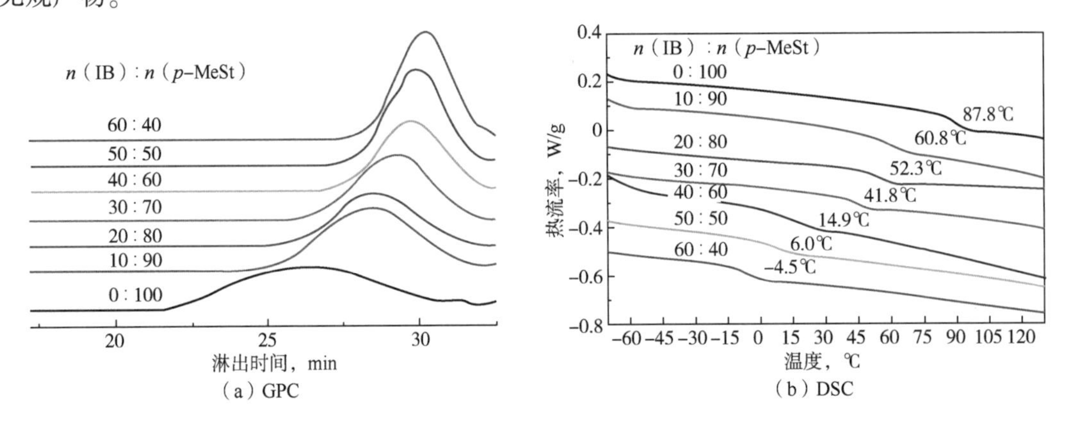

图 7-2　不同单体加料比时共聚物的 GPC 和 DSC 谱图

对共聚物进行核磁共振氢谱表征，如图 7-3 所示。图中峰值为 0.8~1.2 处代表 IB 的两个甲基氢质子峰，峰值为 6.2~7.0 处代表对甲基苯乙烯苯环氢质子峰，表明产物为异丁烯和对甲基苯乙烯两种聚合单体共聚的产品。

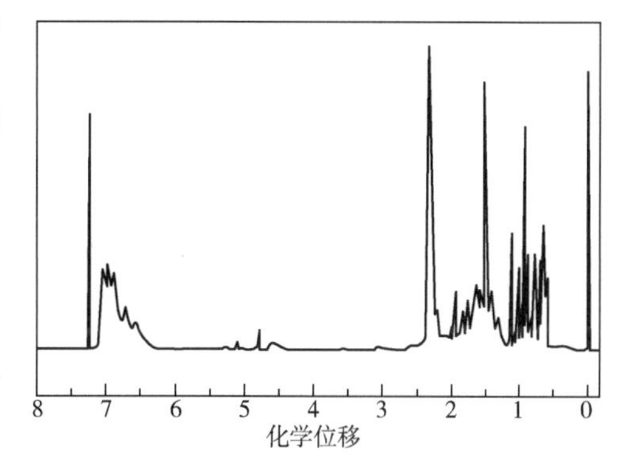

图 7-3 PMS 的核磁共振氢谱图

2. 传统溶剂中制备 PMS

在传统溶剂中，考察了单体浓度、引发剂铝水比、反应温度和聚合时间等对 PMS 分子量及其分布的影响，结果分别见表 7-5、表 7-6、图 7-4、图 7-5 和图 7-6。

从表 7-5 中可以看出，单体浓度直接决定着聚合能力与产率。

表 7-5 单体浓度对共聚物的影响

序号	单体质量分数,%	数均分子量	分子量分布指数	产率,%
1	18	221.8	1.6	68
2	20	293.3	1.8	80
3	25	342.6	1.7	88
4	28	314.5	2.2	89
5	36	301.4	2.3	89

注：反应温度为-80℃，二氯甲烷水含量为 1350μg/g，Al 浓度为 4.7mmol/L，引发剂铝水比为 18，PMS 质量分数为 10%，搅拌转速为 100r/min，氯甲烷和己烷质量比为 5∶5。

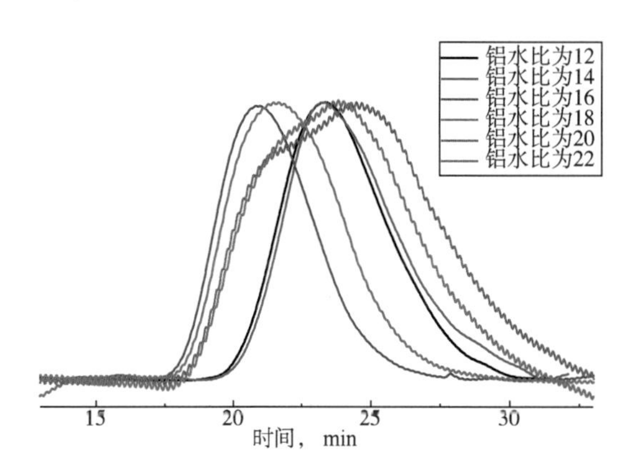

图 7-4 不同铝水比下 PMS 的 SEC 谱图

通过铝水比控制引发剂体系的活性和活性中心的稳定性，实现活性控制聚合，提高聚合物分子量。图 7-4 为不同铝水比下 PMS 的 SEC 谱图。

阳离子聚合反应的特点是低温高速，这是因为阳离子聚合活化能接近 0 或者是负值，在越低的温度条件下，聚合速率越快；此外，阳离子聚合链转移活化能大于链增长活化能，温度对聚合链转移反应影响较大，较低的温度可以抑制链转移反应。在溶液法合成中，活性中心末端自由度较高，链终止的主要方式是向单体发生的链转移反应，产生休眠种，因此控制聚合温度就可以控制链转移副反应的发生。表 7-6 中列出了反应温度对共聚物的影响情况。

表 7-6　反应温度对共聚物的影响

序号	反应温度,℃	数均分子量	分子量分布指数	产率,%
1	-50	37.6	1.43	93.5
2	-60	92.3	1.51	89.0
3	-70	133.4	1.55	54.0
4	-80	151.4	1.38	53.0
5	-90	192.5	1.28	59.0

注：单体质量分数为25%，二氯甲烷水含量为1450μg/g，Al浓度为4.2mmol/L，引发剂铝水比为16，PMS质量分数为6.1%，搅拌转速为100r/min，氯甲烷和己烷质量比为6：4，反应时间为30min。

异丁烯与对甲基苯乙烯是两种结构不同的单体，在聚合物中的不同含量决定了聚合物的性能。异丁烯结构单元含量决定聚合物材料的气密性和高阻尼性，对甲基苯乙烯结构单元含量则决定热加工性与力学性能。通过控制单体加料比来控制聚合物中不同单体单元的含量。

图7-5为PMS的DSC谱图。从图中可以看出，共聚物的DSC曲线中只有一个玻璃化转变温度，表明为无规共聚物，并且随着对甲基苯乙烯结构单元含量增加，共聚物玻璃化转变温度逐渐增大，且当对甲基苯乙烯结构单元质量分数在10%时，共聚物玻璃化转变温度升至-42.7℃，其材料性质由橡胶逐渐向热塑性弹性体转变。

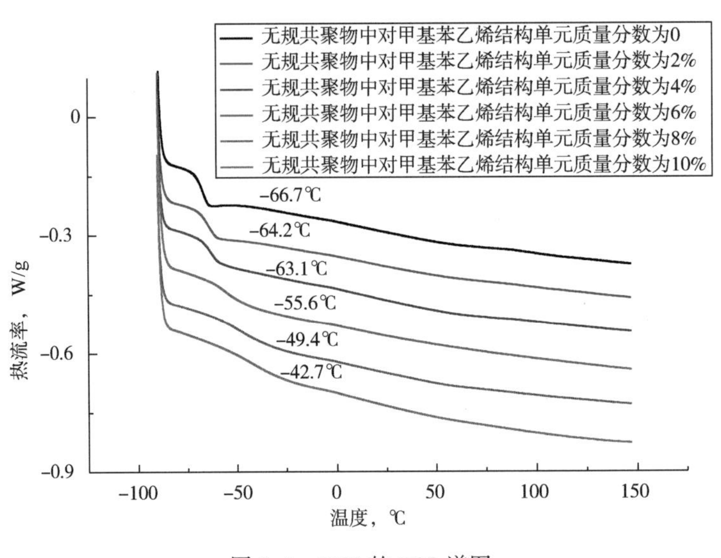

图7-5　PMS的DSC谱图

图7-6显示了搅拌速度对共聚物分子量及其分布的影响情况。从图中可以看出，在搅拌转速较低的条件下，聚合反应过程分散性较差，共聚物分子量较低，分子量分布较宽；随着搅拌转速增大，共聚物分子量明显增加且分子量分布变窄；在搅拌转速高达160r/min时，链转移副反应较多，共聚物分子量下降且分子量分布变宽。搅拌转速为120~140r/min较适宜。

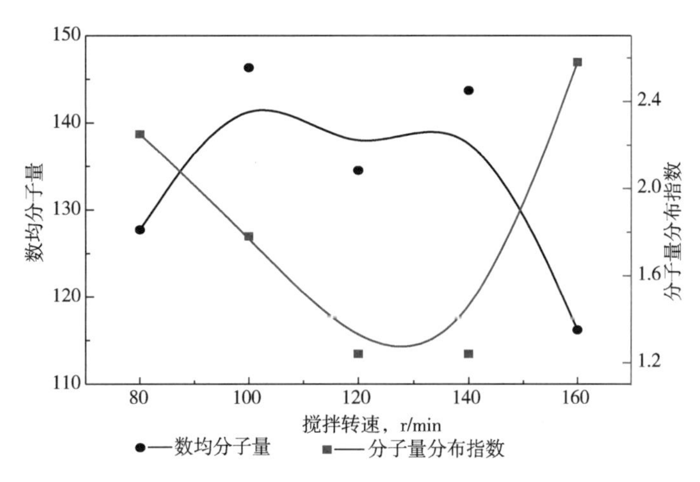

图 7-6　搅拌速度对共聚物分子量及其分布的影响

三、PMS 的溴化

PMS 无规共聚物的溴化属于自由基溴化机理，溴自由基进攻苯环对位甲基，取代对位甲基上的一个氢，形成具有活性稳定的苄基溴官能团。溴化 PMS 无规共聚物(BIMS)可以通过苄基溴官能团作为交联点发生硫化交联反应，也可以与酯、醇、羧酸、腈、季铵盐、季磷盐、二硫代氨基甲酸酯、硫醇等反应改性，形成含有多种结构单元的异丁烯基聚合物[7]。

1. 光照溴化

在光照条件下，溴分子见光分解为溴自由基，溴自由基取代苯环对位甲基的氢，生成苄基溴官能团。

$$Br_2 \xrightarrow{\text{光照}} Br\cdot + Br\cdot$$

$$Br\cdot + \sim\sim H_2C{-}CH\sim\sim(C_6H_4{-}CH_3) \longrightarrow \sim\sim H_2C{-}CH\sim\sim(C_6H_4{-}CH_2Br)$$

将 PMS 无规共聚物用溶剂已烷溶解配制成一定浓度的胶液，液溴配制成稳定的溴溶液。在避光条件下，将溴溶液加入胶液，在一定的搅拌速度下，采用碘钨灯照射反应釜完成溴化。加入氢氧化钠溶液中和溴化副产物氢溴酸和未反应的液溴，用大量去离子水将胶液洗至中性，加入环氧大豆油，产物闪蒸除去已烷溶剂，45℃下真空干燥至质量恒定[6]。

对 BIMS 进行结构分析，主要通过核磁共振氢谱来确定其中苄基溴结构单元与对甲基苯乙烯结构单元的数量比。图 7-7 为 BIMS 的核磁共振氢谱图(a、b、c、d 分别代表相应位置氢的积分面积)，通过核磁共振氢谱图峰面积，根据式(7-4)计算聚合物中苄基溴的含量 X:

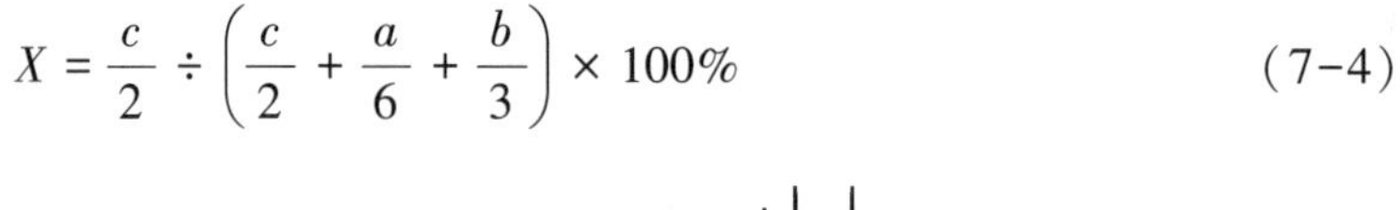

$$X = \frac{c}{2} \div \left(\frac{c}{2} + \frac{a}{6} + \frac{b}{3}\right) \times 100\% \tag{7-4}$$

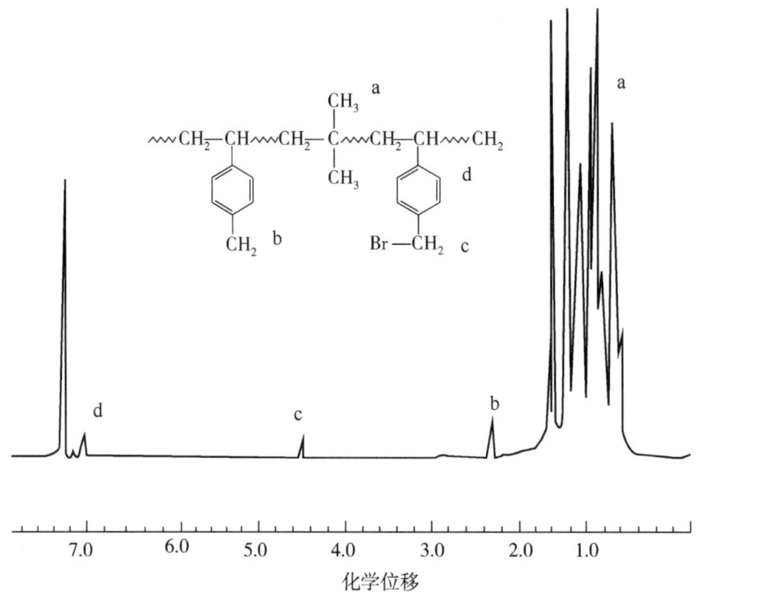

图 7-7　BIMS 的核磁共振氢谱图

表 7-7 中列出了 BIMS 的核磁共振氢谱特征峰归属情况。

表 7-7　BIMS 的核磁氢谱特征峰归属

特征基团	峰号	化学位移
异丁烯侧甲基	a	1. 1
苯环对位甲基	b	2. 3
苄基溴	c	4. 5
苯环	d	7. 0~7. 1

此外，还可以通过氧弹燃烧电位滴定法测试橡胶中溴元素的含量，间接判断 BIMS 中苄基溴的含量。

表 7-8 中列出了溴含量对溴化反应的影响情况。从表中可以看出，随着溴含量的增加，BIMS 无规共聚物中苄基溴含量也在明显增加。苄基溴含量根据测试方法的不同，数值也不相同，这是由于氧弹燃烧电位滴定法测试是针对准确测量橡胶中溴元素含量，测试值显示的是橡胶中含有的全部溴元素，不只含有苄基溴成分，还含有 HBr、NaBr 等溴元素成分，因此氧弹燃烧电位滴定法测试值比核磁共振氢谱测试值偏高。实验计算主要以核磁共振氢谱测试值为准，氧弹燃烧电位滴定法测试值可作参考。在溴含量为 1. 9%(质量分数)时，聚合物中苄基溴含量(核磁共振氢谱测定)已达 1. 26%(摩尔分数)。

表 7-8　溴含量对溴化反应的影响

序号	溴含量 %(质量分数)	苄基溴含量(核磁共振氢谱测定) %(摩尔分数)	PMS 转化率,% (摩尔分数)	苄基溴含量(氧弹燃烧电位滴定法测定),%(摩尔分数)
1	1.1	0.80~1.26	26~42	1.4
2	1.5	1.10~1.50	36~50	1.8
3	1.9	1.26~1.50	42~52	2.1
4	2.3	2.20~2.30	76~83	2.8

注：反应温度为 30℃，PMS 摩尔分数为 3%。

图 7-8 显示了溴含量与苄基溴含量的关系曲线。从图中可以看出，随着溴含量的增加，苄基溴摩尔分数逐渐增加，并趋于稳定。在溴含量为 1.1%(质量分数)时，苄基溴产率波动较大，可能是因为溴分子见光大量分解速率大于自由基取代反应速率所致。在溴含量为 1.9%(质量分数)时，BIMS 无规共聚物性能基本稳定。

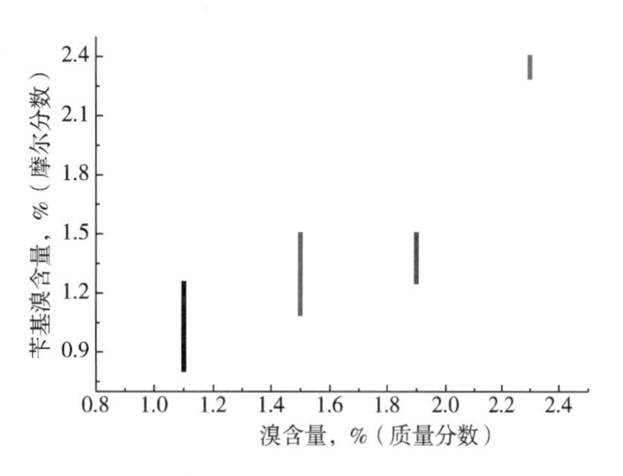

图 7-8　溴含量与苄基溴含量的关系曲线

2. 引发剂溴化

在自由基引发剂条件下，溴分子分解为溴自由基，取代苯环对位甲基氢，获得苄基溴。

传统工业上用己烷作为溶剂，用偶氮二异庚氰(ABVN)作为引发剂。胶液加入避光溴化釜，升温至 55℃，加入自由基引发剂溶液和溴溶液，引发溴化反应。30~60min 后加入氢氧化钠溶液中和副产物氢溴酸和未反应的溴，用去离子水将胶液洗至中性，加入环氧大豆油，产物闪蒸除去溶剂与未反应单体，45℃下真空干燥至质量恒定。

四、BIMS 的硫化

与大多数橡胶类似，BIMS 橡胶材料需经过硫化加工才可具备良好的力学性能，但 BIMS 橡胶与 IIR 不同，其硫化是苄基溴官能团发生傅克烷基化反应生成稳定的 C—C 键，硫化反应具有硫化速率慢、防焦烧性好、硫化交联密度较高、热稳定性好等特点[8]。BIMS 硫化橡胶的各项性能均优于传统 IIR，其作为气密层时，仅需 BIIR 气密层厚度的 1/10，明显减轻了轮胎的质量，节约了橡胶原材料，减少了橡胶固体废物的排放。BIMS 具有优异的低渗透性，比现有 HIIR 的渗透性低 7~10 倍，因此 BIMS 最大的特点是能提高轮胎的充气压力保持率(IPR)。BIMS 橡胶在作为胎面胶使用时，除了具有优良的阻尼性、耐候性，还可改善轮胎的动态性能，提高抗湿滑性能并且降低滚动阻力，有效解决了长期以来困扰轮胎行业的“魔鬼三角”问题[9]。BIMS 的硫化反应式如下(R 基团有两种，溴化后为—CH_2Br，未溴化为—CH_3)：

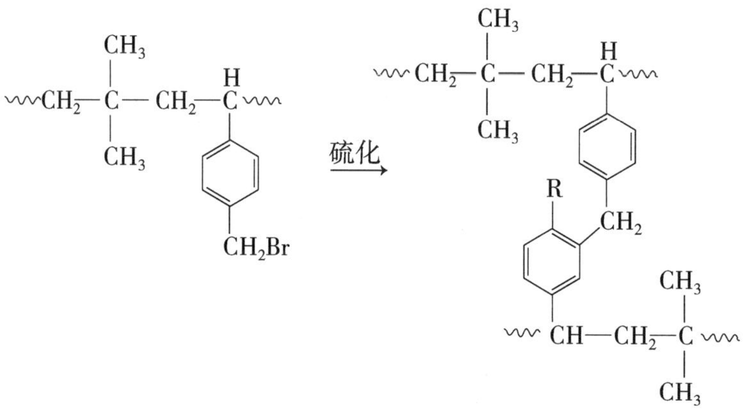

CH3 H CH2—C—CH2—C CH3 CH2Br 硫化 CH3 H CH2—C—CH2—C CH3 R CH2 CH3 CH—CH2—C CH3

1. 热可逆交联橡胶配方设计

BIMS 的苄基溴官能团可以在较低的温度条件下与叔胺盐发生季铵化反应，生成对应的季铵盐，并且在较高的温度条件下，生成的季铵盐会发生逆反应，重新分解成叔胺盐与卤化橡胶。BIMS 热可逆交联热塑性弹性体就是利用这个反应特点所制备的[10]，反应式如下：

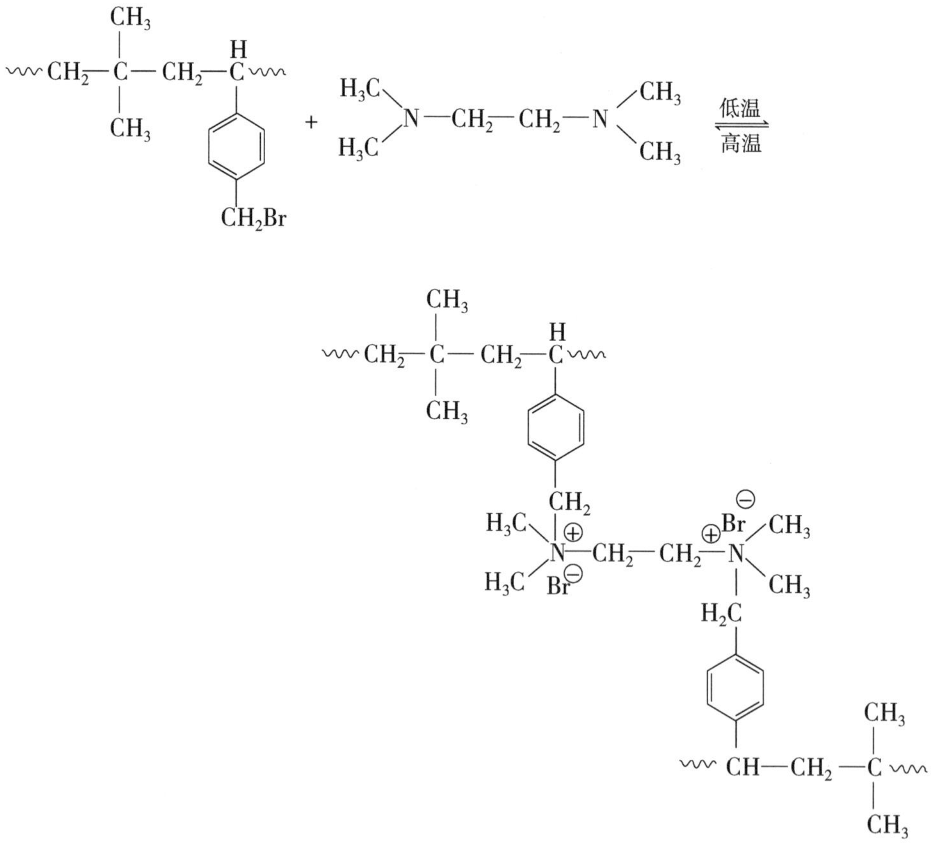

CH3 H CH2—C—CH2—C CH3 CH2Br + H3C H3C N—CH2—CH2—N CH3 CH3 低温 高温

CH3 H CH2—C—CH2—C CH3 CH2 H3C ⊕ N—CH2—CH2—N H3C Br⊖ ⊕Br⊖ CH3 CH3 H2C CH3 CH—CH2—C CH3

2. 苄基溴含量对硫化胶性能的影响

BIMS 含有的苄基溴结构在硫化体系作用下发生傅克烷基化反应，生成稳定的 C—C 交联键，橡胶即从二维结构转变为三维网状结构[11]。

表7-9中列出了不同硫化配方BIMS的性能对比情况。从表中可以看出，随着苄基溴含量的增加，正硫化时间逐渐延长，最大扭矩与最小扭矩差值逐渐增大，表明硫化胶交联密度随着苄基溴含量的增加而增大。硫化胶拉伸性能测试结果(表7-9和图7-9)表明，随着苄基溴含量的增加，硫化胶拉伸强度逐渐增大，弹性模量及300%定伸应力均逐渐降低，说明硫化胶交联密度增大，橡胶弹性变差。

表7-9　不同硫化配方BIMS的性能对比

项目	硫化配方			
	1	2	3	4
橡胶用量，g	100	100	100	100
苄基溴含量,%(摩尔分数)	1.5	1.8	2.1	2.4
ZnO用量，g	5	5	5	5
炭黑用量，g	20	20	20	20
硬脂酸用量，g	1	1	1	1
从硫化实验开始到曲线由最低转矩上升0.2N·m时所对应的时间，s	194	183	181	191
焦烧时间，s	52	57	61	67
正硫化时间，s	332	342	406	433
最大扭矩，N·m	4.54	4.91	5.31	5.61
最小扭矩，N·m	1.52	1.6	1.7	1.71
最大扭矩-最小扭矩，N·m	3.02	3.31	3.61	3.9
拉伸强度，MPa	7.84	8.55	9.16	9.67
断裂伸长率,%	779	717	718	656
300%定伸应力，MPa	3.07	3.05	2.75	2.43
弹性模量，MPa	1.41	1.33	1.25	1.14
硬度(邵尔A)	50	50	51	51

注：硫化温度为160℃。

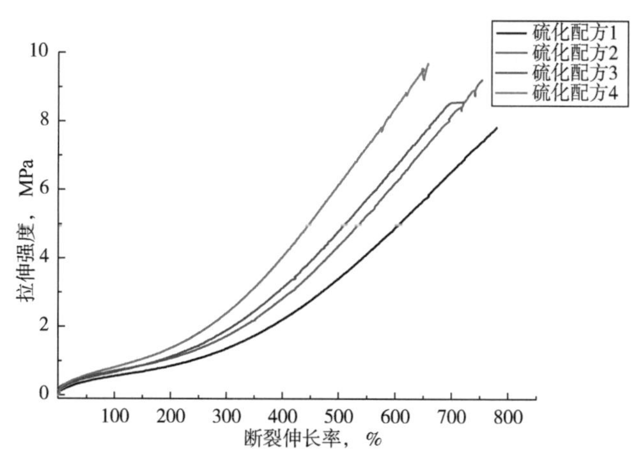

图7-9　不同硫化配方BIMS的拉伸曲线

第三节　星形支化丁基橡胶技术

星形支化 IIR 具有独特的三维形状以及高的支化结构，表现出优良的黏弹性，从而极大改善了 IIR 的加工性能[12]。带有支链的 IIR 在胶粒强度和应力松弛平衡方面表现出与原有线形 IIR 分子不同的加工性能，在应力松弛、抗冷流等方面呈现出优势。

一、星形支化 IIR 的合成与表征

1. 合成路线

按照合成路线，星形支化 IIR 可采用 3 种不同的方法制备：先臂后核法，即加入双官能团或多官能团乙烯系化合物的连续共聚/偶联法；先核后臂法，即多官能团引发剂法；核臂同时进行法，即多官能偶联剂连接法[13-14]。

1）先臂后核法制备星形支化 IIR

先臂后核法是采用单官能引发剂合成活性聚合物链，再与多官能团终止剂或双官能团单体(如二乙烯基苯、二异丙基苯、多官能化烷基环硅氧烷等)进一步终止或交联反应，形成支化聚合物[15]。

以 2-氯-2,4,4-三甲基戊烷和 $TiCl_4$为引发体系，氯甲烷和环己烷为混合溶剂，可制备星形支化 IIR，合成路线如下：

$$CH_3-\underset{CH_3}{\overset{CH_3}{C}}-CH_2-\underset{CH_3}{\overset{CH_3}{C}}-Cl + \text{(isobutylene)} \xrightarrow{TiCl_4,\ -80℃} \sim\sim CH_2-\underset{CH_3}{\overset{CH_3}{C^{\oplus}}}\ Ti_2Cl_8^{\ominus}$$

臂

I　　核

采用多官能团终止剂时，预聚物可以是活性的均聚物或共聚物，通过偶联到终止剂上可生成相应的星形支化聚合物。例如，含有官能团 $CH_2═C(OSiMe_3)—C_6H_4—OCH_2—$的终止剂可使参与反应的乙烯基醚或 α-甲基苯乙烯阳离子活性链端迅速终止，形成星形聚合物。适合于阳离子聚合的多官能终止剂非常有限，而且由于官能团的位阻效应很大，对臂数的控制有很大影响。采用双官能团单体(如二乙烯基苯、二异丙基苯)的先臂后核法可以合成 6~100 臂的星形 IIR，但是由于聚合物活性链与双官能团单体的反应难以精确控制，大分子间的偶联反应所需要的时间长达 10~100h，不仅不能满足传统淤浆快速聚合的工艺，也难以控制支化聚合物中臂的数目和分布，很容易产生凝胶。

以二乙烯基苯作为支化剂[16]，利用典型的阳离子聚合来制备低凝胶含量的星形支化IIR。通过控制支化剂浓度和添加适量自制的大分子引发剂苯乙烯-偏二氯乙烯，采用异戊二烯-异丁烯-(苯乙烯-偏二氯乙烯)-二乙烯基苯-$TiCl_4$，制备出双峰分布、低凝胶含量的星形支化 IIR。

2）先核后臂法制备星形支化 IIR

采用多官能引发剂的先核后臂法，是一种合成星形聚合物最简单的方法，可从一个引发剂中心核向外增长多个聚合物链，生成星形聚合物，臂的数目取决于引发剂官能团的数目，臂的长度可以通过控制活性聚合物方法加以设计，而且链末端保持活性中心，可以继续引发第二种单体聚合，合成星形嵌段共聚物，还可以通过将其端基官能化制备星形遥爪聚合物。以三官能团引发剂 1,3,5-三(2-甲氧基丙基)苯为核，合成三臂星形 IIR，合成路线如下：

H₃CO OCH₃ OCH₃ +3m CH₂=C(CH₃)CH₃ TiCl₄/DtBP −80℃ 3臂-IIR Cl m−1 Cl m−1 Cl m−1

四氯化钛与 1,3,5-三(2-甲氧基丙基)苯中的—OCH_3结合，使得苯环上形成叔丁基的碳阳离子，以其为活性中心引发阳离子聚合：

3TiCl₄+ H₃CO OCH₃ H₃CO ⟶ H₃CO · TiCl₄⊖⊕ ⊕ ⊖TiCl₄ · OCH₃ ⊕ ⊖ TiCl₄ · OCH₃

质子捕获剂是一种在活性阳离子聚合中起重要作用的特殊给电子体(ED)，是一种由于位阻效应的存在导致只能定量与体积很小的质子反应的强 Lewis 碱或亲核试剂。通常，它只能迅速地与质子反应，而不能与其他亲电聚合物链端碳阳离子或 Lewis 碱发生作用，显示了其对质子的专一性。作为质子捕捉剂，最具代表性的物质是 2,6-二叔丁基吡啶(DtBP)。

在阳离子聚合过程中，体系中的水是无法避免的。2,6-二叔丁基吡啶有效捕捉体系中水产生的质子，避免质子引发异丁烯、异戊二烯聚合。研究发现，在 2,6-二叔丁基吡啶存在的条件下，所制备的三臂星形 IIR 具有明显对称单峰分布。在 2,6-二叔丁基吡啶不存在的条件下，$TiCl_4$共引发制备的三臂星形 IIR SEC 红外谱图(图 7-10)呈明显双峰分布，其原因是在不加 2,6-二叔丁基吡啶时，不仅 1,3,5-三(2-甲氧基丙基)苯引发异丁烯、异戊二烯聚合，而且水也引发异丁烯聚合，双引发体系导致形成双峰分布。

但由于空间位阻、引发效率和化学结构等因素的影响，引发剂官能团数目有限，因而采用多官能团引发剂方法合成的星形聚合物的臂数较少，通常臂数为 3~8。但这类引发剂制备复杂，价格昂贵，不利于工业化，只适合理论研究。

以 4-(2-羟基-甲基乙基)苯乙烯(HMeSt)与苯乙烯的自由基共聚物为引发剂，采用活

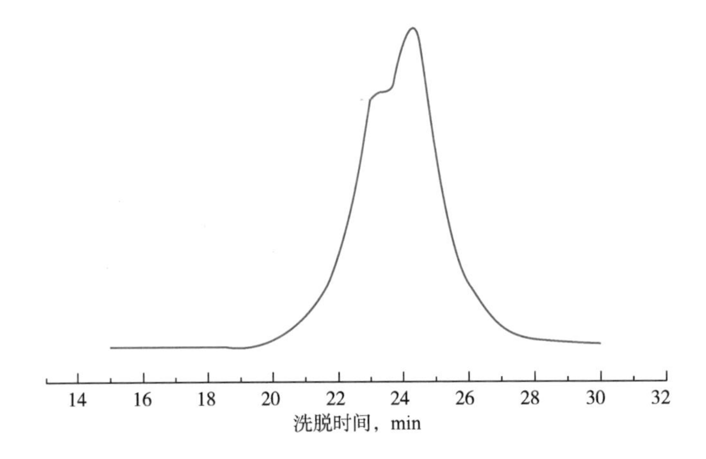

图 7-10　2,6-二叔丁基吡啶不存在时 1,3,5-三(2-甲氧基丙基)苯引发制备的 SEC 红外谱图

性阳离子聚合方法制备出多臂星形聚合物，臂的个数可以从几个到数十个。HMeSt 与苯乙烯能理想共聚，因此引发基团的数量可以用 HMeSt 的用量来调节。此外，以自由基聚合的方法，在 1,2-二苯乙烯(DPE)存在的条件下，合成了含有 4-氯甲基苯乙烯、苯乙烯和甲基丙烯酸甲酯三单元的大分子引发剂 P(MMA-b-St-co-CMS)，再用此大分子引发剂引发异丁烯的阳离子聚合，从而成功地制备了多臂星形聚合物。

3）核臂同时进行法制备星形支化 IIR

在核臂同时进行法中一般采用聚二烯烃作为多官能偶联剂。异丁烯在链增长过程中，即在形成臂的同时可以与聚二烯烃中多个双键发生接枝反应，从而制备出星形支化 IIR[17-18]（图 7-11）。

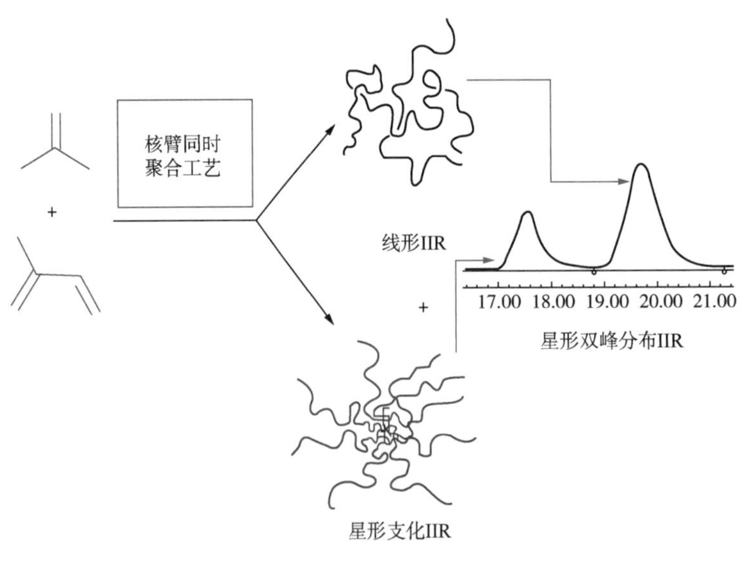

图 7-11　核臂同时进行法制备星形支化 IIR

2. 支化度表征

可根据均方根旋转半径与摩尔质量的关系来表征支化度。图 7-12 显示了星形支化 IIR 及线性 IIR 的均方根旋转半径与摩尔质量的关系。可见，相同摩尔质量星形支化 IIR 的均方根旋转半径小于线性 IIR 的，这表明通过加入支化剂制备的 IIR 的分子尺寸要小于相同摩尔质量的线性 IIR。此外，均方根旋转半径和摩尔质量的关系指数可以推测高分子链的构象信息：指数为 0.5~0.6 对应线性无规线团，指数小于 0.5 表示存在支化分子(指数为 0.33 时为球形)，而较高的指数则表示高分子链呈棒状排列(指数为 1 时为棒状)。

从图 7-12 中还可以看出，未加支化剂的线性 IIR 指数值为 0.57，介于 0.5~0.6，符合 IIR 在 THF 溶剂体系中分子链呈线性无规线团的构象；加入支化剂后 IIR 的指数值为 0.39±0.01(小于 0.5)，表明聚合物中存在支化结构。

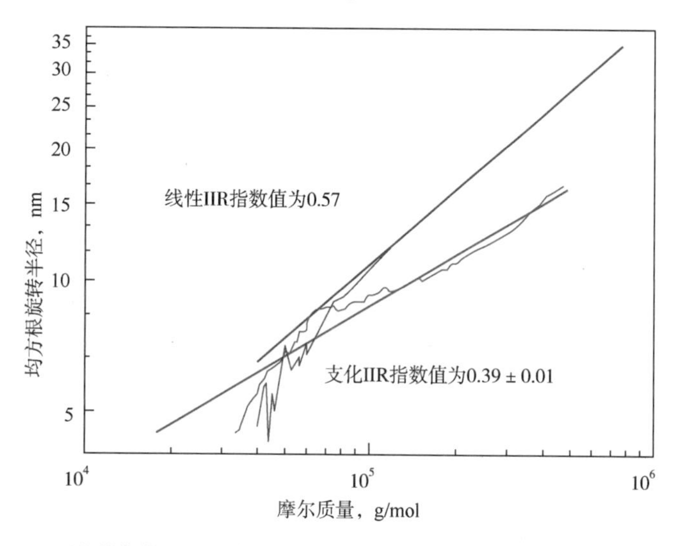

图 7-12　星形支化 IIR 及线性 IIR 的均方根旋转半径与摩尔质量关系曲线

二、中国石油星形支化 IIR 技术

中国石油长期从事 IIR 的研发工作。2017 年牵头国家重点研发计划“高性能合成橡胶产业化关键技术”，重点开展“星形支化 IIR”攻关。制备出分子结构和性能参数稳定的支化剂是开发星形支化 IIR 的关键。中国石油自主合成出支化剂，并建设首套 500t/a 支化剂中试装置。2021 年，采用石化院开发的支化剂，在浙江信汇新材料股份有限公司 10×10^4t/a IIR 装置上完成星形支化 IIR 的工业化生产。至此，实现了星形支化 IIR 小试、中试、工业化系列开发。

1. 支化剂的开发

中国石油设计合成出具有淤浆稳定功能的高活性支化剂。在星形支化 IIR 小试研究阶段，从不断优化支化剂微观结构、探索高分子量占比、研究支化程度对力学性能的影响等方面着手，确定出最佳的支化剂结构。

利用自主合成的支化剂，采用淤浆法合成出分子量呈双峰分布的星形支化 IIR。图 7-13为星形支化 IIR 的核磁共振氢谱图，图中化学位移为 7.08 附近的峰是由支化剂中苯环上氢产生的，说明 IIR 接枝成功。研究支化剂加入量时发现，利用优化的支化剂，支化剂用量为单体用量的 0.4%(质量分数)时，聚合物分子量呈现明显的双峰分布，增加支化剂用量时高分子区含量随之增大(图 7-14)。

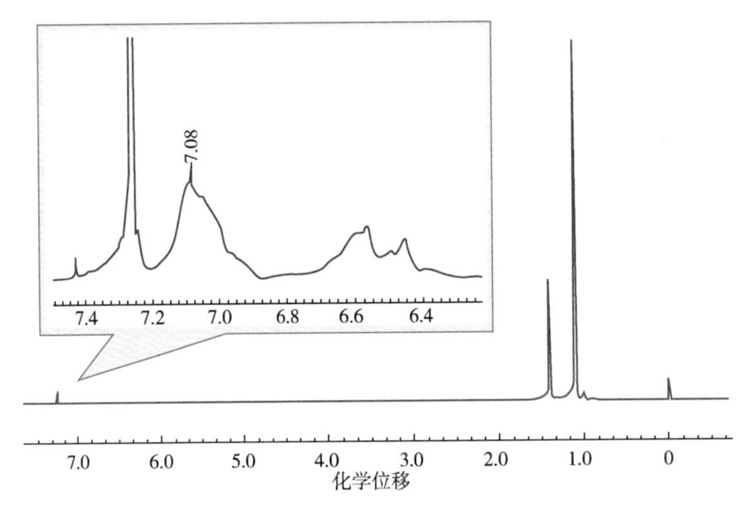

图 7-13　星形支化 IIR 的核磁共振氢谱图

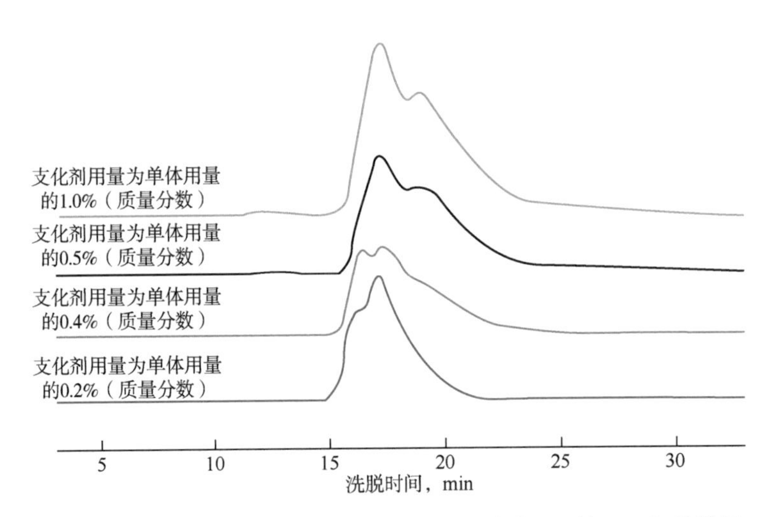

图 7-14　加入不同用量支化剂时所制备星形支化 IIR 的 SEC 红外谱图

2. 生产工艺

将支化剂溶解在氯甲烷中，随溶剂定量加入聚合釜中可实现淤浆法制备星形支化 IIR，完全满足现有工艺条件的需求。

为了解决 IIR 行业缺少阳离子工程化放大研究装备的问题，中国石油依托浙江信汇新材料股份有限公司工业装置，合建了 500t/a 特种 IIR 试验装置，用于高端 IIR 新产品的开发。

新开发的星形支化 IIR 制备技术，不仅支化剂制备工艺简单、易实现工业生产，而且淤浆法星形支化 IIR 在现有工业装置上可以直接生产。开发的支化剂在氯甲烷中的溶解性好(图 7-15)。

在中试及工业化生产中设置支化剂溶解罐(图 7-16),支化剂的配制采用间歇配制、连续使用,不需要改变现有溶剂体系,也无须引入新的溶剂。在淤浆法聚合中,可随现有溶剂体系直接加入淤浆法 IIR 的聚合釜,加入方式简单,过程易操作。

3. 产品性能及应用

中国石油开发的星形支化 IIR 的玻璃化转变温度约为 -64℃,与同类进口产品基本一致(图 7-17)。

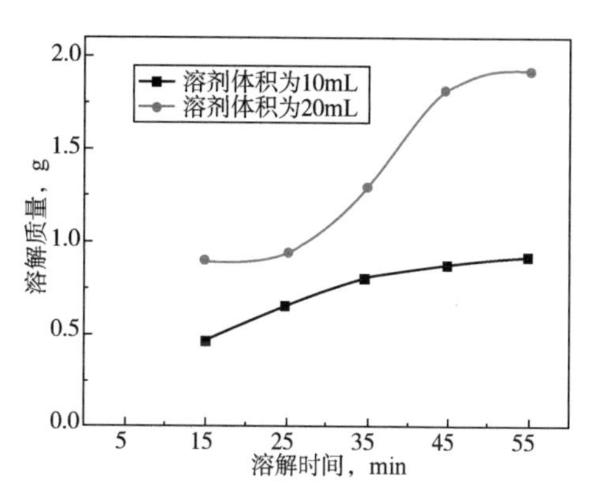

图 7-15 支化剂溶解时间与溶解质量的关系

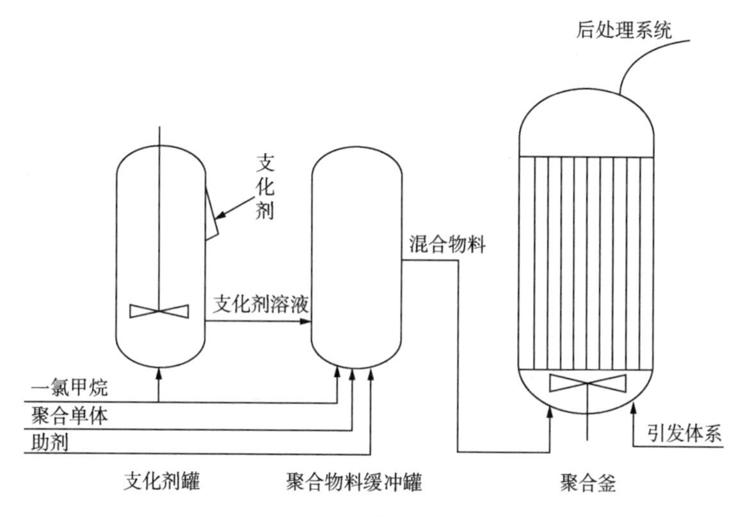

图 7-16 支化剂加入流程示意图

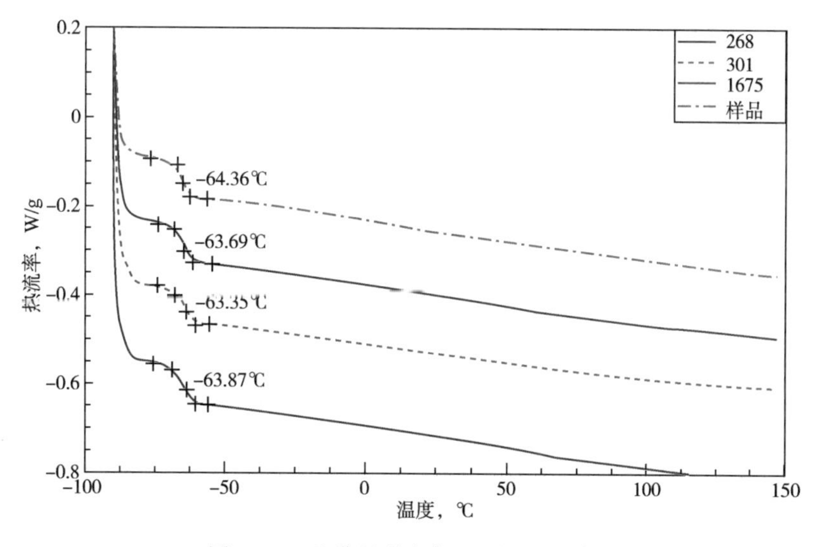

图 7-17 几种星形支化 IIR 的 DSC 谱图

中国石油开发的星形支化 IIR 的硫化特性列于表 7-10 和表 7-11。从表中可以看出，混炼胶具有较好的焦烧时间，说明其加工安全性能好，并具有较快的松弛速率，满足胶料加工的要求。硫化胶 300%定伸应力为 3.73MPa，拉伸强度达到 10.6MPa，具有较好的强伸性能和老化性能。此外，具有较小的剪切黏度，具有更低的流动阻力和更好的加工流动性，更容易充模成型。

表 7-10　星形支化 IIR 的门尼黏度及硫化特性

项目	检测值	项目	检测值
门尼黏度，$ML_{1+4}^{100℃}$	45.0	焦烧时间，s	130
最大扭矩，N·m	2.245	正硫化时间，s	578
最小扭矩，N·m	1.500		

表 7-11 硫化胶的拉伸性能

项目	硬度	定伸应力，MPa		拉伸强度，MPa	扯断伸长率,%	永久变形,%
		300%	500%			
检测值	43	3.73	7.22	10.6	646	32

星形支化 IIR 是中国轮胎制造迫切需要的橡胶品种，可用于轮胎、硫化胶囊、密封和医用胶塞等，是制备 BIIR 的高端基础胶，市场前景广阔。“十四五”期间，中国石油将以星形支化 IIR 为主要产品之一，开发具有自主知识产权的 10×10^4t/a IIR 成套技术，为推进产品结构升级做好技术储备。

参　考　文　献

[1] 杨清芝．现代橡胶工艺学[M]．北京：中国石化出版社，1997.

[2] Whelan A，Lee K S. Developments in rubber technology－2[M]. London：Applied Science Publisher Ltd.，1981.

[3] Bhowmick A K，Stephens H L. 弹性体手册[M]．吴棣华，译．2 版．北京：中国石化出版社，2005.

[4] 刘大华．聚异丁烯类弹性体合成技术进展Ⅰ．传统聚合工艺中聚合物淤浆的稳定及氟烃类稀释剂的应用[J]．合成橡胶工业，2013，36(1)：2-6.

[5] 刘大华．聚异丁烯类弹性体合成技术进展Ⅱ．新型引发体系的研究开发[J]．合成橡胶工业，2013，36(2)：81-85.

[6] 刘大华．聚异丁烯类弹性体合成技术进展 Ⅲ．丁基橡胶新品种及异丁烯/对甲基苯乙烯共聚物的开发[J]．合成橡胶工业，2013，36(3)：167-171.

[7] 周忠磊，郭文丽，李树新，等．具有支化结构溴化丁基橡胶的合成及表征[J]．化工新型材料，2008，36(6)：27－29.

[8] 邱迎昕，龚惠勤，王丽丽，等．星形支化丁基橡胶 S－IIR1451 的结构与性能[J]．合成橡胶工业，2018，41(5)：336-341.

[9] Markina E A，Chelnokova S Z，Sofronova O V，et al. Production of butyl rubber by suspension polymerization using a modified catalylic system[J]. International Polymer Science and Technology，2010，37(3)：7-10.

[10] 崔小明．丁苯橡胶的国内外供需现状及发展前景[J]．石油化工技术经济，2006，22(6)：26-31.

[11] Mordvinkin A, Suckow M, Böhme F, et al. Hierarchical sticker and sticky chain dynamics in self-healing butyl rubber ionomers[J]. Macromolecules, 2019, 52(11): 4169-4184.
[12] 埃克森化学专利公司. 改善了加工性能的异烯烃共聚物: CN88108392.5[P]. 1989-10-04.
[13] 张雷, 邱迎昕, 包巧云. 星形支化丁基橡胶研究进展[J]. 广东化工, 2014, 41(14): 115-116.
[14] 宋改云, 蓝林立, 李树新, 等. 星形支化丁基橡胶的合成及研究[J]. 高分子材料科学与工程, 2005, 21(2): 135-138.
[15] 龚惠勤, 伍一波, 郭文莉, 等. 以二乙烯基苯为核的星形支化聚异丁烯的制备与表征[J]. 合成橡胶工业, 2008, 31(5): 362-365.
[16] 王晓东. DVB做为支化剂制备星形支化丁基聚合物[D]. 北京: 北京化工大学, 2006.
[17] 张兰, 伍一波, 李树新, 等. 正离子聚合制备具有双峰分布丁基橡胶及其结构性能研究[J]. 高分子学报, 2015(9): 1028-1035.
[18] Wu Y B, Guo W L, Li S X, et al. Synthesis of star branched butyl rubber using polyisoprene-b-polystyrene asmultiolefin crosslinking agent by living carbocationic polymerization[J]. China Synthetic Rubber Industry, 2008, 31(3): 232.

第八章　异戊橡胶

异戊橡胶(IR)是由异戊二烯制得的高顺式-1,4-聚异戊二烯(顺式-1,4-结构含量为92%~97%)，因其结构和性能与天然橡胶相似，因此又称为合成天然橡胶[1]。IR 的生胶强度、黏着性、加工性能以及硫化胶的抗撕裂强度、耐疲劳性等均稍劣于天然橡胶，但具有质量均一、纯度高、塑炼时间短、混炼加工简便、颜色浅、膨胀和收缩小、流动性好的优点。IR 既可单独使用，也可以与天然橡胶、BR 等配合使用，主要用于轮胎的胎面、胎体和胎侧。就俄罗斯和中国而言，用于轮胎和轮胎制品领域的 IR 消费量占其国内总消费量的 90%。此外，IR 还可以用来制造许多工业用品和生活用品，如胶鞋、帘布胶、密封垫、输送带、胶板、胶管、胶带、胶黏剂、海绵、密封剂、电线电缆、运动制品、工艺橡胶制品、浸渍橡胶制品、医疗用具、食品用橡胶制品等[2-10]，是一种综合性能优良的合成橡胶。

近年来，中国石油 IR 生产技术进展显著，开发出具有自主知识产权的 IR 成套技术，完成 4×10^4t/a 稀土 IR 工艺包编制。本章重点介绍中国石油具有自主知识产权的 IR 成套技术及产品。

第一节　聚合原理与工艺

一、聚合原理

1. 锂系 IR

异戊二烯在烃类溶剂中以烷基锂为引发剂发生负离子聚合，在不存在杂质和终止剂的前提下，产生引发和增长两个基元反应，聚合物的数均分子量可由反应消耗的单体量除以引发剂的物质的量直接计算。聚合过程中链引发和链增长反应速率与异戊二烯的单体浓度呈一级关系，与引发剂浓度呈分数(<1)级反应关系[11]。姚薇等[12]在 Morton 聚合反应机理的基础上，利用环己烷为溶剂，四氢呋喃为调节剂，正丁基锂为引发剂，进行了异戊二烯聚合物微观结构与调节剂用量关系研究，聚合反应机理如下：

$$\sim\!\sim CH_2CH{=}C(CH_3){-}CH_2Li \xrightarrow[k]{C_5H_8} \begin{cases} \xrightarrow{k_1} \sim\!\sim CH_2CH{=}C(CH_3){-}CH_2{-}CH_2CH{=}C(CH_3){-}CH_2Li \\ \xrightarrow{k_2} \sim\!\sim CH_2CH[C(CH_3){=}CH_2]{-}CH_2CH{=}C(CH_3){-}CH_2Li \end{cases}$$

$$k_b \Big\Vert k_a$$

$$\sim\!\sim CH_2CR_1\overset{R_2}{\underset{Li}{C}}CH_2 \longrightarrow \begin{cases} \xrightarrow{k_3} \sim\!\sim CH_2CH{=}C(CH_3){-}CH_2{-}CH_2CR_1\overset{R_2}{\underset{Li}{C}}CH_2 \\ \xrightarrow{k_4} \sim\!\sim CH_2CH[C(CH_3){=}CH_2]{-}CH_2CR_1\overset{R_2}{\underset{Li}{C}}CH_2 \\ \xrightarrow{k_5} \sim\!\sim CH_2C(CH_3)(CH{=}CH_2){-}CH_2CR_1\overset{R_2}{\underset{Li}{C}}CH_2 \end{cases}$$

σ-烯丙基结构在增长过程中，1,4-结构加成产物占 92.0%~95.0%，3,4-结构加成产物占 5.0%~8.0%。

2. 钛系 IR

钛系 IR 为典型的 Ziegler-Natta 引发体系。对 Ziegler-Natta 催化剂活性中心结构有两种假说，即 Natta 的双金属机理和 Cossee-Arlman 的单金属机理[13]。根据双金属机理，异戊二烯聚合的反应历程如下：

$$Cl_2Ti\langle^{CH_2}_{Cl}\rangle Al(CH_2R)Cl \xrightarrow{i\text{-}C_5H_8} Cl_2Ti\langle^{CH[C(CH_3){=}CHCH_2CH_2R]}_{Cl}\rangle Al(CH_2R)Cl \longrightarrow H_3C{-}CH\langle^{CH_2}_{CH(CH_2CH_2R)}\rangle Ti(Cl)\langle^{Cl}_{Cl}\rangle Al(CH_2R)Cl$$

$$\xrightarrow{n(i\text{-}C_5H_8)} H_3C{-}CH\langle^{CH_2}_{CH(CH_2CH_2)}\rangle Ti(Cl)\langle^{Cl}_{Cl}\rangle Al(CH_2R)Cl \rightleftharpoons Cl_2Ti\langle^{CH[C(CH_3){=}CHCH_2]}_{Cl}\rangle Al(CH_2R)Cl$$

3. 稀土 IR

异戊二烯在稀土催化剂存在下进行溶液聚合的反应机理，既有类似于锂系 IR 的一面，也有类似于钛系 IR 的一面。在稀土催化剂引发异戊二烯聚合过程中，分批加入单体可使聚合物链继续增长，加入丁二烯和异戊二烯可合成嵌段共聚物，这表明反应按活性聚合历程进行，基本不存在动力学链终止和链转移。然而，稀土 IR 的分子量分布稍宽，介于锂系 IR 与钛系 IR 之间，这又不同于典型的活性聚合，烷基铝中的氢化物是较强的链转移剂，它可使分子量降低且使分子量分布变宽。王佛松等[14]根据高活性稀土催化剂需含有三价稀土元素离子、烷基铝和卤素离子的事实，提出了环烷酸稀土与三烷基铝进行烷基化反应，与烷基卤化铝(或其他卤化物)进行卤化反应，而形成双金属双核或多核活性络合中心的假设，双金属配合物活性中心形成机理如下：

$$LnX_3 + 3AlR_2Cl \longrightarrow LnCl_3 + 3AlR_2X$$

$$LnCl_3 + 3AlR_3 \rightleftharpoons \begin{matrix} Cl(R) & & R & & R \\ & Ln & & Al & \\ Cl & & Cl & & R \end{matrix}$$

稀土催化剂具有两种活性中心：一种是不溶性活性中心；另一种是可溶性活性中心。两种活性中心的生成过程如下：

(1) 非均相活性中心的生成：先氯化，后烷基化。

氯化：

$$Nd—L+AlR_2Cl \longrightarrow NdCl_3$$

烷基化：

$$NdCl_3+AlR_3 \longrightarrow Cl_2—Nd—R$$

(2) 均相活性中心的生成：先烷基化，后氯化。

烷基化：

$$Nd—L+AlR_3 \longrightarrow Nd—R$$

氯化：

$$Nd—R+AlR_2Cl \longrightarrow Cl—Nd—R$$

不溶性活性中心的催化剂活性和聚合产物分子量均高于可溶性活性中心。如果氯化和烷基化反应同时进行，则生成两种活性中心并存的催化剂，两种活性中心各自引发异戊二烯的聚合反应，生成分子量不同的聚合产物，导致生成宽分子量分布的聚异戊二烯。

二、聚合工艺

1. 锂系 IR

锂系 IR 的生产工艺基本与锂系丁二烯橡胶相同，可在同一装置生产。为了获得分子量高、分子量分布窄的聚合物，可采用间歇聚合法生产。由于反应温度较高(55~65℃)，控制聚合温度较易，而单体转化率很高，因此可省去单体回收工序。此外，也可省去胶液水洗脱灰工序，从而减少了污水处理量。因此，锂系 IR 典型工艺单元包括溶剂回收、化学品配制、聚合、凝聚、挤压干燥和包装。目前，关于锂系 IR 的研究较少，只有 Shell 公司生产。

2. 钛系 IR

目前世界 IR 工业化主导工艺为钛系 IR 的生产工艺，俄罗斯很多牌号 IR 采用稀土工艺，但 SKI-3 采用钛系工艺，生产主要包括以下单元：催化剂配制、原料精制、聚合、终止剂及防老剂加入、洗胶、凝聚、溶剂和单体回收与精制、橡胶脱水干燥及成型包装等。截至 2021 年 8 月，美国 Ameripol 公司、意大利 ANIC 公司、日本瑞翁公司、日本合成橡胶公司、俄罗斯 Nizhnekamskneftechin 公司和俄罗斯 Kauchuk 公司等公司都在进行钛系 IR 的研究和生产。

3. 稀土 IR

稀土 IR 最早由俄罗斯实现工业化，目前中国已经建成投产或者即将建设的 IR 装置均为稀土催化。稀土催化剂不含变价金属离子，和钛系 IR 相比不需要水洗单元，典型的稀土 IR 生产主要包括催化剂配制、原料精制、聚合、终止剂和防老剂加入、凝聚、溶剂和单体回收与精制、橡胶脱水干燥及成型包装。稀土 IR 最早在俄罗斯实现了工业化生产，产品牌号有 СКИ-5 和 СКИ-5НДП。其中，高顺式(异戊二烯质量分数大于 96%)、窄分子量分布(分子量分布指数小于 3.0)的稀土 IR СКИ-5НТП 的性能明显优于钛系 IR，可与天然橡胶相媲美。СКИ-5НТП 含非橡胶组分少，可代替天然橡胶用于制造医疗、食品用橡胶件。СКИ-5НТП 的定伸强度和抗撕裂强度均高于钛系 IR，耐疲劳和抗裂口增长性能超过天然橡胶。

第二节 异戊橡胶技术

吉林石化于 20 世纪 70 年代开始研究 IR，与中科院长春应化所等单位合作，在吉林石化研究院的 170L 聚合釜上进行了 1500h 的全流程中试长周期运转，在燕山石化 BR 装置的 $12m^3$ 聚合釜上进行了单釜聚合试验，并在其后处理装置上进行了工业放大试验，制得 IR 顺式-1,4-结构含量达 94%以上，催化剂生产能力、生胶的质量指标、生产流程等都与国外水平相当，稀土 IR 质量接近钛系 IR。在国内多家轮胎厂进行了轮胎加工试验，并在国内 4 个里程试验点进行了里程试验，制成的轮胎通过里程试验，达到国家标准，完成 1.3×10^4t/a生产装置基础设计，具备工业化条件。但由于当时中国 C_5 资源没有形成经济规模且收集比较困难，使得单体异戊二烯的来源问题无法解决，导致中国 IR 的产业化延后。

近年来，吉林石化自主设计和建成了 1 套 20L 聚合釜 IR 全流程模拟试验装置和 $1m^3$ 聚合釜千吨级 IR 全流程中试装置，全面系统地进行了催化剂、原料精制与回收、聚合、凝聚及干燥工艺技术和工程放大中试研究。吉林石化依托千吨级 IR 中试研发平台，编制了 4×10^4t/a稀土 IR 工艺包，该成套技术已具备产业化条件。

一、万吨级 IR 工艺包

吉林石化 IR 成套技术以催化剂制备和聚合为核心，以凝聚、干燥和精制与回收、挤出干燥和产品加工应用为关键，以稀土 IR 为主导产品，开发出 4×10^4t/aIR 工艺包(主要工艺单元见表 8-1)，形成了具有自主知识产权的稀土 IR 成套技术，达到国内领先水平。

表 8-1 吉林石化 IR 成套技术主要工艺单元

单元号	单元名称	生产线数量，条	产能，10^4t/a
100	催化剂配制单元	1	4
200	单体精制和溶剂回收单元	1	4

续表

单元号	单元名称	生产线数量，条	产能，10^4t/a
300	聚合单元	2	2①
400	凝聚单元	2	2①
500	后处理单元	2	2.88①

①单条生产线。

聚合工艺采用4釜串联工艺，聚合釜容积共25m^3，同时考虑到首釜反应速率最快，各釜反应速率随胶液黏度增加而逐渐降低，为了保证首釜聚合效果，保证聚合工艺可控，增加预混釜。

凝聚釜中搅拌的作用是分散胶粒和水蒸气，使胶粒在釜内全悬浮，以防止密度小于水的胶粒浮于液面，形成合理的流型，强化传热和传质过程。根据IR强度高、胶液黏度大、胶液不易分散、难拉断、很难获得较好的凝聚效果的特性，采用具备局部高剪切的3层组合桨，上层和中层为轴流型桨，能够有效地增加下推力，使凝聚热水在釜中沿轴向下的速度足以克服胶粒上浮的速度，胶粒基本在釜中全循环，形成良好的流型，增加胶粒在釜中的停留时间，减少胶粒短路而出的机会，增进它们之间的传热和传质，保证凝聚过程的有效性。

溶液聚合稀土IR的单程转化率一般为80%，溶剂约占聚合釜进料的85%(质量分数)。为了降低生产成本，需回收溶剂和单体。根据中试单体精制和溶剂回收试验结果以及流程模拟分析结果，采用五塔分离技术，可保证单体精制和溶剂回收满足聚合要求。溶剂己烷、单体异戊二烯的精制和回收流程没有风险。

后处理单元为机械成套设备，包括脱水、干燥、称重、压块、输送、检测、包装和机器人码垛。明确产品性能和脱水、干燥质量要求，分析中试各项关键影响因素和工程放大可能存在的问题及解决方法，确定了脱水和干燥两体机的IR后处理工艺流程。

1. 催化剂合成

催化剂合成及工业化放大是IR成套技术的核心，决定了IR产品的结构、性能和经济性。中国石油IR成套技术通过催化剂配方设计和制备工艺优化，得到了高性能IR聚合催化剂，通过制备系统优化和设计，形成了具有特色的IR催化剂放大系统。催化剂具有高活性、高顺式定向性、高度均相稳定性等特点，催化剂活性达到450kg胶/mol钕，高温下IR顺式定向性不低于96%，对温度、时间不敏感，有利于热传递和聚合釜的操作，原料适应性强。

2. 高黏度体系聚合釜设计、热移出和胶液输送技术

IR聚合反应是放热反应，随着聚合反应的进行，反应物料的黏度越来越大，如何快速移出高黏度体系反应热、长周期输送高黏度体系胶液是保证生产装置平稳运行和产品质量的关键。中国石油IR成套技术通过聚合釜设计、采用自主知识产权的热移出和胶液输送技术，保证了聚合单元能够长周期稳定运行。聚合工艺反应温度平稳可控、分布合理；聚合胶液不挂壁，可避免局部反应强烈；聚合产品凝胶含量低，分子量分布稳定，聚合单元能够长周期稳定运行。

3. 凝聚釜设计及凝聚工艺优化技术

凝聚是在热水中通过水蒸气汽提脱除胶液中未反应单体和溶剂，形成回收母液并得到IR湿胶的过程。IR具有自黏性，在凝聚釜中易黏结成大块，引起停车。凝聚单元通过凝聚釜的设计和凝聚工艺优化，实现了降低蒸汽消耗、延长运行周期的目的。形成了具有自主知识产权的凝聚釜设计和双釜凝聚工艺；凝聚釜胶粒粒径分布均匀，停留时间稳定；产品胶粒含油量低，含废胶量少；凝聚单元蒸汽损耗低；凝聚系统能够长期稳定运行，故障率低。

4. 凝聚后处理隔离剂技术

隔离剂选用技术是通过选用隔离剂，降低IR自黏性，防止凝聚过程中凝聚釜出现挂胶、堵胶、抱轴、驮釜现象，延长凝聚系统稳定运行周期，降低凝聚所得IR的含油量，降低蒸汽消耗。选用的隔离剂凝聚效果好，贮液槽底部无沉淀，常年无须停产清理，生产过程中无粉尘，不污染环境。

5. 溶剂和单体精制回收技术

溶剂和单体精制回收技术包括对新鲜溶剂和单体、未反应单体及溶剂母液进行精制处理，达到聚合要求。采用自主开发的多塔连续溶剂和单体精制回收工艺以及多塔串联吸附纯化工艺，确保了原料溶剂和单体精制后能够满足聚合要求，也保证了溶剂和单体能够循环使用。精制回收技术特点如下：回收的溶剂和单体中影响聚合的杂质少；掌握了凝聚油相中共沸体系和异戊二烯、己烷、杂质的分离规律；确定了溶剂和单体中控指标，采用多塔分离流程，溶剂、单体及蒸汽消耗低。

6. 挤压干燥技术

IR挤压干燥技术是脱除IR中水分、残留溶剂和单体，得到IR最终产品的技术。采用挤压脱水、膨胀干燥和振动筛热风干燥技术对IR湿胶进行处理，得到达到国际同类产品水平的IR产品。挤压干燥技术具有IR产品挥发分低、门尼黏度在挤压干燥过程中衰减小、能够长期稳定运行且电和蒸汽消耗低的特点。

二、国内外同类技术对比

中国石油IR成套技术与国内外同类技术对比情况见表8-2。中国石油IR成套技术指标先进，主要原材料的消耗定额达到国内领先水平，产品质量达到SKI-5水平。

表8-2 国内外IR技术对比

项目		中国石油IR成套技术(A)	国内技术(B)	国际技术(C)	竞争力分析
催化体系	催化体系	稀土体系	稀土体系	稀土体系	A≈C>B
	催化剂配制溶剂	己烷	己烷	己烷(甲苯)	
	催化剂活性，mol Nd/g异戊二烯	1.65×10^{-6}	2.0×10^{-6}	1.5×10^{-6}	
	催化剂相态	均相	非均相	非均相	
	配制温度	常温	低温	低温(<0℃)	

续表

项目		中国石油 IR 成套技术（A）	国内技术（B）	国际技术（C）	竞争力分析
原料	溶剂	己烷	己烷	异戊烷	A≈C≈B
	单体	异戊二烯（C_5抽提）	异戊二烯（C_5抽提）	异戊二烯（合成）	
产品指标	顺式-1,4-结构含量,%	>96	94~95	>96	A≈C>B
	分子量分布指数	<3	>3	<5.5	
	特性黏数，dL/g	5~7	5~7	4~5	
	门尼黏度，$ML_{1+4}^{100℃}$	80±5	60~90	55~85	
	凝胶含量,%	<0.5	2~4	1~2	
	灰分,%	<0.35	<1.0	<0.5	
	挥发分,%	<1.0	<1.0	<1.0	
聚合工艺	聚合温度,℃	40~60	50~60	-20~70	A≈C>B
	反应时间，h	3	5~7	2.5	
	转化率,%	80~85	70	90	
	胶浆中干胶含量,%	12~13	10	10~12	
流程与技术	聚合釜及传热方式	4 釜串联、刮壁搅拌器、夹套及充冷己烷撤热	4 釜串联(2 大 2 小)、刮壁搅拌器及夹套撤热	3 釜串联、刮壁搅拌器及夹套撤热	A≈C≈B
	胶液后处理	终止	终止	水洗、终止、中和	
	防老剂用量，kg	264	264	1076	
	防老剂占比,%	1.0	1.5~2.0	0.5	
	脱气方式	湿法双釜	湿法双釜	湿法双釜	
	溶剂与单体回收方式	4 塔	4 塔	5 塔/4 塔	
	干燥方式	挤压	挤压	挤压	
原料消耗定额	异戊二烯，t/t	1.02	1.05	1.01	A≈C>B
	溶剂，t/t	0.04	0.07	0.065	
	催化剂，kg/t	10.25	40		

第三节　异戊橡胶产品

吉林石化开发出的 IR 产品 JH-01(Z)与 SKI-5 的技术指标对比情况见表 8-3。

表 8-3　稀土 IR 产品技术指标

项目	吉林石化 JH-01(Z)	SKI-5
生胶门尼黏度，$ML_{1+4}^{100℃}$	85	79
灰分,%	0.34	0.26

续表

项目		吉林石化 JH-01(Z)			SKI-5		
挥发分,%		0.36			0.30		
硫化试验	焦烧时间, min	9.42			9.32		
	正硫化时间, min	27.03			26.67		
	最大扭矩, N·m	3.09			2.99		
	最小扭矩, N·m	0.48			0.47		
硫化时间(135℃), min		30	40	60	30	40	60
硬度(邵尔 A)		71	72	73	71	72	73
拉伸强度, MPa		24.58	23.40	22.57	24.07	24.56	22.98
扯断伸长率,%		507	479	415	499	483	407
100%定伸应力, MPa		3.50	3.87	4.13	3.64	3.92	4.07
300%定伸应力, MPa		15.11	16.03	17.28	15.42	16.78	17.04

由中橡协(北京)材料检测研究中心对 JH-01(Z)进行了全钢载重子午胎胎面胶应用研究，并与 SKI-3、SKI-5 和天然橡胶进行了对比。就混炼胶性而言，JH-01(Z)的硫化曲线平稳，与天然胶硫化同步，与 SKI-3、SKI-5 曲线基本重合，说明 JH-01(Z)与 SKI-3、SKI-5 性能无差别。从焦烧数据看，在胎面胶中并用 IR 会延长胶料的焦烧时间，提升安全性，JH-01(Z)与 SKI-3、SKI-5 焦烧性能无差异。从硫化胶力学性能看，在胎面胶中并用 JH-01(Z)，其硬度、拉伸强度、定伸应力与并用 SKI-3、SKI-5 相当。从硫化胶动态力学性能看，在胎面胶中并用 SKI-3 或 JH-01(Z)对胶料的生热无影响，并用 40 质量份 SKI-5 会略微提高生热。在胎面胶中并用 JH-01(Z)对胶料的屈挠龟裂性能无影响，但并用 SKI-3、SKI-5 会降低胶料的屈挠龟裂性能。在胎面胶中并用 JH-01(Z)、SKI-3、SKI-5 后滚动阻力相当，略高于天然橡胶。在胎面胶中并用 IR 对胶料的抗湿滑性能、磨耗性能无影响。在胎面胶中并用 SKI-3 对胶料的回弹性无影响，其中 JH-01(Z)与 SKI-5 回弹性能接近，略微降低胶料回弹性。在胎面胶中并用 IR 对胶料的老化性能无影响，并用 JH-01(Z)、SKI-3、SKI-5 后老化性能基本相同。在胎面胶中并用 JH-01(Z)、SKI-3、SKI-5 对胶料的密炼机混炼排胶温度、混炼功率、排胶结团性、开炼机的包辊性能都无影响。从胶料的炭黑分散数据看，在相同的混炼工艺下，炭黑分散等级相似，说明胎面胶中并用 JH-01(Z)后，填料、助剂分散良好，同时也说明 SKI-3、SKI-5、JH-01(Z)对炭黑的润湿能力无差别。

轮胎试制试验在大连某轮胎厂进行，试制生产了 1100R20 全钢载重子午胎，并与 SKI-3、SKI-5 及 100%天然橡胶生产的轮胎进行对比。在基本配方实验中，JH-01(Z)与 SKI-3、SKI-5相比，工艺性能无差异、物理性能基本一致，能够满足全钢子午线轮胎生产要求。在轮胎配方中采用 40 质量份替代天然橡胶时，JH-01(Z)与天然橡胶相容性良好，配合剂分散均匀，混炼功率低，压出速度快，压出收缩率小，表面光滑，尺寸稳定，加工性能与 SKI-3、SKI-5 工艺无差异。JH-01(Z)混炼胶门尼黏度高，硫化曲线平坦，门尼焦烧时间长，硫化速率与天然橡胶、SKI-3、SKI-5 一致。JH-01(Z)硫化胶耐老化性能和回弹性好，撕裂强度高。

轮胎产品硫化时，胶料流动性好，模腔充盈，轮胎花纹清晰，表面无瑕疵缺陷。在胎面胶中并用40质量份JH-01(Z)，无须改变生产配方和工艺，制备的轮胎各项指标符合全钢子午线轮胎标准。

成品轮胎通过国家橡胶轮胎质量监督检验中心认证，外缘尺寸、磨耗标志高度、强度、耐久性等检验结果(表8-4)均达到GB 9744—2007的要求。

表8-4 载重汽车普通断面子午线轮胎[JH-01(Z)]检验结果

检验项目	标准值	检验值	检验方法
外缘尺寸，mm	外直径1068~1102	1087.9	GB/T 521—2003
	断面宽281~305	287.0	
磨耗标志高度，mm	≥2.0	2.0	GB/T 521—2003
强度，J	≥2599	2602~3140	GB/T 4501—2008
耐久性，h	≥47	47	GB/T 4501—2008

注：产品规格为11.00R20 16PR 150/147K。

参 考 文 献

[1] 王曙光，宗成中，王春英．顺式-1,4-聚异戊二烯橡胶研究进展[J]. 科技资讯，2007，23(5)：37-40.

[2] Daikai E, Senda K. Rubber compositions, rubber-resin laminates and fluid-impermeable hoses: US6534578[P]. 2003-3-18.

[3] Kawashima T. Pressure-sensitive adhesive tape and process for producing the same: US6534172[P]. 2003-3-18.

[4] Dietz B, Kluge-Paletta W. Process for producing a pressure-sensitive double-sided adhesive tape: US6527899[P]. 2003-03-04.

[5] Kreckel K W , Hager P J , Rickert J H. Removable adhesive tape: US6527900[P]. 2003-03-04.

[6] John D B , Matthew L K , Todd C. Polymer blend: US6531520[P]. 2003-03-11.

[7] Komatsuzaki S, Matsubara T, Ishihara J. Block copolymer composition, process for producing the same, and pressure-sensitive adhesive composition: US6534593[P]. 2003-3-18.

[8] Ahmed S U, Emiru A W, Clapp L J, et al. Compositions comprising a thermoplastic component and superabsorbent polymer: US6458877[P]. 2002-10-1.

[9] Okada M, Yasuda H. Electrode for nonaqueous electrolyte battery: US6534218[P]. 2003-03-18.

[10] Sudo M. Production process of rubber plugs: US6528007[P]. 2003-03-04.

[11] 黄葆同，欧阳均．络合催化聚合合成橡胶[M]. 北京：科学出版社，1981.

[12] 姚薇，金关泰，徐瑞清．溶剂极性的经验参数E_T在共轭二烯烃阴离子聚合中的应用[J]. 化工学报，1989(6)：704-709.

[13] 刘大华．合成橡胶工业手册[M]. 北京：化学工业出版社，1991.

[14] 王佛松，沈之荃，沙人玉，等．异戊二烯在稀土催化剂作用下顺式-1，4定向聚合的某些规律[C]//中国科学院长春化学研究所第四研究室．稀土催化合成橡胶文集．北京：科学出版社，1980.

第九章　苯乙烯热塑性弹性体

苯乙烯-丁二烯热塑性弹性体(SBS)是以苯乙烯、丁二烯为单体的三嵌段共聚物，兼具树脂和橡胶的特性[1]，因此被誉为新一代“黄金橡胶”。与丁苯橡胶相似，SBS 及其氢化物可以与水、弱酸、碱等接触，具有拉伸强度高、表面摩擦系数大、低温性能好、电性能优良、加工性能好等特点，是消费量最高的热塑性弹性体。SBS 主要用作橡胶制品、树脂改性剂、黏合剂和沥青改性剂。针对市场需求，中国石油开发了沥青用 SBS、制鞋用 SBS 和胶黏剂用 SBS 新牌号；随着国内氢化 SBS(SEBS)的需求发展，同时也开发了 SEBS 技术。

第一节　聚合原理与工艺

一、聚合原理

SBS 是以环戊烷为溶剂，在锂系引发剂作用下，丁二烯与苯乙烯进行阴离子嵌段聚合的产物，其聚合原理与 SSBR 相同。SBS 的生产工艺分为三步加料法、偶联法和两步混合加料法，三者均为间歇生产模式。根据需要，可生产线形和星形 SBS。根据充油情况，SBS 分为干胶和充油胶。

二、聚合工艺

先将溶剂环戊烷和苯乙烯加入聚合釜，在一定温度和压力下进行阴离子聚合。然后，加入丁二烯，反应后可制备活性双嵌段共聚物；再加入耦合剂进行耦合反应，生成 SBS 聚合物胶液。SBS 聚合物胶液经掺混罐后，进入汽提塔进行溶剂分离。脱除溶剂的胶粒水进入后处理单元，依次经振动筛、挤压脱水机、膨胀干燥机和烘箱进行干燥脱水，造粒。最后，粒状的 SBS 进入包装单元进行包装码垛，在汽提单元回收的溶剂经精制后循环利用。SBS 生产工艺流程如图 9-1 所示。

SBS 生产工序主要包括原料接收贮存与配制、化学品接收与配制、聚合、脱气、掺混、凝聚与后处理、包装等。此外，还有冷冻、溶剂回收等辅助工序。以下对聚合、脱气、掺混、凝聚与后处理工序进行重点介绍。

1. 聚合工序

SBS 聚合单元采用间歇式操作。聚合反应器使用内通循环水冷却的环管夹套。由于反应是隔热反应，压力和温度必须通过加入反应器的干溶剂量来控制。为使干溶剂在进入反应器前温度适中，确保有效引发苯乙烯，干溶剂需要经过预热器(压力为 0.4MPa、温度为 190~210℃的蒸汽加热)，再与 THF、苯乙烯一起进入反应器；然后，加入引发剂

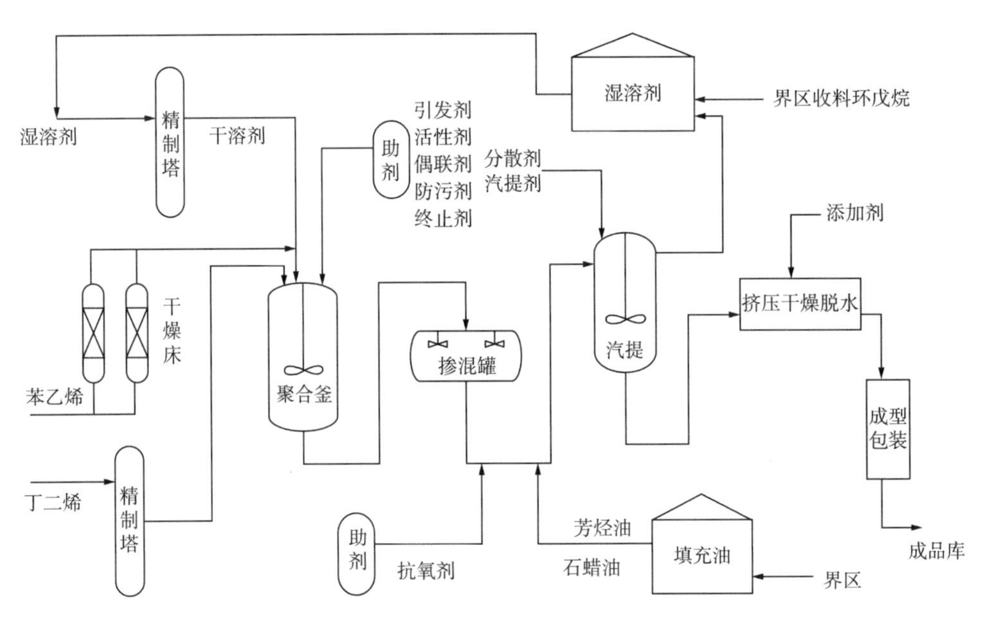

图 9-1　SBS 生产工艺流程示意图

NBL，苯乙烯开始聚合，反应温度上升；当温度曲线达到相对稳定时，聚合结束；同时，加入丁二烯，反应温度迅速升高。丁二烯反应结束后，反应器操作压力和温度分别为 0.42MPa(溶剂气相压力)和 110℃；接着，加入偶联剂或终止剂。反应终止后，用泵将胶液送入掺混罐。由于排料时反应器的压力可能处于真空状态，必须由压力控制阀补充氮气。

2. 脱气工序

经螺旋提升机、热箱和冷箱排出的废气进入废气洗涤罐。来自主振动筛的废气由烟罩收集后也进入该洗涤罐。干燥机和脱水机产生的废气送入热氧化炉。汽提单元残留物为含挥发性有机物物料，经废气总管进入废气洗涤塔，为防止冬季结冰，该塔用热水盘管伴热。循环细胶粒水罐的细胶粒水进入洗涤塔，以除去空气中的尘埃，维持塔底恒定液位，多余的水送往后处理污水池。

3. 掺混工序

装置共设 3 台掺混罐，可依次用于胶液的接收或闪蒸、掺混和分析，以及喷胶。掺混罐是卧式罐，由于掺混罐的操作压力低于反应器，因此胶液在进入掺混罐时，部分溶剂闪蒸脱除。压力调节阀安装在掺混罐入口处，以防止胶液在进入掺混罐前汽化。闪蒸气经换热器冷凝后，不凝气进入冷凝器，以去除残留烃。将汽提釜顶部气相冷凝器、掺混罐顶部冷凝器的凝液收集在油水分离器中。不凝气经压力控制排入火炬。掺混罐的操作压力低于胶液的饱和蒸气压，如果胶液冷却，需充入少量氮气，以防止空气和水进入。为了减少进料或出料时有气体排放，所有掺混罐的气相空间相通。防老剂在掺混罐出料泵入口管线注入胶液。保持防老剂的加入流量与掺混罐胶液的喷胶流量之比恒定。充油产品需要在第一汽提釜前将填充油按比例注入胶液，在静态混合器中混合。

4. 凝聚与后处理工序

为了便于胶粒分散与成形，掺混罐出来的胶液由第一汽提釜的喷嘴压入，在水和分散剂作用下，利用第二汽提塔顶部与喷射器的蒸汽进行汽提分离。自第一汽提釜顶部排出的蒸汽和溶剂气体，经过滤器脱除夹带的聚合物后，经汽提冷凝器冷凝，凝液收集在油水分离罐(用氮气保压，采用 PIC 分程控制回路)。水相从罐底抽出，并与后处理来的循环水一起返回第一汽提釜；油相则经换热器冷却后进入湿溶剂罐。胶粒在第一汽提釜成形后送入第二汽提釜，为了脱除残存溶剂，该釜加入了低压蒸汽(压力为 0.4MPa、温度为 190～210℃)，以及第三汽提釜顶部来的蒸汽；然后，胶粒水依次进入第二、第三汽提釜，进一步脱除残余溶剂。为脱除残存溶剂，第三汽提釜也通入低压蒸汽(压力为 0.4MPa、温度为 190～210℃)。第三汽提釜出来的胶粒水经胶粒水罐送往后处理单元。闪蒸气体经喷射器(以压力为 1.2MPa、温度为 250～270℃的中压蒸汽为动力)增压后，与蒸汽一并进入第一汽提釜，胶粒水罐的压力由 PIC 控制。胶粒水罐的固体物质量分数为 6%，底部设有振动筛，用于汽提单元停车时倒空物料。

后处理单元的主要作用是将汽提单元来的胶粒与水分离；然后，胶粒进行挤压脱水和膨胀干燥；最后，送往包装单元，完成产品的包装。

第二节　SEBS 技术

2011—2020 年，全球 SEBS 产能呈稳步增长态势，重点区域是亚洲。截至 2019 年，全球 SEBS 总销售量达 55×10^4t。2011 年，中国 SEBS 产能和产量分别为 4.0×10^4t 和 3.8×10^4t；到 2016 年，二者分别增长到 11.5×10^4t 和 8.35×10^4t，表观消费量约为 10×10^4t。然而，除中国石化巴陵石化以外，中国大部分企业生产的 SEBS 仅应用于低端包覆材料领域，产品稳定性、耐变黄性等与国外产品存在差距。图 9-2 显示了 2020 年国内外公司 SEBS 产能分布情况。

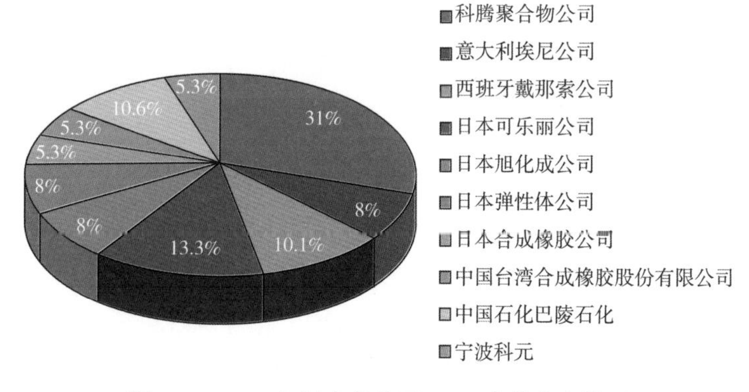

图 9-2　2020 年国内外公司 SEBS 产能分布情况

一、SEBS 概述

1. SEBS 性质

SEBS 是 SBS 的加氢产物[1]，保持了 SBS 的热塑性和高弹性；此外，与 SBS 相比，SEBS 具有更好的耐热、耐氧、耐紫外光降解、耐酸碱、耐磨等特性，广泛用于树脂改性、胶黏剂、电线电缆、润滑油等领域。

2. SEBS 应用领域

SEBS 应用领域如下：

（1）黏合剂和涂层。SEBS 具有优异的耐紫外线和耐氧化性能，尤其适合户外长期使用，可用于耐热、耐高温的热熔压敏胶，楼房的建筑装配，汽车密封条，热熔黏合剂，密封胶。

（2）树脂和沥青改性。SEBS 和许多高聚物相容性好，可以形成聚合物互穿网络或聚合物合金。通常用作树脂和沥青的改性剂，如可与聚丙烯、聚乙烯、聚氯乙烯、聚碳酸酯、聚氨酯、聚甲醛等共混，制备性能优异的聚合物合金和工程塑料。

（3）绝缘材料。SEBS 具有电性能、耐候性、柔软性和抗拉强度优，加工温度高，使用温度范围宽，加工制作时简易、方便等特点。专用于制作电线电缆绝缘材料，美国 SEBS 在该领域的应用占总消耗量的 15%。

（4）汽车零部件。SEBS 用于制作汽车的内外零部件，可使汽车轻量化，并提高安全性。美国是全球车用 SEBS 消费比例最高的国家，约占全球车用 SEBS 总消耗量的 40%。其中，在车用 SEBS 消耗中，75%用作汽车外部配件，15%用作防护罩，10%用作内部部件。与聚氨酯和乙丙橡胶相比，SEBS 柔曲性好，加工方便，成本低；SEBS 综合性能优于聚丙烯和乙丙橡胶共混物；SEBS 耐老化性能优于改性聚丙烯。

（5）润滑油添加剂。在润滑油中，添加少量的 SEBS 可稳定润滑油黏度指数，使其不受温度变化影响，这会为高寒山区机动车、飞机发动机等所用的润滑油带来极佳的优越性。

（6）食品和医疗用具。SEBS 无毒、柔韧性好、压缩变形度低、密封性能好，可以经受 120℃蒸汽消毒和承受 X 射线辐射，符合美国食品医药管理局（FDA）标准，适用于制作食品管、食品包装材料、注射器、输液管等食品和医用橡胶制品。

此外，SEBS 可作为聚酯层压板件的抗收缩添加剂，可使纤维增强聚酯树脂为基础的预浸渍模压器件获得低的平衡收缩率。SEBS 某些牌号专用料，可模压制作高尔夫球把手柄套、杆套、球座等用具；此外，在电子电器、鞋业、旅游设施等领域存在潜在市场。

3. SEBS 的结构与特征

SBS 烯烃链段经加氢后，C_4烷基链增多，材料结晶性增强，力学强度增加，弹性性能下降。因此，要通过控制侧链数量来调控整体性能平衡。加氢用 SBS 要求乙烯基含量为 32%~50%，根据使用要求可制订不同微观结构方案。由于 SEBS 是嵌段共聚物，末端为硬相的聚苯乙烯球形相区，具有物理交联点的作用；中间链段为饱和聚丁二烯软段。常温下，SEBS 的聚苯乙烯硬塑性嵌段与中间的乙烯/丁烯弹性体嵌段不相容，从而产生两相结构，呈微观相分离状态。SEBS 的聚苯乙烯段（含量低于 45%）形成相区，分散于乙烯/丁烯段形成的橡胶相中，并与后者形成物理交联网络。SEBS 微观结构与性能的关系见表 9-1。

表 9-1 SEBS 微观结构与性能的关系

乙烯基含量 %	拉伸强度 MPa	定伸应力，MPa		扯断伸长率,%	永久变形,%	硬度(邵尔 A)
		300%	500%			
19	49.29	13.00		420	>100	88
32	38.78	4.31	28.61	520	15	67
41	39.82	3.10	7.24	670	15	65
50	39.09	2.76	5.34	770	20	65
61	26.89	1.72	2.59	1000	20	59
67	25.85	1.72	2.76	940	32	56

二、中国石油 SEBS 技术

独山子石化拥有 8×10^4t/a 的 SBS 装置，是开发高端 SEBS 产业链的基础。2016—2021 年，石化院开展了 SBS 加氢催化剂和反应装置的研究工作，开发了自主知识产权的镍系均相釜式间歇加氢法和茂系环流反应法。

以丁二烯、苯乙烯为单体，环戊烷为主的饱和烃类为溶剂，正丁基锂为引发剂，四氢呋喃为活化剂和调节剂，四氯化硅为耦合剂，经阴离子聚合得到 SBS 嵌段共聚物；在均相镍系催化剂催化下，SBS 嵌段共聚物经氢化反应，使得 SBS 烯烃段几乎饱和，再采用氧化酸脱除法除去金属离子，即可制备 SEBS 橡胶[2-3]。SEBS 生产工艺流程如图 9-3 所示。在催化体系中，中国石油 SEBS 采用镍系催化加氢技术[4-6]。

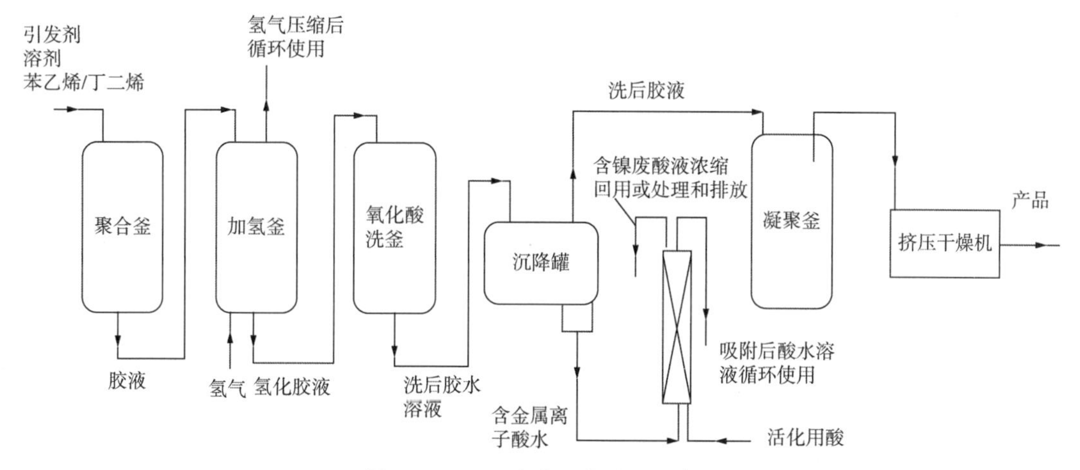

图 9-3 SEBS 生产工艺流程示意图

中国石油采取三段法合成 SBS，然后进行溶液均相镍系催化加氢，双键加氢度大于 98%，苯环加氢度小于 5%。图 9-4 和图 9-5 分别为 SBS 基础胶液与 SEBS 的核磁共振氢谱图。

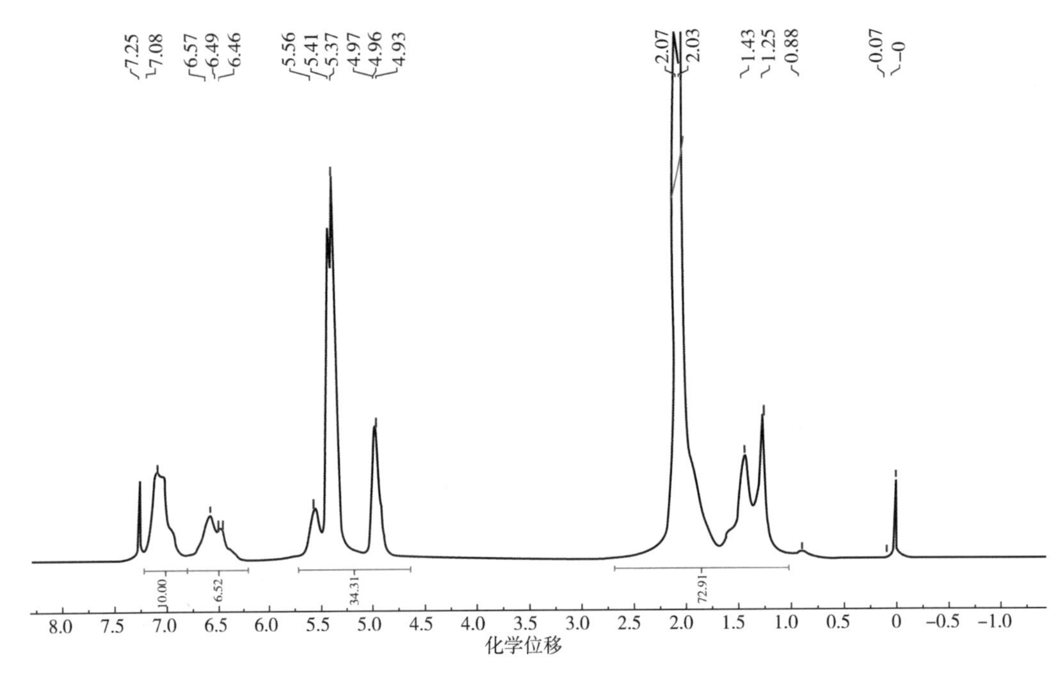

图 9-4　SBS 核磁共振氢谱图

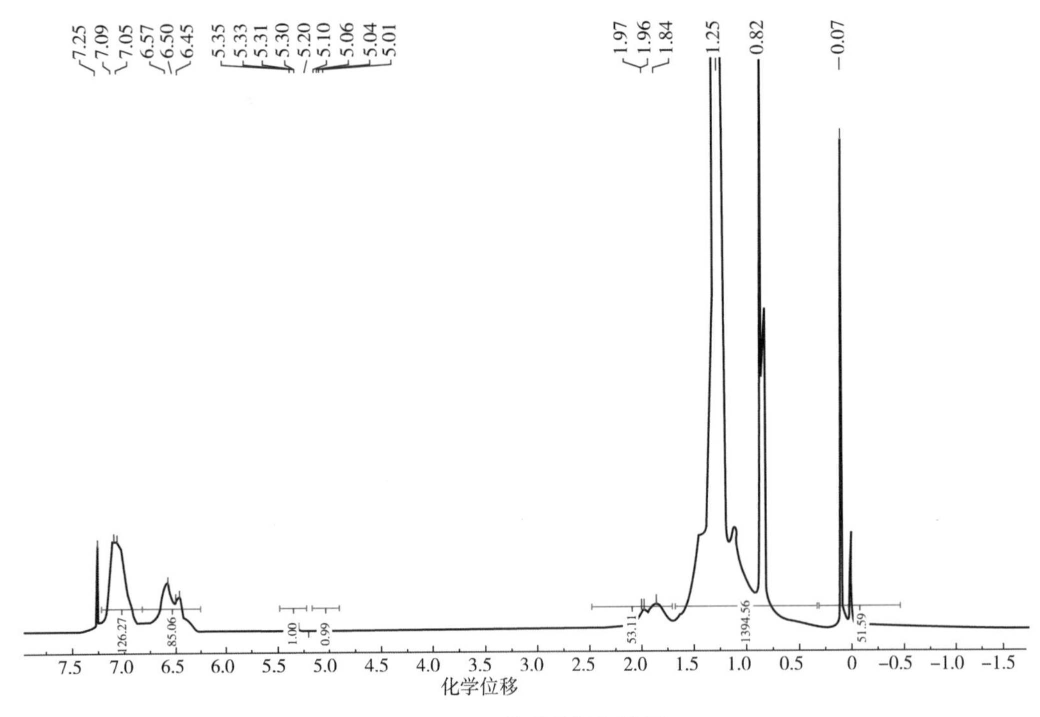

图 9-5　SEBS 核磁共振氢谱图

石化院开发了两个牌号的 SEBS 产品（分别命名为 SEBS-1 和 SEBS-2），二者性质见表 9-2。

表 9-2 石化院开发的 SEBS 产品性质

性质	SEBS-1	SEBS-2	测试方法
基础胶数均分子量	60000±10000	220000±20000	GPC
苯乙烯和丁二烯质量比	3/7	3/7	
乙烯基含量,%	35~45	35~45	GB/T 28728—2012
丁二烯段加氢度,%	>98	>98	核磁共振氢谱
苯乙烯段加氢度,%	<5	<5	核磁共振氢谱
拉伸强度, MPa	>16	>20	GB/T 528—2009
扯断伸长率,%	>450	>450	GB/T 528—2009

中国石油开发了自主知识产权的 SBS 连续均相加氢工艺的气升式环流全混流反应器(图 9-6)。在鼓泡塔中，通过引入气升式环流，提高了塔效率。通过流体力学模拟研究，设计出用于 SBS 气升式环流反应器和搅拌釜反应器结构，建立了体积相近的两台反应器；对前者用于 SBS 加氢的可行性、经济性进行了评价，建立适合于环流反应器的 SBS 连续均相加氢反应工艺。

研究了 SBS、SEBS 环己烷溶液在气升式环流反应器中，不同浓度与黏度、密度、表面张力之间的关系。在此基础上，建立了气升式环流反应器模拟实验装置，并依托此装置进行了氮气提升冷态模拟实验，研究了氮气在不同胶液浓度、不同气速等条件下对气升式环流反应器中物料含气率的影响，进而在此基础上完成了热态模拟实验装置设计，制备出 1，2-结构含量为 30%~45%的 SBS 基础胶；并且采用二氯二茂钛/丁基锂复合催化体系对 SBS 进行加氢，SBS 烯烃加氢度不小于 98%，满足技术需求。

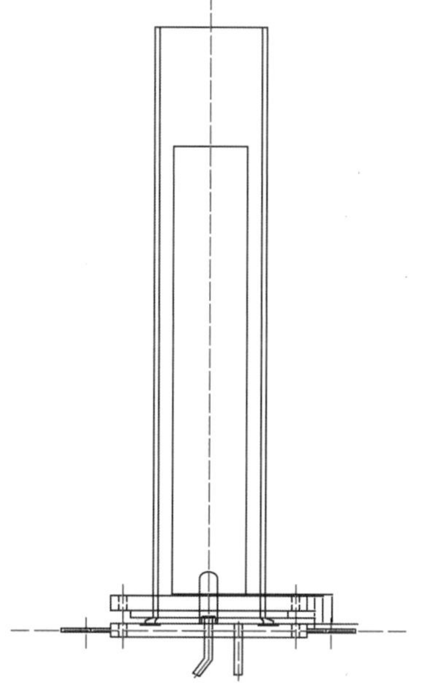

图 9-6 冷态模拟实验环流全混流反应器结构示意图

第三节 苯乙烯热塑性弹性体产品

一、防水卷材用线形 SBS(牌号 T6401)

近年来，随着轻轨、桥梁等交通项目与基建设施的增多，市场对防水材料的需求增加。尤其是国家对行业准入条件限制，防水卷材行业对产品质量提出了更高要求。

SBS 改性沥青是生产防水卷材的重要材料。目前，SBS 主要应用于高聚物改性沥青防水卷材中的弹性体改性沥青防水卷材，以及自黏聚合物改性沥青防水卷材。自黏聚合物改性沥青防水卷材是以 SBS 等弹性体沥青为基料，以聚乙烯膜、铝箔为表面材料或无膜(双面自黏)，采用防黏隔离层的自黏防水卷材。该防水卷材具有超强的黏接强度，特制的橡胶自黏层可保证卷材与基层、卷材与卷材的黏结密封，形成整体的密封防水层，具有很好的耐酸碱腐蚀性和其他化学介质侵蚀性。自黏防水卷材表面有高密度聚乙烯，具有较高的抗撕裂强度，满足耐穿刺等要求，能有效地抵御基层开裂、变形所产生的应力对防水系统的破坏。

与弹性体改性沥青防水卷材相比，自黏聚合物改性沥青防水卷材本身具有自黏合的功能，施工简便，容易形成全封闭的整体防水层，在材料性能方面，其拉力、耐热度较低，低温柔度略好。适用范围如下：(1)用于非外暴露屋面和地下工程防水层；(2)明挖法地铁、隧道、水池、水库、水渠等工程防水；(3)不准动用明火的工程防水；(4)适用于寒冷地区。

独山子石化生产的星形 T162、T161B 多用于弹性体改性沥青防水卷材；线形 T6401 用于自黏聚合物改性沥青防水卷材，其质量指标见表 9-3。

表 9-3　T6401 质量指标

项目	指标	测试方法
产品结构	线形	
是否充油	否	
外观	白色或浅色，不含机械杂质及油污	目测
苯乙烯含量,%	40±3	SH/T 1610—2011
拉伸强度，MPa	≥20.0	GB/T 528—2009
300%定伸应力，MPa	≥3.5	GB/T 528—2009
扯断伸长率,%	≥700	GB/T 528—2009
扯断永久变形,%	≤55	GB/T 528—2009
硬度(邵尔 A)	≥85	GB/T 531.1—2009
挥发分,%	≤1.00	GB/T 24131.1—2018
灰分,%	≤0.25	GB/T 4498.1—2013

二、防水卷材用 T162

T162 为星形结构，是防水卷材用专用牌号，主要用于弹性体改性沥青防水卷材，其质量指标见表 9-4。

表 9-4　T162 质量指标

项目	指标	测试方法
产品结构	星形	
是否充油	否	
偶联类型	硅偶联	
挥发分,%	≤1.0	GB/T 24131.1—2018
苯乙烯含量,%	40±3	SH/T 1610—2011
硬度(邵尔 A)	实测	GB/T 531.1—2008

三、制鞋用 T171E

T171E 应用于鞋材大底和充油胶，为环保型产品，采用了环保型抗氧剂体系和填充油，产品中壬基酚含量满足欧盟 REACH 法规，通过了第三方检测机构检测，可生产耐磨性能、耐弯折性能优良的鞋底材料，其质量指标见表 9-5。

表 9-5　SBS T171E 质量指标

项目	指标	测试方法
壬基酚含量,%	≤0. 01	US EPA 3540C：1996
熔体流动速率，g/10min	2. 1~3. 9	GB/T 3682—2000
硬度(邵尔 A)	≥62	GB/T 2411—2008
300%定伸应力，MPa	≥1. 4	GB/T 528—2009
拉伸强度，MPa	≥14	GB/T 528—2009
扯断伸长率,%	≥950	GB/T 528—2009

参　考　文　献

[1] 霍尔登 G. 热塑性弹性体[M]. 傅志峰，等译 . 北京：化学工业出版社，2000.
[2] Hoxmier R J，Slaugh L H. Hydrogenation catalyst and hydrogenation process wherein said catalyst is used：US4980331[P]. 1990-12-25
[3] 刘峰，洪良构，应圣康，等. SEBS 热塑性弹性体的制备研究[J]. 合成橡胶工业，1992，15(1)：28-32.
[4] Teramoto T，Takeuchi M，Goshima K. Novel catalyst for hydrogenation of polymer and process for hydrogenating polymer with the catalyst：EP0339986 [P]. 1989-11-02.
[5] Kishimoto Y，Morita H. Method for hydrogenation of polymer：US4501857[P]. 1985-02-26.
[6] Chamberlain L R，Gibler C J. Process for selective hydrogenation of conjugated diolefin polymers：US5132372 [P]. 1992-07-21.

第十章　橡胶粉末化

粉末橡胶是一种重要的橡胶形态。橡胶的粉末化，不仅使橡胶加工实现大型化、自动化，还使橡胶加工机械实现轻型化。中国石油开发出直接凝聚法制备粉末丁腈橡胶(PNBR)、粉末丁苯橡胶(PSBR)工艺，即通过自生隔离剂凝聚法技术，制备各种粉末橡胶产品。开发的凝聚法 PSBR1500 和 PSBR1712，主要用于高等级道路沥青的改性；PNBR 主要用作汽车刹车片、减震材料等制品。

第一节　粉末橡胶生产工艺与原理

生产粉末橡胶的关键技术是成粉和隔离[1]。成粉就是使橡胶成为粉末状粒子，原料以块状胶(生胶块、硫化剂)、胶乳、胶液、悬浮液为基料。成粉方法按原料形态分类如下：以块状胶为原料的粉碎法；以胶乳、胶液为原料的喷雾干燥法、闪蒸干燥法、冷冻干燥法、凝聚法、微胶囊法及离子络合法等；以悬浮液为原料的喷雾干燥法和隔离脱水干燥法。

由于粉末橡胶特殊的形态，因此需要添加一定量的隔离剂，即在粉末表面涂覆隔离剂和进行适度的表面处理，使橡胶粒子具有自由流动性，在贮存、运输过程中不会结块。常用的隔离技术主要有加隔离剂、胶乳接枝、表面氯化、表面交联和辐射交联等。其中，添加隔离剂是目前粉末橡胶生产所采用的主要隔离技术。

一、粉碎法

粉碎法是粉末橡胶领域中最早采用的一种方法。针对废旧橡胶的处理，主要包括常温粉碎法和低温粉碎法。粉碎法原料采用固体胶，包括废旧橡胶制品。因此，该技术在再生胶领域具有非常重要的地位。

1. 常温粉碎法

常温粉碎法一般是指在(50±5)℃下的粉碎操作。该法以块状未硫化原胶或回收再生胶为原料，通过机械剪切、撕裂等手段进行粉碎。工艺原理是在常温下，粉碎设备的粉碎工具对物料施力，使其粉碎成粉末粒子。所得粉末橡胶粒径为 0.075~3mm。粉末橡胶粒子形成不规则的几何球形，表面凹凸不平，多数情况下呈毛刺状，因此与相容性较好的基体树脂或生胶胶料混合时结合力较大。

常温粉碎法分为干法粉碎法和湿法(溶液)粉碎法。干法粉碎法根据粉碎方式和设备的不同又分为辊筒式粉碎法、旋盘式粉碎法、挤出式粉碎法、高压柱塞式粉碎法等。最早开发出的是辊筒式粉碎法，包括粗碎和细碎两个工序，主要是通过金属固定刀和旋转刀之间的剪切力以及橡胶和刀具的摩擦力来完成粉碎。旋盘式粉碎法为常用且效果较好的方法，其生产过程将废旧轮胎直接投入切割机[2]。德国 CONDVX 公司、国内江阴市气化机械厂等公司开发出性能良好的旋盘式粉碎机。

2. 低温粉碎法

低温粉碎法最早于 1948 年实现工业化，该技术是将废橡胶先经低温作用冷冻至玻璃化转变温度以下，然后进行机械粉碎。低温粉碎法的生产原理是通过将块状橡胶冷冻至玻璃化转变温度以下，分子链处于冻结状态，橡胶失去弹性，具备玻璃态高聚物的冲击脆性，从而制得粒度更细的粉末橡胶。为防止低温粉碎法制得的粉末橡胶恢复到常温时发生粘连，需加入一定量的隔离剂。低温粉碎法可制得粒径为 0.075~0.3mm 的精细胶粉，表面光滑，受热氧化程度低，但生产成本高，主要用于高性能制品中，如子午线轮胎胎面胶、高性能塑料、涂料和黏合剂、军工产品等[3]。

按照冷冻介质不同，低温粉碎法主要分为液氮制冷的低温粉碎法和空气膨胀制冷的低温粉碎法。液氮冷冻法成本高，设备昂贵。近年来，中国开发了空气涡轮膨胀机制冷法制备粉末橡胶的技术，即利用空气膨胀制冷冷冻橡胶，之后通过研磨或气流磨进行粉碎。该技术优点如下：(1)充分利用冷量和干空气，能耗低，能连续运行且可实现自动化生产；(2)在负压、全封闭状态下运行，不污染环境；(3)分级机采用高频变速电器，任意调节，可更好地对粒料进行分级。

空气膨胀制冷低温粉碎法的关键设备是空气涡轮膨胀机、螺杆冷冻粉碎机、研磨粉碎机和气流磨。核心设备是空气涡轮膨胀机，其基本操作参数包括净化和干燥的空气压力、空气流量、入口最大空气压力、涡轮机转速和制冷温度等。

二、喷雾干燥法

喷雾干燥法是将橡胶胶乳、胶液或悬浮液通过雾化器分散成 20~60μm 的雾滴，雾滴与热干燥介质(热空气或其他气体)接触除去溶剂，从而获得粉状物料的一种干燥方法。喷雾干燥成粉过程包括 4 道工序：料液雾化、雾滴与空气接触、雾滴干燥脱水、干燥成型后的粉末与空气隔离[4]。喷雾干燥法制备的粉末橡胶粒径为 5~100μm。

喷雾干燥法是制备粉末橡胶最重要的方法之一，也是已工业化的粉末橡胶制备方法之一，用喷雾干燥法几乎可以将各种橡胶制成粉末。按照雾化方式，喷雾可分为气流喷雾、压力喷雾和离心喷雾；按照成粉的原料，雾化系统可分为开放式、闭式循环和半闭式循环 3 种喷雾系统。喷雾干燥系统的关键设备是雾化器、干燥塔和分离器。

喷雾干燥法可以非常容易地调节产品粒度及粒度分布的质量指标。采用喷雾干燥法可以使橡胶与填料结合更加紧密，从而制得性能优异的复合材料。但产品纯度低，胶乳中的乳化剂、电解质、残余引发剂等都残留在胶粉中，影响产品性能。喷雾干燥法在喷雾之前常加入磺化密胺甲醛缩合物等隔离剂防止粒子粘连，因此隔离剂含量较高。

三、凝聚法

凝聚法是在胶乳中加入絮凝剂、隔离剂及凝聚剂，使胶粒变大，凝析出的胶粒经隔离、脱水、干燥后即得粉末橡胶[5]。原理如下：胶乳是橡胶微粒分散在溶剂中的胶体形式，表面吸附一层带电荷的乳化剂或天然蛋白质、类脂物等，由于同性电荷相斥，胶乳在一定时间内保持稳定分散状态；通过向胶乳中加入电解质破坏胶乳的双电层，其所带电荷中和胶体微粒表面的电荷，降低 ξ 电位，破坏了胶团稳定性，从而使稳定的胶乳体系由于热运动和搅拌作用而使胶粒碰撞凝结，使聚合物粒子趋于互相黏结，凝析出的橡胶粒经隔离、脱水、干燥后得到粉末橡胶。制得的粉末橡胶粒子实际上是由大量细微的乳胶粒黏结而成，每个乳胶粒都有完整的粒子形态，外部由隔离剂包裹，但包裹并不完善。凝聚法成粉的粉末粒径在 0.3mm 以下，成粉率达 99%以上。图 10-1 为胶乳凝聚粉末化示意图。

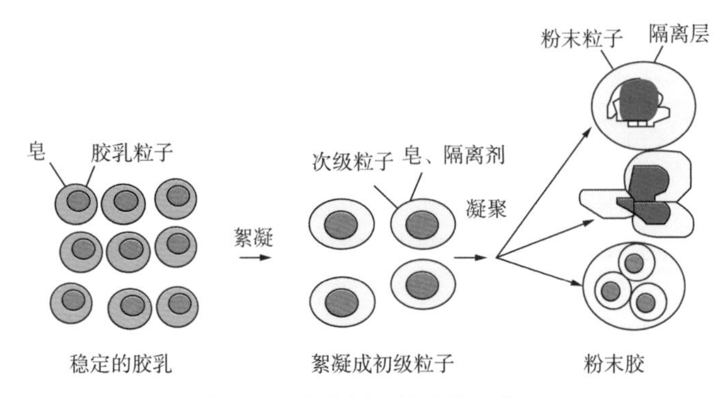

图 10-1 胶乳凝聚粉末化示意图

根据加料顺序不同，凝聚法分为正凝聚和逆凝聚两种方式[6]。正凝聚是在胶乳中加入凝聚剂，破坏胶乳粒子表面的双电层结构，由胶乳初级粒子首先聚结成微小的次级粒子，再由次级粒子凝聚成大一些的团粒，最后团粒相互结合成粉末橡胶粒子。这种方法制得的粉末橡胶粒子外形呈不规则球形，表面粗糙，剖面形貌显示粒子为一个完整的连续大粒子，粒子内外分布着大量孔洞(原因是在凝聚过程中，小颗粒堆砌成大颗粒时留下充满水分的孔隙，干燥后形成孔洞)。这一结构特点，使得粒子可以迅速干燥，避免出现所谓的“夹生”现象。逆凝聚是在凝聚剂中加入胶乳，在一定的搅拌条件下胶乳迅速被分散成小液滴，并凝聚成小颗粒。逆凝聚过程是少量的胶乳被加入过量的凝聚剂中，胶乳以整颗液滴的形式凝聚成颗粒，因此粉末橡胶粒径大小取决于胶乳液滴被凝聚成粒前的大小。与正凝聚相比，逆凝聚制备的粉末橡胶粒子中孔洞较少，干燥过程相比正凝聚制得的粒子较慢，且对于较大颗粒(如粒径大于 5mm)粒子中心可能存在部分难以干燥的胶块，出现所谓的“夹生”现象。因此，在逆凝聚过程中需要有效控制产物的粒径，尤其要避免较粗粒子的产生。一般通过控制搅拌速度等因素来控制液滴大小，从而控制粉末橡胶粒径。

凝聚法的关键技术是粒径控制和防黏隔离。根据采用的隔离方法，凝聚法可分为自生隔离剂法、外加隔离剂法、共凝聚法、胶乳接枝法、胶粒表面处理隔离法、胶粒辐射交联隔离法及直接聚合交联隔离法等。其中，以自生隔离剂法和共凝聚法为主。采用凝聚法制备粉末橡胶，胶乳的凝聚过程是关键步骤。可用的凝聚剂种类较多，有无机盐、无机酸、有机酸、高分子凝聚剂等，如 $NaCl$、$CaCl_2$、$ZnSO_4$、$Al_2(SO_4)_3$、HCl、明矾、骨胶等。实际应用中，选择凝聚剂一般从凝聚能力、消耗量、价格和成本等方面考虑。相比而言，无机盐凝聚剂比较经济、用法简单，常用无机盐凝聚剂有 1 价盐、2 价盐及 3 价盐或它们的复合凝聚剂。凝聚剂加入量是影响橡胶成粉的重要因素，适宜的凝聚剂及适当的加入量，既可制得所需大小的橡胶粒子，又可避免胶粒凝结成团[7]。凝聚法是制备粉末橡胶最直接、最经济的方法，其工艺简单、成本低、胶粉细、性能好，代表着粉末橡胶技术发展的方向。以下主要介绍自生隔离剂法、共凝聚法和胶乳接枝法。

1. 自生隔离剂法

中国石油兰州化工研究中心自1990年至今，一直致力于粉末橡胶的研发工作。1990年发明了自生隔离剂法。该方法在凝聚过程中无需加隔离剂，仅靠胶乳中的皂在凝聚过程中自动转化的少量隔离剂(低于5%)即可满足防粘连的要求，且隔离剂可作为橡塑加工助剂应用于加工步骤[7]。该技术达到了凝聚法制胶粉的国际领先水平。

2. 共凝聚法

共凝聚法是在有外加隔离剂、填料条件下的凝聚，包括含填料胶乳混合液的制备和胶乳混合液的凝聚。共凝聚粉末橡胶也可称为填充型粉末橡胶，其粉末化体系主要由胶乳、填料和包覆剂混合液构成。为了使共凝出的粉末橡胶与填料混合均匀，需将填料配成稳定的悬浮液，一般需要一定量的乳化剂或分散剂保证体系稳定，将填料悬浮液加入胶乳中制成胶乳混合液，然后进行含填料的胶乳混合液的凝聚，其原理与纯胶乳凝聚原理基本相同。

共凝聚法所用的填料包括无机填料、有机填料、树脂乳液、无机物胶体等。其中，无机填料和有机填料不能直接加入胶乳中，需要将其制成稳定的悬浮液后再与胶乳均匀混合。填料的用量一般为30%~70%，一方面，起隔离作用，防止凝出的胶粒粘连；另一方面，它也是胶料配方中的组分。

共凝聚法中具有代表性的技术有炭黑共沉法。炭黑共沉法制备的粉末橡胶主要有粉末天然橡胶、PNBR、PSBR等[8]，以高耐磨炭黑为隔离剂的粉末橡胶也有广泛的研究。炭黑共凝聚粉末橡胶是最具有生产实际意义的粉末橡胶。该方法是采用低温生产工艺，按照典型配方首先合成橡胶胶乳，再根据生产填充炭黑粉末橡胶母炼胶的配方，将脱气的胶乳、研磨炭黑和抗氧剂进行混合，物料在强力搅拌下送至凝聚槽进行共凝聚。所使用的凝聚剂以无机酸的水溶液为宜，最好采用硫酸的稀溶液。为了保证共凝聚完全，需要在物料凝聚率为5%时，将其输送至皂转化槽，以使有机皂部分转化为有机酸，之后再加添加剂以及絮凝剂和酸，确保凝聚过程的乳清清澈，使其凝聚完全。

炭黑共沉法具有如下特点[9]：(1)由于填充了大量的炭黑，不需要特别的隔离剂；(2)在粉末粒径的分布控制上，将粒径大于1.0mm的粒子送去研磨机研磨，粒径小于0.5mm的粒子返回凝聚槽作为凝聚“种子”进行二次凝聚，有效控制了粉末粒径的大小；(3)为了防止后处理过程中粉末粒子的过度附聚，其脱水工艺采取离心滤饼高含水量，干燥工艺采取低温、长停留时间的多单元流化干燥器；(4)凝聚过程和通用橡胶的凝聚过程相似，因此适合生产和通用型橡胶性能相同的粉末橡胶。

3. 胶乳接枝法

胶乳接枝法是在胶乳粒子表面接枝一层硬质单体，接枝完成后使乳液破乳，橡胶成粉。各种橡胶均可以采用胶乳接枝法制得粉末橡胶。胶乳接枝法制备粉末橡胶一般有3种工艺：第一种是先接枝、后凝聚工艺；第二种是先附聚、再接枝、后凝聚工艺；第三种是先凝聚、再接枝工艺，即悬浮接枝法。

胶乳接枝聚合过程中受到胶乳种类及浓度、胶乳粒径、胶乳凝胶含量、引发剂种类及用量、乳化剂种类及用量、单体的种类及浓度的影响。橡胶胶乳粒子的接枝反应既可以在胶乳粒子内部发生，也可以在胶乳粒子表面发生。

接枝胶乳是高分散性乳胶体系，其中接枝的橡胶粒子粒径为70~400nm。由于乳化剂的作用，胶乳粒子不发生附聚，整个胶乳体系处于稳定状态。接枝胶乳按照电荷中和机理凝聚，接枝胶乳的乳化剂为阴离子乳化剂，胶粒表面带负电荷，当加入带正电荷的电解质后，带正电荷的离子与乳化剂作用，使乳化剂失去作用，失去乳化剂保护的橡胶粒子在搅拌作用下互相碰撞，小粒子附聚成大粒子。影响凝聚效果的因素有凝聚剂种类及用量、凝聚温度、搅拌转速、凝聚方式、水胶比等。接枝橡胶的凝聚工艺分为间歇凝聚和连续凝聚，关键设备是接枝聚合釜和凝聚釜。

第二节　粉末橡胶技术

一、技术概况

中国粉末橡胶的研制始于20世纪70年代。自20世纪90年代以来，中国石油一直致力于橡胶粉末化研究，并持续不断地开展产业化推广。中国石油兰州化工研究中心早期研究采用喷雾干燥法技术，后来开发成功胶乳直接凝聚法成粉技术，并采用该技术于1992年在兰州石化建成一套600t/a PNBR装置。“十二五”期间，又建成一套3×10^3t/a PSBR装置，可生产各种牌号乳液聚合粉末橡胶产品，并开发出PSBR1500、PSBR1502、PSBR1712、PS-BR1721和PNBR32、PNBR41，产品性能达到国际先进水平[10]。3×10^3t/a PSBR装置采用中国石油兰州化工研究中心开发的凝聚法粉末橡胶制备技术，与其他粉末橡胶工艺相比，具有流程短、动力消耗低、橡胶含量高、成本低等优势，产品不仅可用作橡胶制品，还可用作非橡胶制品，如树脂改性、沥青改性、防水建材等。

中国石油“昆仑牌”粉末橡胶产品以其胶含量高、质量稳定、生产规模大、技术服务强等优势得到用户的一致好评，成功应用于沥青改性和PVC改性方面。“昆仑牌”粉末橡胶产品主要依托兰州石化15.5×10^4t/a ESBR、7×10^4t/a NBR以及3×10^3t/a PSBR装置，产品成本相对较低，盈利能力显著。北京至大同高速公路、国道107线均采用兰州石化生产的PSBR作为沥青改性剂，效果良好。深圳、沈阳、兰州、宁夏、青海、上海、新疆等数十个省市的几十家沥青改性专业公司对兰州石化的PSBR进行了试验研究，取得了良好的效果。粉末橡胶在轮胎、胶管、胶鞋、胶带等的应用也正在拓展中[11]。

二、关键技术

中国石油开发的粉末橡胶尤其是环保型粉末橡胶技术，涉及隔离体系、凝聚工艺、离心脱水和干燥工序、粉末包装、贮运及应用研究等，实现了环保型PSBR、PNBR、粉末氯丁橡胶(PCR)产品开发。

1. 多元隔离剂的制备技术

采用高分子包覆剂、硬脂酸钙、无机载体填料等组分进行复配，制备成多元隔离剂，解决了橡胶冷流、自黏、难于隔离的技术难题。通过调整多元隔离剂中各组分的比例，制备出适用于 SBR、NBR、CR 等不同种类胶乳凝聚成粉的适配性隔离剂。

2. 直接凝聚法粉末橡胶技术

直接凝聚法粉末橡胶技术工艺路线如图 10-2 所示，主要包括凝聚成粉、过滤粉碎和干燥工序。

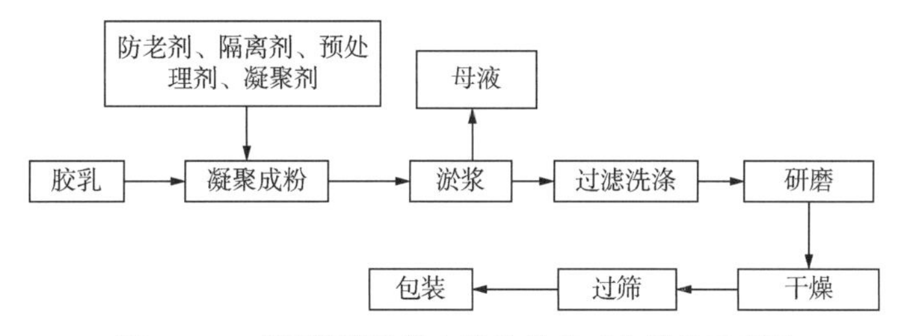

图 10-2　直接凝聚法粉末橡胶技术工艺路线示意图

1）凝聚成粉工序

通过助剂的分段加入、阶梯控温技术以及变剪切搅拌技术实现渐变式凝聚成粉，使乳胶粒子逐步自乳液中析出，制得粒度均匀、脱水顺畅、干燥时不黏附、贮存稳定的 PSBR。通过渐变式凝聚成粉技术达到了粉末粒径可控的目的，所生产出的粉末橡胶平均粒径小于 1.25mm。开发的 PSBR1500E、PSBR1502E、PNBR3306 和 PCR244 产品，其技术指标基本与原牌号的块状胶相当，达到块状胶优级品标准。

2）过滤粉碎工序

自行设计粉末橡胶离心滤饼分散专利设备，该设备既能将粉末滤饼重新分散为初级的凝聚粒子，又不致使易于结块的粉末滤饼挤压成橡胶胶块，该设备的发明保证了工艺过程的连续性。

3）干燥工序

经初步脱水后的粉末橡胶(含水量约为 30%)在 50~80℃的干燥温度下，经流化干燥—旋风干燥组合式干燥器处理后，成品含水量小于 1.0%，干燥过程无黏附器壁、结块等现象，达到国际同类产品技术指标。

三、粉末橡胶产品

1. PNBR

NBR 最先粉末化的原因是由于塑料加工的需要，适用于塑料加工要求的是交联型橡胶，门尼黏度大的橡胶使用中溢流现象轻微，容易粉末化。PNBR 虽是 NBR 生产中的一个小分支，但其应用面广、附加值高，市场发展前景良好[12]。

PNBR 分为非交联型、半交联型及交联型 3 种。生产 PNBR 的原料可以是大块橡胶，或者是胶乳、悬浮液，且使用胶乳或悬浮液最为经济。PNBR 的制备方法较多，按照采用的原料分为 3 类：以胶乳为原料的凝聚法、喷雾干燥法；以悬浮液为原料的直接隔离法；以块状胶为原料的冷冻粉碎法。

最早生产的 PNBR 多为凝胶含量高、门尼黏度大的产品。随着技术的进步，2001 年中国石油兰州化工研究中心开发出与各种块状胶相对应的 PNBR，与块状胶一致，PNBR 可以按结合腈、门尼黏度、化学组成分类；此外，自主开发的 PNBR 专用胶乳具备优异的凝聚成粉性能。

中国石油兰州化工研究中心自 1988 年开始进行自生隔离剂法的研究，于 1992 年利用该法成功制备 PNBR，可生产 PNBR4001、PNBR4002、PNBR3306、PNBR32 等 12 个牌号的 PNBR 产品，典型产品 PNBR32 和 PNBR3306 的技术指标列于表 10-1。

表 10-1　PNBR32 和 PNBR3306 产品技术指标

项目	指标	项目	指标
门尼黏度，$ML_{1+4}^{100℃}$	50±5	挥发分,%	≤1.0
结合丙烯腈含量,%(质量分数)	32±3	粉末粒径，mm	≤1.25
灰分,%	≤1.5	颜色	白色或微黄色

2. PSBR

SBR 作为产量最大的合成胶种，对其进行粉末化研究和生产具有非常重大的理论和现实意义[13]。

PSBR 的生产方法按照原料可分为两种：一种是以块状 SBR 为原料的制备方法，包括机械粉碎法、化学粉碎法、Holliday 法等；另一种是以丁苯胶乳或 SBR 溶液为原料的制备方法，包括喷雾干燥法、闪蒸干燥法、冷冻干燥法、干胶乳法、聚合法、共凝聚法等，其中共凝聚法又包括硅酸钠溶液包覆共凝聚法、淀粉黄原酸盐共凝聚法、炭黑共凝聚法、高分子膜包覆共凝聚法等。

早期的 PSBR 商品含有大量填充剂，使用最多的是以炭黑为填料的 PSBR，主要用作橡胶轮胎制品，现在已可生产与块状 SBR 性能相当的各种 PSBR，可直接用于制造橡胶制品，也可用于高分子聚合物改性。此外，由于 PSBR 具有优异的耐低温性能，因此还可用于沥青改性。

中国石油兰州化工研究中心开发的 PSBR 产品隔离剂含量约为 6%，典型产品技术指标列于表 10-2。

表 10-2　PSBR 典型产品技术指标

项目	PSBR1500E	PSBR1502E
门尼黏度，$ML_{1+4}^{100℃}$	45~59	44~56
结合苯乙烯含量,%(质量分数)	23.5±1	23.5±1
灰分,%	≤1.5	≤1.5
挥发分,%	≤1.0	≤1.0
粉末粒径，mm	≤1.25	≤1.25
颜色	白色或微黄色	白色或微黄色

3. PCR

CR 是一种以 2-氯-1,3-丁二烯为单体，通过乳液聚合而制得的弹性体，也是常用的橡胶品种之一。作为 CR 的一个重要品种，黏结型 CR244 是黏合剂行业的重要原料，其性能优异，广泛应用于建筑、矿业、交通、民用等诸多领域，且仍在不断拓展应用范围。

市场上供应的 CR244 以片胶为主，以 PCR 代替传统片胶生产硫化胶制品时可达到节能省时、提高混炼胶质量、减少设备投资、降低成本、提高生产过程自动化控制水平等效果。中国石油兰州化工研究中心开发的 PCR244 产品技术指标列于表 10-3。

表 10-3　PCR244 产品技术指标

项目	指标	项目	指标
15%甲苯溶液黏度，mPa·s	1000~10000	挥发分，%	≤3.0
剥离强度，N/cm	≥75	粉末粒径，mm	≤1.25
灰分，%	≤1.5	颜色	白色或微黄色

四、影响成粉效果的主要因素

1. 隔离剂对成粉效果的影响

1）隔离剂种类

隔离剂的种类直接影响胶乳能否粉末化、粉末化效果以及产品的使用性能。考虑到丁苯胶乳、丁腈胶乳和氯丁胶乳的自身特点，合理选择了脂肪酸类化合物（A、B、C）、硅化合物（D）以及碳酸盐（E）3 类物质复合隔离剂，考察复配隔离效果。以金属盐作为凝聚剂，分别进行了不同胶乳的粉末化试验。隔离剂种类对成粉效果的影响见表 10-4。

表 10-4　隔离剂种类对成粉效果的影响

性能	粉末橡胶种类	隔离剂种类								
		A	B	C	A+D	B+D	C+D	A+D+E	B+D+E	C+D+E
脱水性	PSBR	○	×	×	○	×	×	○	×	×
	PNBR	×	○	×	×	○	×	×	○	×
	PCR	×	×	○	×	×	○	×	×	○
流动性	PSBR	×	×	×	○	×	×	○	×	×
	PNBR	×	×	×	×	○	×	×	○	×
	PCR	×	×	×	×	×	○	×	×	○
稳定性	PSBR	×	×	×	×	×	×	○	×	×
	PNBR	×	×	×	×	×	×	×	○	×
	PCR	×	×	×	×	×	×	×	×	○

注："×"代表效果差，"○"代表效果好。

隔离剂 A、B、C 分别对 PSBR、PNBR 和 PCR 橡胶粒子具有较好的防黏作用，脱水过程中粉末粒子不发生粘连；隔离剂 D 可以很好地改善粉末橡胶的流动性，主要是起到防止粉末橡胶产品在干燥、输送过程中二次粘连的作用；隔离剂 E 主要防止粉末橡胶产品在贮存过程中发生粘连，改善其贮存稳定性。

从表 10-4 中还可以看出，各种隔离剂单独使用效果不甚理想，隔离剂 A+D+E 可以对 PSBR 发挥良好隔离作用，制备出滤饼脱水、干燥流动性、贮存稳定性综合性能最佳的 PSBR 产品；同样，隔离剂 B、C 分别与隔离剂 D+E 进行复配，可得到相应的适用于 PNBR、PCR 的复合隔离体系。

2）隔离剂用量

隔离剂用量对粉末橡胶的粒径和抗黏性有明显影响。隔离剂用量少，不能在胶乳粒子表面形成稳定的包覆层，从而使粒子相互粘连，颗粒变大；隔离剂用量多，形成的粒子太小，淤浆容易起泡沫，不易过滤洗涤，并且在挤压受力时易粘连，影响收率。在隔离剂用量为2.5~5.5质量份时，考察了其对SBR成粉效果的影响，结果见表10-5。

表10-5　隔离剂用量对SBR成粉效果的影响

隔离剂用量，质量份	粒径筛分占比,%			
	>1.25mm	≤1.25mm	≤0.9mm	≤0.45mm
2.5	10.2	89.8	0	0
3.5	9.5	90.5	37.6	0
4.5	5.3	94.7	88.3	30.0
5.5	0.7	99.3	98.5	53.5

从表10-5中可以看出，当隔离剂用量为2.5~5.5质量份时，随着隔离剂用量的增大，粉末橡胶的粒径变小；当隔离剂用量为5.5质量份时，98.5%的产物过筛(直径为0.9mm)，因此隔离剂用量以5.5质量份为佳。

隔离剂用量对NBR成粉效果的影响见表10-6。从表10-6中可以看出，当隔离剂用量为3.0~6.0质量份时，随着隔离剂用量的增大，粉末橡胶的粒径变小；当隔离剂用量为6.0质量份时，98.6%的产物过筛(直径为0.9mm)，因此隔离剂适宜用量为5.0~6.0质量份。

表10-6　隔离剂用量对NBR成粉效果的影响

隔离剂用量，质量份	粒径筛分占比,%			
	>1.25mm	≤1.25mm	≤0.9mm	≤0.45mm
3.0	16.4	83.6	4.4	0
4.0	10.5	89.5	7.8	0.8
5.0	3.6	96.4	42.3	31.0
6.0	1.4	98.6	50.8	48.3

隔离剂用量对CR成粉效果的影响见表10-7。从表中可以看出，当隔离剂用量小于10质量份时，凝聚过程易成块；隔离剂用量过大，又会造成生产成本增加，因此适宜的隔离剂用量为15质量份。

表10-7　隔离剂用量对CR成粉效果的影响

隔离剂用量，质量份	平均粒径，mm	成粉率①,%
30	0.78	95
20	0.82	98
15	0.77	100
10	0.79	99
5		不成粉

①粒径不大于0.9mm的筛分占比。

2. 凝聚剂对成粉效果的影响

1）凝聚剂种类

分别选择 Na^+、Mg^{2+}、Ca^{2+}、Al^{3+}、Zn^{2+} 等金属盐水溶液作为凝聚剂进行凝聚试验。结果表明，2 价、3 价金属盐凝聚时易形成包胶、结块现象，而 Na^+ 作为凝聚剂时易于成粉。这是因为 2 价、3 价金属盐凝聚能力极强，可以使胶乳迅速固化成块，同时其还和乳化剂作用，形成不溶性(或微溶性)乳化剂的 2 价盐、3 价盐，使胶乳的稳定性急剧下降，其对胶粒的隔离作用也减弱。因此，选用凝聚作用较温和的 Na^+ 作为凝聚剂，有利于成粉。

2）凝聚剂硬度

凝聚剂 Na^+ 盐中 Mg^{2+} 和 Ca^{2+} 含量对胶乳成粉效果的影响见表 10-8。从表中可以看出，当凝聚剂 Na^+ 盐中 Mg^{2+} 和 Ca^{2+} 含量大于 800μg/g 时，各胶乳的成粉率都急剧下降；而当 Mg^{2+} 和 Ca^{2+} 含量小于 400μg/g 时，成粉率均较高，但凝聚剂用量也随之增加。因此，综合考虑，应选用 Mg^{2+} 和 Ca^{2+} 含量适中的凝聚剂。

表 10-8 凝聚剂硬度对成粉效果的影响

Mg^{2+} 和 Ca^{2+} 含量，μg/g	200	300	400	500	600	700	800	900
PSBR 成粉率，%	97	95	90	84	76	62	54	31
PNBR 成粉率，%	98	96	92	88	80	65	58	34
PCR 成粉率，%	98	95	91	86	78	66	58	33

3）凝聚剂用量

凝聚剂用量对 SBR 胶乳凝聚成粉效果的影响如图 10-3 所示。从图中可以看出，凝聚剂用量对 PSBR 粒径和收率的影响明显，当凝聚剂用量达到 12 质量份时，粉末橡胶粒径较小、成粉率较高。

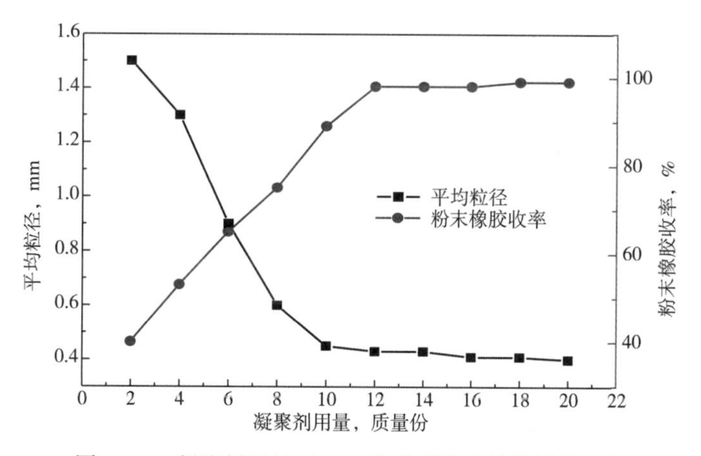

图 10-3 凝聚剂用量对 SBR 胶乳凝聚成粉效果的影响

3. 凝聚体系对成粉效果的影响

1）凝聚体系 pH 值

凝聚体系 pH 值对胶乳成粉效果的影响见表 10-9。从表中可以看出，当凝聚体系 pH 值大于 7 时，成粉率较高；当凝聚体系 pH 值小于 7 时，成粉率下降。这是由于在酸性条件下，部分乳化剂转化成有机酸，失去了对乳胶粒子的隔离作用，因而成粉率下降。

表 10-9　凝聚体系 pH 值对成粉效果的影响

凝聚体系 pH 值	14	9~10	8~9	7	6	4~5	3
PSBR 成粉率,%	98	97	97	96	94	83	58
PNBR 成粉率,%	99.5	98	98	97	96	83	63
PCR 成粉率,%	98	96	96	95	94	82	60

2）凝聚体系水胶比

从生产的角度考虑，应选用较小的水胶比来提高凝聚釜的利用率。但水胶比过小，凝聚体系黏度过大，搅拌困难，凝聚剂难以分散，不利于成粉；而水胶比过大时，由于凝聚体系黏度较小，胶浆浓度较低，容易造成凝聚粒子过细，后处理困难，同时生产效率降低。凝聚体系水胶比对胶乳成粉效果的影响见表 10-10。从表中可以看出，水胶比为(4~8)：1 时成粉率相对较高。综合考虑成本因素，水胶比控制在(5~7)：1 较适宜。

表 10-10　凝聚体系水胶比对成粉效果的影响

水胶比	3：1	4：1	5：1	6：1	7：1	8：1	10：1
PSBR 成粉率,%	94.2	96.8	97.4	97.8	98.5	97.3	94.8
PNBR 成粉率,%	95.7	97.3	98.8	98.2	97.7	99.0	95.5
PCR 成粉率,%	93.7	97.3	98.4	98.9	98.7	99.0	95.3

4. 搅拌转速对成粉效果的影响

搅拌转速对胶乳成粉效果的影响见表 10-11。由表中可以看出，随着搅拌转速的增大，胶乳粒子成粉率先上升后降低。这是因为搅拌转速增大，对胶乳粒子的剪切作用增强，形成的粒径变小；但当搅拌转速太大时，强剪切力破坏了一些胶乳粒子的包覆层，使粒子产生黏结，因此粒径会增大。搅拌转速太低时，对胶乳粒子的剪切作用太小，同时造成隔离剂在胶乳中分散不均匀，隔离效果差，制得的粉末橡胶粒子较粗，干燥时容易发生黏结。PSBR、PNBR 和 PCR 的适宜搅拌转速依次为 500~700r/min、800~1000r/min 和 300~500r/min。

表 10-11　搅拌转速对成粉效果的影响

项目	搅拌转速，r/min											
	200	300	400	500	600	700	800	900	1000	1200	1300	1500
PSBR 成粉率,%	55	80	90	97	99	98	90	80	76	70	60	50
PNBR 成粉率,%	51	65	70	75	80	92	98	99	98	95	70	65
PCR 成粉率,%	55	97	99	97	80	78	77	77	76	70	60	50

5. 凝聚温度对成粉效果的影响

凝聚温度对粉末橡胶粒径影响很大。凝聚温度过高时，凝聚速度过快，胶乳粒子来不及被隔离剂包覆从而黏结成块；凝聚温度过低时，凝聚速度慢，易造成凝聚剂累积至临界点，突然凝聚而黏结成块。凝聚温度对 PSBR、PNBR、PCR 成粉效果的影响分别如图 10-4、图 10-5 和图 10-6 所示。

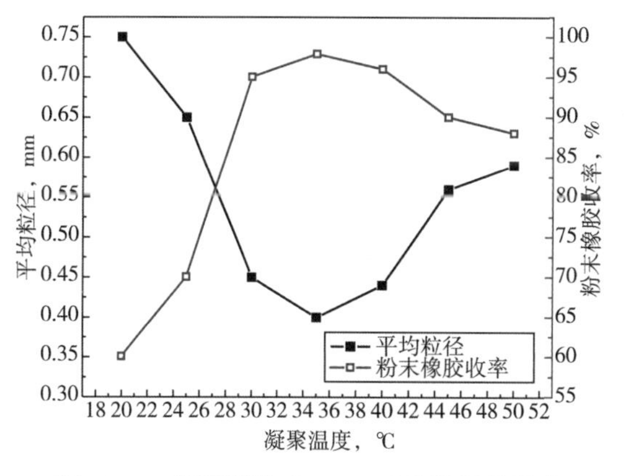

图 10-4　凝聚温度对 PSBR 成粉效果的影响

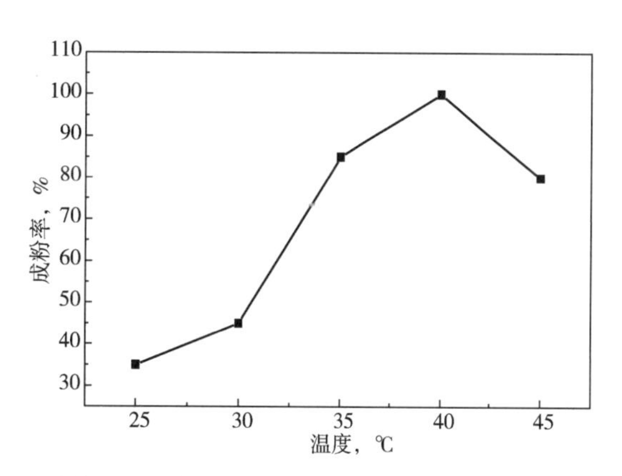

图 10-5　凝聚温度对 PNBR 成粉效果的影响

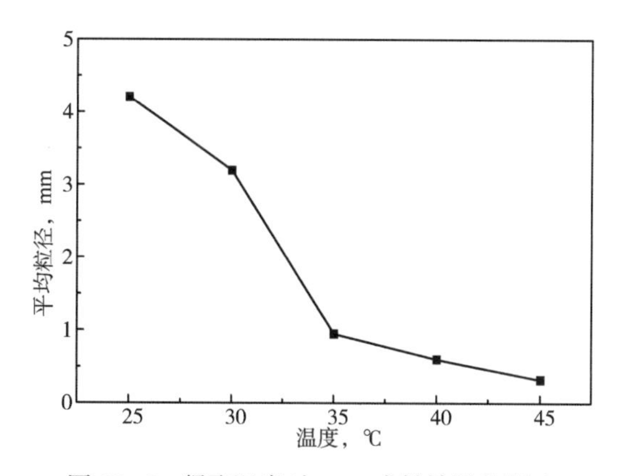

图 10-6　凝聚温度对 PCR 成粉效果的影响

橡胶粉末化存在最佳凝聚温度。当凝聚温度较低时，由于隔离剂流动性较差，分散吸附能力较差，导致成粉率较低；而当凝聚温度升高时，隔离效果逐渐改善，使粉末橡胶粒径变小，成粉率有所提高；但随着凝聚温度的进一步升高，隔离剂在水中的溶解度增大，用于包裹橡胶粒子的乳化剂分子数目减少，胶乳粒子的界面张力增大，胶乳粒子趋于不稳定，并互相黏结成较大的胶乳粒子，以减小界面张力，使胶乳粒子数目减少，粒径增大[14]。此外，随着凝聚温度的升高，橡胶的自黏性增强，容易使凝聚成形的橡胶颗粒结块。PSBR、PNBR 和 PCR 的最佳凝聚温度分别为 30~40℃、35~45℃和 40℃。一般将凝聚温度控制在 30~55℃。

6. 环保型防老剂对成粉效果的影响

为实现粉末橡胶环保化，均采用环保型防老剂，其用量对 PSBR、PNBR、PCR 成粉效果的影响分别如图 10-7、图 10-8 和图 10-9 所示。

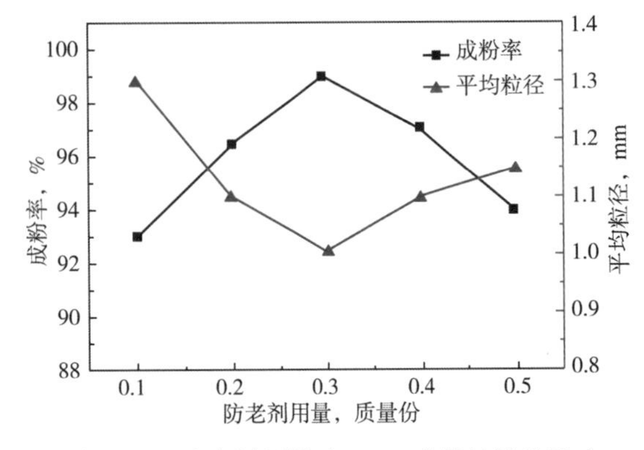

图 10-7　防老剂用量对 PSBR 成粉效果的影响

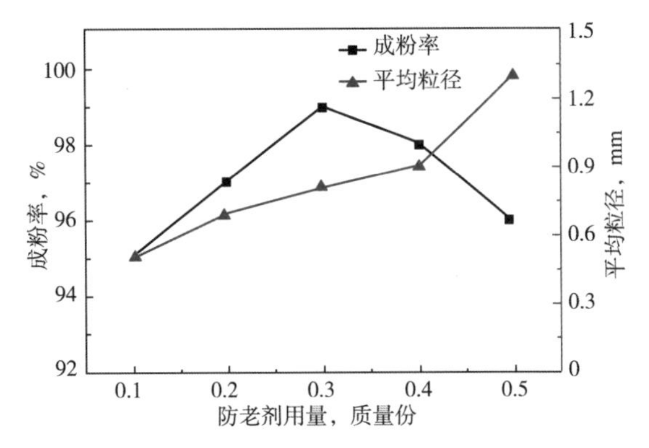

图 10-8　防老剂用量对 PNBR 成粉效果的影响

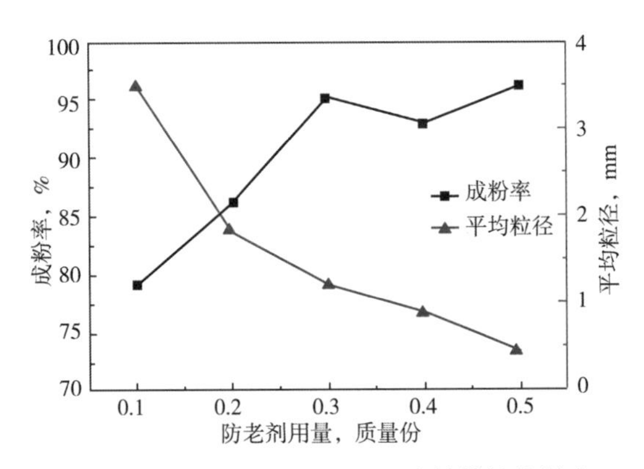

图 10-9　防老剂用量对 PCR 成粉效果的影响

环保型防老剂用量从 0.1~0.5 质量份，SBR、NBR、CR 胶乳均可以成粉，且当防老剂用量为 0.3 质量份时，成粉率最高，但总体来看，防老剂用量对成粉率影响不大。当防老剂加至胶乳后，逐渐进入乳胶粒子并与之结合，先与高分子链及空气中的氧等氧化剂反应，从而保护高分子链不被氧化破坏，起到防止老化的作用[15]。由于防老剂用量较少，与胶乳的相容性也很好，不太影响胶乳的稳定性，一般控制防老剂用量为 0.3 质量份。

第三节　粉末橡胶后处理技术

粉末橡胶后处理技术主要将立式离心机改为卧式离心机，与旋转闪蒸干燥器连用。根据粉末橡胶易黏、热敏的特点，采用组合式干燥器，充分利用余热，使得干燥器处理能力由 60kg/h 提高到 420kg/h，能耗大幅度降低。

一、两种离心机工艺流程对比

装置建成时采用立式离心机，淤浆脱水采用间断向离心机中加入淤浆，然后控制离心机转鼓转速，以实现离心机出口湿粉料中含水量在 30%以下。将离心机中经脱水后的湿粉料先卸至螺旋输送器，再送入旋风干燥器中进行干燥，从干燥器出口得到含水量不高于 1%

的粉末橡胶产品。

在试生产 PSBR 时，将其中一台离心机改为卧式离心机，淤浆连续向离心机输送，经过离心分离后，母液和湿粉料分别从两个流出口连续流出。湿粉料经螺旋输送器连续稳定地输送至旋风干燥器中，得到含水量不高于1%的粉末橡胶产品。

二、两种离心机运行效果对比

在每批投料量为 1t 的情况下，分别采用立式离心机和卧式离心机时，离心机出口和干燥器出口含水量分别见表 10-12 和表 10-13。

表 10-12　立式离心机运行效果

批号	离心机出口含水量,%	干燥器出口含水量,%	成粉率,%
1	24.5	0.6	66
2	25.0	0.5	77
3	25.0	0.6	58
4	29.6	0.8	50
5	30.0	0.4	43
6	31.2	0.8	51
7	34.6	0.8	74
8	37.2	1.0	48
9	42.4	0.6	76
10	42.5	0.8	42

表 10-13　卧式离心机运行效果

序号	离心机出口含水量,%	干燥器出口含水量,%	成粉率,%
1	21.5	0.7	99
2	22.9	1.0	94
3	24.2	0.7	83
4	24.9	0.6	98
5	25.3	0.4	95
6	26.2	0.4	86
7	29.6	0.7	99

在两种离心机出口含水量相差不多的情况下，干燥器出口含水量也相近，但就成粉率而言，卧式离心机要高很多。原因主要如下：(1)立式离心机采用间歇式进排料，导致干燥器进料不均匀，当进料量大时，干燥器各部位温度下降，干燥不彻底，导致产品中水分超标，粉末产品要进行返工再干燥，又容易结块或造成损失，成粉率低；(2)干燥器温度波动使水分不达标，只能调大离心机转鼓转速，以降低离心机出口含水量，使离心力加大，在离心机中的产品被挤压在转鼓内壁上，结块，造成成粉率下降；(3)卧式离心机由于是连续均衡进出料，进入干燥器的物料流量和水分含量稳定，干燥器温度控制平稳，出口水分稳

定，不会出现再干燥现象，因此损失小，加之卧式离心机属于立式转鼓，湿粉料比较松散，不易结块，成粉率高。

三、两种离心机对干燥器温度的影响

由于两种离心机进排料方式的差异，导致其对干燥器温度及出口含水量的影响也不同。

立式离心机由于采用间歇式进排料，向干燥器输送的湿粉料的流量难以实现均衡平稳。由于离心机与螺旋输送器之间没有大的缓冲量，因此当离心机排料时，螺旋输送器就满量程向干燥器输送，干燥器中的温度下降。由于仪表调节滞后，加之干燥器小，物料在干燥器中的停留时间短，因此来不及被完全干燥就已流出了干燥器，这样干燥器温度就低于控制指标，物料中的水分也超标。而当离心机开始大量进料前或排料后期及排料结束时，由于进入干燥器的湿粉料量少甚至无料，干燥器中只有热空气，致使干燥温度较高，由此导致干燥器温度波动非常大，难以控制。

卧式离心机由于采用连续进料，分别连续排出湿粉料和母液，因此进入干燥器中的湿粉料的量和水含量比较稳定，当干燥器各部位温度调整合格稳定后，温度波动就较小，便于控制。

四、离心机转鼓转速对产品脱水及成粉效果的影响

随着离心机转鼓转速上升，离心力增大，脱水效果提高。对同一批淤浆，在进料量相同的条件下，考察了离心机转鼓转速对脱水及成粉效果的影响，结果见表 10-14。

表 10-14　离心机转鼓转速对脱水及成粉效果的影响

转鼓转速，r/min	1000	1500	2000
滤饼含水量，%	30.8	25.0	21.5
成粉率，%	98.5	97.0	95.2

从表 10-14 中可以看出，随着转鼓转速的增大，滤饼紧密度增加，含水量下降，但成粉率降低。这是由于离心转速增大，离心机的实际分离因数提高，即脱水效率提高，但同时也使得滤饼结块的程度加剧。在工业化生产中应平衡离心脱水效果和成粉效果，离心机转鼓转速以 1500r/min 为宜。

“十四五”期间，应大力发展粉末橡胶材料，加快推广 PSBR 和 PNBR，满足市场多元化的需求，将创造良好的社会效益和经济效益。

参 考 文 献

[1] 黄立本，谷育生，黄敬．粉末橡胶[M]．北京：化学工业出版社，2003.
[2] 赵宇．粉末橡胶技术及其发展[J]．化工新型材料，2004，32(9)：5-8.
[3] 刘玉强，殷晓玲．胶粉的生产方法[J]．弹性体，2001，11(3)：40-43.
[4] 王金勤，张艳莉，濮文华，等．克拉玛依 SBR 改性沥青研制及使用性能评价[J]．石油炼制与化工，2007，38(12)：49-53.
[5] Choicharoen K，Devahastin S，Soponronnarit S. Comparative evaluation of performance and energy consumption of hot air and superheated steam impinging stream dryers for high-moisture particulate materials[J]. Applied

Thermal Engineering，2011，31(16)：3444-3452.
[6] 何仕新，戚盛杰，程永祜，等．用凝聚法制备粉末丁腈橡胶[J]．合成橡胶工业，1997，20(6)：331-334.
[7] 李文娟，张守汉，赵继忠，等．高门尼黏度粉末丁苯橡胶1712工业化技术开发[J]．合成橡胶工业，2006，29(5)：327-329.
[8] 乔金梁，魏根栓，张晓红，等．全硫化可控粒径粉末橡胶及其制备方法：CN00816450.9[P]．2003-03-12.
[9] 郑聚成，李树毅，张开立．丁腈胶乳凝聚粉末化技术[J]．石化技术与应用，2005，23(6)：426-428.
[10] 张炳词，程源．胶粉的制造方法[J]．橡胶工业，1993，40(9)：571-573.
[11] 杨艳利，华贲，徐文东，等．低温粉碎橡胶技术在我国的发展前景[J]．化工进展，2006，25(6)：663-666.
[12] 周奕雨，徐挺，李良秀，等．高耐磨炉黑填充型粉末丁腈的制备及性能[J]．合成橡胶工业，2003，26(5)：288-291.
[13] 梁滔，魏绪玲，丛日新，等．粉末橡胶的开发与研究进展Ⅰ．发展概况和生产技术[J]．合成橡胶工业，2009，32(5)：423-428.
[14] 梁滔，魏绪玲，丛日新，等．粉末橡胶的开发与研究进展Ⅱ．研究及应用[J]．合成橡胶工业，2009，32(6)：527-531.
[15] 黄立本，张立基，赵旭涛．ABS树脂及其应用[M]．北京：化学工业出版社，2001.

第十一章　合成橡胶加工及应用技术

合成橡胶加工及应用技术在合成橡胶的使用过程中非常重要。同一种橡胶不同牌号或同一牌号不同生产厂家，加工应用特性均不同，采用不同的加工技术体现出不同的性能特点。本章重点对中国石油的丁腈橡胶(NBR)、丁苯橡胶(SBR)[溶聚丁苯橡胶(SSBR)和乳聚丁苯橡胶(ESBR)]和顺丁橡胶(BR)的性能、配合技术、加工工艺、制品典型配方和加工中常见问题及解决方案进行介绍。

第一节　合成橡胶性能

中国石油可生产NBR、ESBR、SSBR、BR和EPR。合成橡胶的性能是由其结构组成决定的，NBR、SBR、BR等合成橡胶的结构组成、分子量及其分布不同，其性能也有较大差异。

一、NBR性能

NBR的代表性结构单元如下：

$$-CH_2-CH=CH-CH_2-\underset{\displaystyle |\atop \displaystyle CN}{CH}-CH_2-$$

1. 结合丙烯腈含量对性能的影响

NBR按结合丙烯腈含量(质量分数)大体可分为高腈(35%～41%)，如NBR N21、NBR N21L、NBR4105、NBR3604等；中高腈(24%～34%)，如中国石油NBR2907E、NBR2906、NBR2905、NBR3308E和NBR3305E等；低腈(16%～23%)，如中国石油NBR1704E、NBR1806、NBR1805等。NBR中结合丙烯腈含量增加时，其分子极性增加，玻璃化转变温度和溶解度参数提高，对NBR的性能也产生重大影响，如耐磨性提高，耐寒性、回弹性及压缩永久变形性能下降，拉伸强度、抗撕裂强度和硬度均增大，扯断伸长率下降，耐热性提高，耐低温性下降，硫化速率加快，门尼焦烧时间变短，流动性和动态力学性能变差，与PVC的相容性变好等。表11-1显示了NBR中结合丙烯腈含量对其高低温性能的影响。

表11-1　NBR中结合丙烯腈含量对其高低温性能的影响

项目	中国石油NBR1704E	中国石油NBR2907E	中国石油NBR3308E	中国石油NBR N21
硬度(邵尔A)变化	+6	+6	+7	+9
拉伸强度变化率,%	-24	-18	-16	-7
扯断伸长率变化率,%	-54	-38	-34	-23
脆性温度,℃	-66	-45	-38	-32

注：老化条件为150℃，6h。

表 11-2 中列出了 NBR 中结合丙烯腈含量对其耐油性能的影响。从表中可以看出，随着结合丙烯腈含量的增加，硫化胶的拉伸强度逐渐增大，硬度、300%定伸应力、扯断伸长率变化不大；经 1#标准油浸泡后，随着结合丙烯腈含量的增加，NBR 的硬度(邵尔 A)变化、拉伸强度变化率、体积变化率均越来越小，表明其耐油性逐渐提高。

表 11-2　NBR 中结合丙烯腈含量对其耐油性能的影响

项目		中国石油 NBR1704E	中国石油 NBR2907E	中国石油 NBR3308E	中国石油 NBR N21
硬度(邵尔 A)		64	63	65	68
300%定伸应力，MPa		13.23	12.05	13.29	16.64
拉伸强度，MPa		16.24	18.35	19.24	21.07
扯断伸长率,%		439	456	478	407
1#标准油浸泡(24℃，24h)后性能变化	硬度(邵尔 A)变化	+10	+7	+5	+3
	拉伸强度变化率,%	-38	-35	-27	-20
	体积变化率,%	-21	-13	-9	-6

生产耐油制品具体选用哪种牌号的 NBR 应根据制品的具体要求而定，一般情况下可以选用综合性能较好的中国石油 NBR2907E 或 NBR3308E；若对耐油性能要求较高，则考虑选用中国石油 NBR N21。

2. 中国石油 NBR 与国内市场 NBR 结构与性能的对比

1）结构组成、分子量及其分布

表 11-3 中列出了不同 NBR 分子结构组成对比情况。从表中可以看出，结合丙烯腈含量为 24%~31%的 NBR 中，NBR240S 结合丙烯腈含量最低，NBR2865 次之，NBR2907E、NBR2875、NBR2880Z 均较高。NBR2875 的顺式 1,4-丁二烯含量最高，NBR2880Z 和 NBR2865 的居中，NBR240S 和 NBR2907E 的结合丙烯腈含量较低。结合丙烯腈含量为 31%~36%的 NBR 中，NBR1052 结合丙烯腈含量最低，NBR230S、NBR3355、NBR3305E 的结合丙烯腈含量基本相当；NBR1052 的顺式 1,4-丁二烯含量最低，NBR230S、NBR3355 和 NBR3305E 的则差别不大。

表 11-3　不同 NBR 分子结构组成对比　　单位:%(质量分数)

牌号	反式-1,4-丁二烯含量	1,2-乙烯基含量	顺式-1,4-丁二烯含量	结合丙烯腈含量
NBR2875	55.6	8.6	8.3	27.5
NBR2880Z	58.6	7.1	6.3	28.0
NBR240S	61.9	8.9	5.2	24.0
NBR2865	59.8	7.8	6.4	26.0
中国石油 NBR2907E	57.3	6.9	5.7	30.1
NBR230S	55.2	6.9	4.5	33.4
NBR3355	55.4	6.7	4.1	33.8
NBR1052	60.6	6.4	1.8	31.2
中国石油 NBR3305E	54.4	6.2	3.7	35.7

注：以工业化某批产品作为实验样品进行测试。

表 11-4 中列出了不同 NBR 分子量及其分布对比情况。从表中可以看出，结合丙烯腈含量为 24%~30%的 NBR 中，NBR240S 的重均分子量最小、分子量分布最窄，NBR2865 和 NBR2880Z 的均居中，NBR2875 的重均分子量中等但分子量分布最宽，中国石油 NBR2907E 的重均分子量最大，但分子量分布较窄。此外，结合丙烯腈含量为 31%~36%的 NBR，就重均分子量而言，NBR230S 的最小，NBR3305E 的最大，NBR3355 和 NBR1052 的接近；就分子量分布而言，NBR3355 的最宽，NBR3305E 的最窄，NBR230S 和 NBR1052 的居中。

表 11-4 不同 NBR 分子量及其分布对比

牌号	重均分子量	数均分子量	分子量分布指数
NBR2875	18.1×10^4	5.5×10^4	3.30
NBR2880Z	15.5×10^4	4.9×10^4	3.10
NBR240S	12.8×10^4	4.8×10^4	2.70
NBR2865	16.1×10^4	5.2×10^4	3.10
中国石油 NBR2907E	23.6×10^4	8.2×10^4	2.86
NBR230S	11.2×10^4	4.0×10^4	2.80
NBR3355	13.2×10^4	4.3×10^4	3.00
NBR1052	12.9×10^4	5.0×10^4	2.60
中国石油 NBR3305E	18.4×10^4	7.3×10^4	2.52

2）硫化特性

表 11-5 中列出了结合丙烯腈含量为 28%的 NBR 硫化特性对比情况。从表中可以看出，NBR2875、NBR2865、NBR240S 的硫化速率和焦烧时间基本相当，NBR2880Z 和中国石油 NBR2907E 硫化速率基本相同，且中国石油 NBR2907E 的焦烧时间稍短。

表 11-5 结合丙烯腈含量为 28%的 NBR 硫化特性对比

项目	NBR2875	NBR2865	NBR240S	NBR2880Z	中国石油 NBR2907E
焦烧时间，s	155	177	122	179	94
正硫化时间，s	826	815	802	471	479

注：测试条件为 160℃，40min。

表 11-6 中列出了结合丙烯腈含量为 33%的 NBR 硫化特性对比情况。从表中可以看出，NBR230S、NBR3355、中国石油 NBR3305E 硫化速率基本相当，NBR1052 硫化速率最慢，中国石油 NBR3305E 的焦烧时间最短。因此，在 NBR230S、NBR3355 和中国石油 NBR3305E 互相替代使用时，硫化体系不需要调整；而在 NBR1052 与 NBR230S、NBR3355 或中国石油 NBR3305E 互相替代使用时，为了不影响制品的性能，需要调整硫化速率和焦烧时间。

表 11-6 结合丙烯腈含量为 33%的 NBR 硫化特性对比

项目	NBR1052	NBR230S	NBR3355	中国石油 NBR3305E
焦烧时间，s	164	132	128	87
正硫化时间，s	1320	351	357	337

注：测试条件为 160℃，40min。

3）力学性能

表 11 7 中列出了结合丙烯腈含量为 28%的 NBR 力学性能对比情况。从表中可以看出，NBR2875、NBR2880Z、NBR2865 和中国石油 NBR2907E 的拉伸强度、扯断伸长率、300%定伸应力基本相当，NBR240S 的拉伸强度、300%定伸应力均最小，这是由其结合丙烯腈含量最低所致；NBR2875 的压缩永久变形较小，这是由于其结构组成中顺式-1,4-丁二烯含量最高，NBR2865、NBR240S、NBR2880Z 和中国石油 NBR2907E 的压缩永久变形基本相当；NBR240S 和中国石油 NBR2907E 的老化性能基本相当，且均优于 NBR2875、NBR2865 和 NBR2880Z，后三者的老化性能基本相当。

表 11-7 结合丙烯腈含量为 28%的 NBR 力学性能对比

项目		NBR2875	NBR2865	NBR240S	NBR2880Z	中国石油 NBR2907E
拉伸强度，MPa		27.4	27.8	24.1	28.8	28.7
300%定伸应力，MPa		13.2	12.9	9.7	13.8	14.0
扯断伸长率,%		512	508	557	513	541
压缩永久变形,%		59	69	68	65	66
老化（150℃，6h）后性能	硬度(邵尔 A)变化	7	7	6	7	7
	拉伸强度变化率,%	-70	-70	-38	-74	-35
	伸长率变化率,%	-72	-72	-50	-56	-46

表 11-8 中列出了结合丙烯腈含量为 33%的 NBR 力学性能对比情况。从表中可以看出，NBR230S、NBR3355、中国石油 NBR3305E 的拉伸强度和 300%定伸应力基本相近，NBR1052 的拉伸强度和 300%定伸应力均较低，但 4 种胶的扯断伸长率基本相当；NBR230S、NBR3355 和中国石油 NBR3305E 的压缩永久变形均较小且基本相近，NBR1052 的压缩永久变形较大，这是因为其结构组成中顺式-1,4-丁二烯含量较低；中国石油 NBR3305E 的老化性能优于 NBR1052、NBR230S 和 NBR3355，后三者的老化性能基本相当。

表 11-8 结合丙烯腈含量为 33%的 NBR 力学性能对比

项目	NBR1052	NBR230S	NBR3355	中国石油 NBR3305E
拉伸强度，MPa	25.3	28.6	28.9	27.3
300%定伸应力，MPa	9.8	13.8	12.8	14.02
扯断伸长率,%	601	554	586	588
压缩永久变形,%	75	68	65	66

续表

项目		NBR1052	NBR230S	NBR3355	中国石油 NBR3305E
老化（150℃，6h）后性能	硬度(邵尔 A)变化	8	7	-7	-7
	拉伸强度变化率,%	-39	-65	-74	-35
	伸长率变化率,%	-65	-63	-56	-46

二、ESBR 性能

ESBR 的代表性结构单元如下：

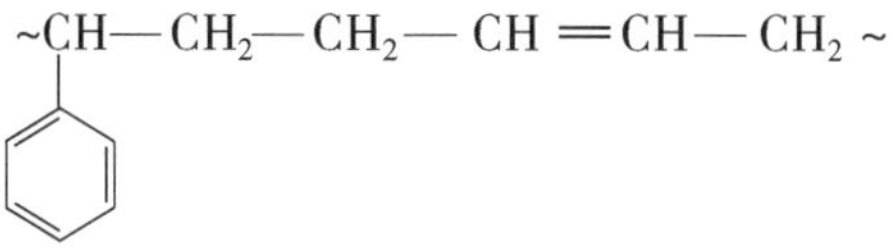

$$\sim\underset{\displaystyle C_6H_5}{\underset{|}{CH}}-CH_2-CH_2-CH=CH-CH_2\sim$$

在丁二烯和苯乙烯的乳聚反应中，两种单体在共聚物链中呈现无规分布。丁二烯的加成反应既可发生在1,4-位置，也可发生在1,2-位置，其中1,4-位置的加成又分为顺式-1,4-和反式-1,4-两种构型。因而，ESBR 的大分子链是以下 4 种结构单元的无规组合：

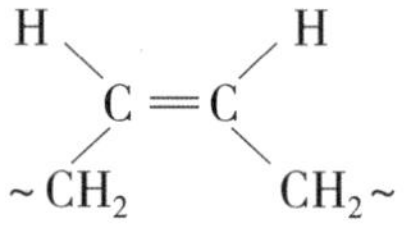

$$\begin{array}{ccc} H & & H \\ & C=C & \\ \sim CH_2 & & CH_2\sim \end{array}$$

顺式-1，4-结构

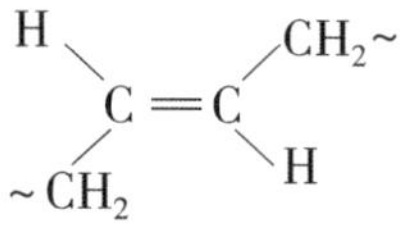

$$\begin{array}{ccc} H & & CH_2\sim \\ & C=C & \\ \sim CH_2 & & H \end{array}$$

反式-1，4-结构

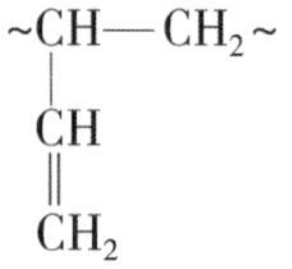

$$\begin{array}{l} \sim CH-CH_2\sim \\ \;\;\,| \\ \;\;CH \\ \;\;\,\| \\ \;\;CH_2 \end{array}$$

1,2-结构

$$\sim\underset{\displaystyle C_6H_5}{\underset{|}{CH}}-CH_2\sim$$

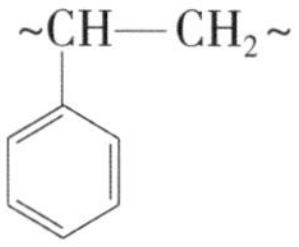

苯乙烯链节

此外，ESBR 分子结构中还存在少量支化与交联结构，其交联结构的产生主要受聚合温度的影响，聚合温度越高，交联速率越快(25℃的交联速率约是 5℃时的 2 倍)，交联结构越多。在冷法或热法的丁苯共聚物中，丁二烯 3 种结构单元的典型分布见表 11-9。

表 11-9　丁二烯 3 种结构单元的典型分布

聚合方法	冷法	热法
顺式-1,4-结构,%	8	15
反式-1,4-结构,%	69	58
1,2-结构,%	23	27

顺式-1,4-结构有利于提高橡胶的弹性，降低玻璃化转变温度。反式-1,4-结构含量增加，抗张强度提高，热塑性好，但弹性降低。当1,2-结构含量增加时，由于支化和交联的结果，增大了大分子的不对称性，从而降低了弹性和低温性能。聚合温度对丁苯橡胶的分子量和结构有极大影响，当聚合温度高时，1,2-结构含量增加，导致支化和交联度提高，

凝胶含量增大，聚合物加工性能变差，并降低了力学性能；而当聚合温度低时，产品中1,4-结构含量增加，从而使产品具有优良的力学性能。此外，1,2-结构的减少也大幅改善了ESBR的加工性能。

随着结合苯乙烯含量的增加，ESBR的拉伸强度、耐磨性能、硬度、抗湿滑性能提高，低温性能变差，滚动阻力增大。

ESBR的玻璃化转变温度主要受结合苯乙烯含量影响，其次也受丁二烯3种结构单元比例及其键接方式影响，结合苯乙烯含量越少，玻璃化转变温度越低。通用ESBR的玻璃化转变温度为-57~-50℃，结合苯乙烯含量为70%的ESBR的玻璃化转变温度约为18℃，结合苯乙烯含量为10%的ESBR的玻璃化转变温度则为-75℃。聚合物的分子结构影响其分子链段活动的自由度。任何影响分子链中—C—C—键自由旋转的因素，如空间位阻、次价键力、大分子支化及交联结构等，都会使玻璃化转变温度升高。

ESBR的微观结构单元主要有反式-1,4-丁二烯、顺式-1,4-丁二烯、1,2-丁二烯及苯乙烯，相近牌号ESBR的微观结构差别不大。对于充油ESBR，不同充油牌号具有不同的性能。

分子量及其分布对橡胶使用性能和加工性能都有很大的影响。当分子量较大时，拉伸强度和弹性等力学性能提高，可塑性降低，加工性变差。当分子量分布较宽时，加工性能较好。但分子量分布过宽时，反而会使拉伸强度和弹性等力学性能受损。如果分子量分布窄，则混炼胶的黏接性较差，因此聚合时必须控制适当的分子量及其分布。

测定橡胶分子量及其分布最常用的是凝胶渗透色谱(GPC)法，其他如分级沉淀法、柱上淋洗法、浊度法和薄层色谱法等，因过程复杂，人为因素影响大，现已很少采用。ESBR的数均分子量为$(1.5\sim4.0)\times10^5$，分子量分布指数为3~5。

中国石油环保型操作油NAP-10、AP14和TDAE的软化能力均高于非环保的芳烃油，作为操作油使用时，在同一配方下，达到同一混炼胶门尼黏度时所使用的操作油的量相应地降低。作为填充油使用时，达到相同门尼黏度时，干胶的门尼黏度要相应地降低20~40$ML_{1+4}^{100℃}$。作为操作油，芳烃油中的硫和氮含量最高，硫化速率最快，焦烧时间最短。使用环保型操作油，有利于提高胶料加工的安全性。随着油品芳烃含量的增加，橡胶制品的老化性能和耐磨性能都会提高。环保型操作油NAP-10、AP14和TDAE中，AP14的老化性能和耐磨性能最佳。采用环保型操作油NAP-10、AP14和TDAE制作橡胶制品，经过一段时间后会发生油品析出现象，可以通过减少操作油的用量或不同操作油配合使用的方法进行改善。

三、SSBR性能

SSBR有苯乙烯、乙烯基、顺式-1,4-丁二烯和反式-1,4-丁二烯4种结构单元。4种结构单元的数量、序列分布、1，2-结构单元和苯乙烯单元的空间立构对SSBR的性能具有很大影响，尤其是苯乙烯微嵌段链节含量对性能影响较大。

表11-10中列出了结合苯乙烯含量对SBR轮胎性能的影响。从表中可以看出，SSBR中结合苯乙烯含量的增加有利于改善其加工性能，提高轮胎抗湿滑性和牵引性能，但其耐磨性能降低。

表 11-10 结合苯乙烯含量对丁苯橡胶轮胎性能的影响

橡胶类型	结合苯乙烯含量,%	轮胎相对牵引性能	道路磨耗指数
ESBR	23.5	100	100
SSBR	18.0	97	125
	23.9	96	105
	28.4	98	92
	32.6	106	84

在相同乙烯基含量的情况下，SSBR 玻璃化转变温度随着结合苯乙烯含量的增加而升高；同时，结合苯乙烯含量的增加还降低了橡胶的硫化返原性。综合考虑，苯乙烯含量一般控制在 10%~40%[1]。

苯乙烯链节在共聚物中的分布情况也影响橡胶性能，据文献[2-3]报道，苯乙烯微嵌段的存在会改变橡胶的动态力学性能，降低滚动阻力。不过苯乙烯大嵌段将严重损害橡胶的弹性、强度和耐磨性，且生热增加，滚动阻力增大。减少苯乙烯嵌段量可提高硫的利用率，使胶料的硫化网络完善，有利于改进硫化胶的强度、弹性和耐磨性。此外，分子链末端有苯乙烯微嵌段存在时可以减少橡胶的冷流倾向。综合考虑，苯乙烯嵌段含量应控制在 1% 以下。

乙烯基结构含量是影响 SSBR 性能的主要因素[4]。乙烯基结构含量与苯乙烯含量一样，会影响橡胶的玻璃化转变温度，但其影响相对较小。相同玻璃化转变温度的 SSBR 在较高温度下，含较多乙烯基的橡胶比含较多苯乙烯的橡胶具有更低的滞后性，更高的高温回弹性，更低的生热及滚动阻力。随着乙烯基结构含量的增加，生热及滚动阻力、高温回弹性的相对变化值较小。在苛刻条件下，生热随乙烯基结构含量的增加而下降。此外，乙烯基结构还影响硫化胶的硫化返原性，随着乙烯基结构的增多，硫化胶的硫化返原性下降，但交联网络密度下降。

在丁二烯链节中，1,2-结构含量超过 10%时，生胶的玻璃化转变温度增高，其胶料的杨氏模量指数增加，由于杨氏模量指数包含了油和炭黑的作用，因此较玻璃化转变温度与胶料性能的相关性更好。随着杨氏模量指数的增加，摩擦系数和牵引力增大，硫化胶的磨损指数和回弹性下降。

SSBR 中聚丁二烯部分乙烯基结构含量控制在 20%~60%较好[5-6]。分子链中乙烯基结构含量具有一定分布宽度还有利于平衡轮胎的综合性能。顺式-1,4-结构中，因为有孤立双键存在，分子链的柔性较大，橡胶的弹性较好。

SSBR 的分子量超过 20×10^4，与其他橡胶一样，SSBR 混炼时，高分子量部分首先断链，因此当其重均分子量大于 22×10^4 时，在低温(30℃)或高温(130℃)开炼机混炼时，由于高分子量部分断链而导致橡胶刚度下降。正常分子量的 SSBR 在同样条件下，分子链则不易发生断裂。但当开炼机温度为 70℃时，不论分子量高低，分子链几乎都不发生断裂。随着 SSBR 分子量增高，硫化胶的性能(如拉伸强度、定伸、弹性、耐磨性能)均有所改善，但加工性能变差，混炼胶在开炼机中易被压碎，在密炼机中也易压成碎片，压出性能和焦烧安全性降低。

锂系 SSBR 的特点是分子量分布窄，橡胶低分子量级分少，滞后损失小，滚动阻力也小。极低分子量部分一般难以硫化，会增加胶料的滞后损失。分子量分布窄的橡胶加工性能差，分子量分布加宽后可以改善其加工性能。独山子石化生产的高乙烯基 SSBR2564S、SSBR2557S、SSBR2557TH 及 SSBR72612S 具有较好的加工性能、力学性能和老化性能，产品与炭黑结合较好，均具有较好的抗湿滑性能和低滚动阻力。其中，SSBR2557S 具有较好的耐低温性能，SSBR72612S 则具有更低的滚动阻力。

四、BR 性能

BR 的结构单元如下：

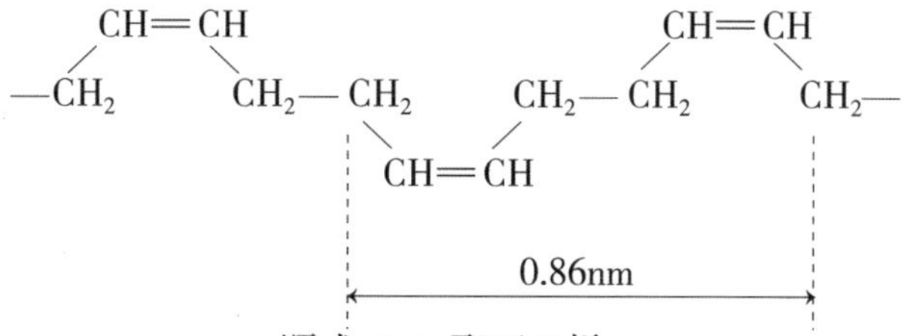

CH═CH　　　　　　　　CH═CH
—CH_2　　CH_2—CH_2　　CH_2—CH_2　　CH_2—
CH═CH
0.86nm

顺式-1,4-聚丁二烯

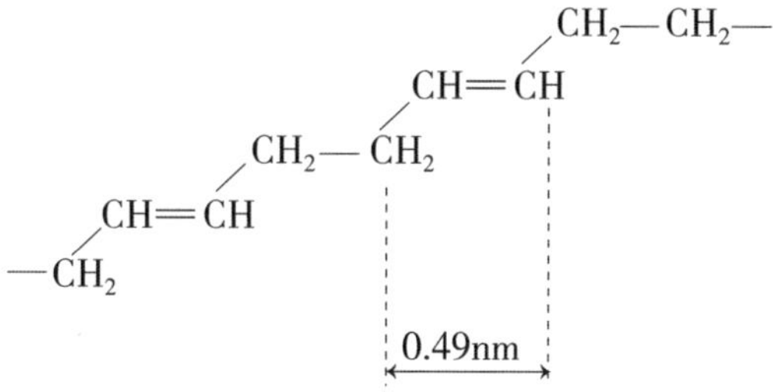

CH_2—CH_2—
CH═CH
CH_2—CH_2
CH═CH
—CH_2
0.49nm

反式-1,4-聚丁二烯

不同厂家生产的 BR9000 在结构组成、分子量及其分布、门尼黏度和硫化特性、力学性能等方面有所区别。

1. 结构组成

表 11-11 中列出了不同厂家 BR9000 的结构组成对比情况。从表中可以看出，不同厂家生产的 BR9000 的顺式-1,2-丁二烯含量、反式-1,2-丁二烯含量、乙烯基含量和凝胶含量基本相同，说明其结构组成差别不大，因此性能也相近。

表 11-11　不同厂家 BR9000 的结构组成对比

项目	国内 A 公司	国外 B 公司	四川石化	国内 C 公司	国内 D 公司	独山子石化
顺式-1,2-丁二烯含量,%	97.8	97.3	97.9	97.3	97.5	97.6
反式-1,2-丁二烯含量,%	1.1	1.3	1.0	1.5	1.2	1.3
乙烯基含量,%	1.1	1.4	1.1	1.2	1.3	1.1
凝胶含量,%	0.2	0.1	0.3	0.2	0.3	0.2

2. 分子量及其分布

BR 分子量及其分布不但影响制品的应用性能，而且与橡胶加工性能密切相关。橡胶的数均分子量越大，其拉伸强度等力学性能越好；分子量分布越宽，橡胶的加工性能较好。表 11-12 中列出了不同厂家 BR9000 的分子量及其分布对比情况。从表中可以看出，不同厂家生产的 BR9000 的分子量及其分布有一定的差异。其中，国内 A 公司生产的 BR9000 的重均分子量和数均分子量均最高，这也是其混炼胶门尼黏度较高的主要原因；国外 B 公司生产的 BR9000 的数均分子量均低于国内生产的，且分子量分布比国内生产的宽。

表 11-12　不同厂家 BR9000 的分子量及其分布对比

生产商	重均分子量，10^4	数均分子量，10^4	分子量分布指数
国内 A 公司	38.0	11.0	3.5
国外 B 公司	34.4	7.6	4.5
四川石化	34.0	9.4	3.6
国内 C 公司	33.3	9.2	3.6
国内 D 公司	32.8	9.5	3.5
独山子石化	33.5	9.4	3.5

3. 门尼黏度和硫化特性

门尼黏度宏观反映橡胶分子量高低。表 11-13 中列出了不同厂家 BR9000 的门尼黏度和硫化特性对比情况。从表中可以看出，不同厂家生产的 BR9000 生胶门尼黏度除了四川石化的稍高，其他基本相同。

表 11-13　不同厂家 BR9000 的门尼黏度和硫化特性对比

项目	国内 A 公司	国外 B 公司	四川石化	国内 C 公司	国内 D 公司	独山子石化
生胶门尼黏度 $ML_{1+4}^{100℃}$	46	44	49	46	46	46
混炼胶门尼黏度 $ML_{1+4}^{100℃}$	71	63	64	64	68	63
混炼胶与生胶门尼黏度差值，$ML_{1+4}^{100℃}$	25	19	15	15	24	16
焦烧时间，s	181	213	186	193	198	216
正硫化时间，s	593	625	625	591	618	596

橡胶混炼前后门尼黏度差值反映的是橡胶的加工性能。从表 11-13 中还可以看出，采用标准检验配方混炼后，不同厂家生产的 BR9000 混炼胶门尼黏度有一定差异。其中，国内 A 公司生产的 BR9000 混炼胶的门尼黏度最大，与其生胶门尼黏度相比差值最大，说明国内 A 公司 BR9000 的加工性能劣于其他 BR9000；其他几个厂家生产的 BR9000 的混炼胶门尼黏度基本相近。

橡胶硫化是橡胶大分子由线性结构变成立体空间网状结构的化学过程，是橡胶加工过程中重要的工艺。不同厂家生产的 BR9000 的焦烧时间和正硫化时间差别较小(表 11-13)，说明其焦烧时间和硫化速率基本相同，互相替代使用时，配方的硫化体系不用进行调整。

4. 力学性能

橡胶的力学性能是检验和控制橡胶质量的重要指标。表 11-14 中列出了不同厂家 BR9000 力学性能对比情况。从表中可以看出，国外 B 公司生产的 BR9000 的拉伸强度、300%定伸应力和硬度偏低。

表 11-14　不同厂家 BR9000 力学性能对比

生产商	硬度(邵尔 A)	300%定伸应力，MPa	拉伸强度，MPa	扯断伸长率，%
国内 A 公司	61	10	15.8	409
国外 B 公司	58	8.5	15.5	505
四川石化	61	9.0	16.2	507
国内 C 公司	59	9.7	16.1	517
国内 D 公司	60	9.5	16.4	549
独山子石化	60	9.6	16.2	506

第二节　合成橡胶配合技术

合成橡胶配合技术是橡胶加工应用技术的重要组成部分，包括硫化体系、补强填充体系、软化增塑体系、防老化体系等配合体系。

一、硫化体系

橡胶硫化(交联)是由线性结构变成立体空间网状结构的过程，硫化胶分子结构在硫化过程中会发生连续的变化，因此使硫化胶的力学性能和化学性能等都发生了质的变化；硫化时其交联密度先增大后减小，而生成的交联键类型以及交联键的分布也都随硫化过程而变化，这些因素都显著影响硫化胶的性能。表 11-15 中列出了橡胶硫化前后性能的变化情况。从表中可以看出，橡胶硫化后，其回弹性、永久变形和耐磨性均变好，硬度、定伸应力和拉伸强度等都增大。

表 11-15　橡胶硫化前后性能的变化

性能	生胶	硫化胶
流动性	大	小
热可塑性	大	小
黏着性	大	小
溶剂溶胀	大	小
老化性	大	小
热稳定性	小	大
透气性	大	小
耐磨性	小	大
硬度	小	大
压缩永久变形	大	小
扯断伸长率	大	小
定伸应力	小	大
拉伸强度	小	大
回弹性	小	大

1. 硫化体系对硫化胶性能的影响

硫化胶的交联结构对橡胶的物理性能和化学性能有着重要的影响，交联结构包括交联键的类型和交联密度。硫化体系主要包括硫化剂、促进剂、活性剂和防焦剂。其中，常用的硫化剂主要有硫黄、过氧化物、酚醛树脂等，可单用也可并用；常用的促进剂按结构分为噻唑类（M、DM）、次磺酰胺类（CZ、NODS、DZ、TBBS）、秋兰姆类（TMTD、TDTM、TMTM）、硫脲类（NA-22）、二硫代氨基甲酸盐类（ZDMC、ZDC）、醛胺类（H）、胍类（D）、黄原酸盐类（ZIX）等；常用的活性剂有氧化锌和硬脂酸；常用的防焦剂一般包括亚硝基化合物（如 *N*-亚硝基二苯胺）、有机酸类（如苯甲酸、邻苯二甲酸酐等）和硫化亚酰胺类（如 *N*-环己基硫代邻苯二甲酰亚胺）等。

不同硫化体系产生的交联键类型和交联结构不同，合成橡胶常用的硫化体系有普通硫化体系、有效硫化体系、半有效硫化体系、平衡硫化体系[7]和过氧化物硫化体系。

对于普通硫化体系，硫黄用量一般为 1.5～2.5 质量份，促进剂用量为 0.6～0.8 质量份。硫化交联键主要是多硫交联键，具有较高的主链改性能力，硫化胶具有较高的强度及耐磨性能，缺点是老化性能稍差、不耐高温。

普通硫化体系交联得到的交联键多数为多硫键，硫在硫化反应中的硫化效率低。实验证明，改变硫黄和促进剂用量比可以提高硫黄在硫化反应中的交联效率，改善硫化胶的结构和产品性能。低硫高促硫化体系和无硫硫化体系得到的硫化胶中交联键的单硫键和双硫键占 90%以上，这种硫化体系硫黄的利用率高，也称有效硫化体系。有效硫化体系具有较高的抗热氧老化性能，但初始动态疲劳性能差。

半有效硫化体系的硫黄用量介于普通硫化体系和有效硫化体系之间，硫化胶既有一定的单硫键和双硫键，也有部分多硫键，使得硫化胶的性能既有较好的动态性能，又有中等程度的耐热性能。

平衡硫化体系由硅 69 与硫黄、促进剂等按一定物质的量比配合组成。该体系使硫化胶的交联密度处于常量，有利于减少或消除胶料的硫化。

对于饱和橡胶，不能用硫黄硫化，需用过氧化物、金属氧化物、酚醛树脂、醌类衍生物、马来酰亚胺衍生物等硫化。过氧化物可以硫化所有的合成橡胶。使用过氧化物硫化体系所得硫化胶具有较好的耐热性，但过氧化物硫化胶的强度较低。氯丁橡胶一般使用金属氧化物进行硫化，如氧化锌、氧化镁等。丁基橡胶常用酚醛树脂和超速促进剂等进行硫化，能形成稳定的—C—C—键和—C—O—C—键，硫化胶具有较好的耐热性能和较低的压缩永久变形性能[7-8]。

NBR、SBR 等合成橡胶的硫化体系主要采用硫黄、过氧化物进行硫化，使用过氧化物硫化体系硫化的橡胶的老化性能较好，永久变形更低。酚醛树脂硫化的橡胶的老化性能更好，但硫化速率较慢。

考察了硫黄用量、普通硫化体系、有效硫化体系、无硫体系、过氧化物硫化体系及促进剂种类对 NBR3305E（中国石油产品）硫化性能的影响，结果见表 11-16 至表 11-21。

表 11-16　硫黄用量对 NBR3305E 硫化性能的影响

项目	硫黄用量，质量份				
	0.5	1.0	1.5	2.0	2.5
焦烧时间，s	154	65	120	201	204
正硫化时间，s	1170	1021	1110	864	619
硬度(邵尔 A)	71	69	73	78	74
300%定伸应力，MPa	5.9	7.9	10.1	12.6	10.0
拉伸强度，MPa	8.3	13.7	25.3	27.5	20.5
扯断伸长率,%	693	625	538	489	454

注：采用标准配方，硫化特性测定温度为 160℃，力学性能测试硫化条件为 150℃，30min。

表 11-17　普通硫化体系对 NBR3305E 硫化性能的影响

项目	硫化体系						
	S/DM	S/M/DM	S/M/DM	S/DM	S/DM	S/DM	S/DM
数量，质量份	2/1	3/0.8/0.5	5/0.8/0.5	3/0.7	2/2.5	1.5/0.7	3/0.5
焦烧时间，s	255	148	97	240	181	298	134
正硫化时间，s	1875	560	384	1573	1314	2274	472
硬度(邵尔 A)	77	78	82	75	78	73	77
300%定伸应力，MPa	14.12	20.90	24.50	18.40	16.60	8.00	17.50
拉伸强度，MPa	30.2	27.7	28.7	26.7	29	23.1	25.3
扯断伸长率,%		545	386	273	362	445	685
扯断永久变形,%	8	4	4	8	8	28	10

注：采用标准配方，硫化特性测定温度为 160℃，力学性能测试硫化条件为 150℃，30min。

表 11-18　有效硫化体系对 NBR3305E 硫化性能的影响

项目	硫化体系	
	S/DM/CZ	S/DM/CZ
焦烧时间，s	640	440
正硫化时间，s	1315	899
硬度(邵尔 A)	70	72
300%定伸应力，MPa	5.76	9.54
拉伸强度，MPa	20.17	24.56
扯断伸长率,%	646	525
扯断永久变形,%	28	20

注：采用标准配方，硫化特性测定温度为 160℃，力学性能测试硫化条件为 150℃，30min。

表 11-19　无硫硫化体系对 NBR3305E 硫化性能的影响

项目	硫化体系			
	TMTD	TMTD	TMTD/NS	TMTD/NS
数量，质量份	2	3	2/1	3/1
焦烧时间，s	61	75	77	80
正硫化时间，s	696	667	643	587

续表

项目	硫化体系			
	TMTD	TMTD	TMTD/NS	TMTD/NS
硬度(邵尔 A)	70	73	75	77
300%定伸应力，MPa	10.4	17.9	15.4	15.0
拉伸强度，MPa	26.1	26.7	27.5	28.4
扯断伸长率,%	623	591	574	560
扯断永久变形,%	20	16	12	12

注：采用标准配方，硫化特性测定温度为 160℃，力学性能测试硫化条件为 150℃，30min。

表 11-20　过氧化物硫化体系对 NBR3305E 硫化性能的影响

项目	硫化体系			
	DCP	DCP/S	DCP/S/DM	DCP
数量，质量份	3	2/0.5	2/0.5/1.5	2
焦烧时间，s	141	144	154	141
正硫化时间，s	1759	720	642	1884
硬度(邵尔 A)	74	75	75	74
300%定伸应力，MPa	23.1	10.5	20.9	20.0
拉伸强度，MPa	24.6	23.4	30.5	22.0
扯断伸长率,%	293	576	422	293
扯断永久变形,%	9	12	12	8

注：采用标准配方，硫化特性测定温度为 160℃，力学性能测试硫化条件为 150℃，30min。

表 11-21　促进剂种类对 NBR3305E 硫化性能的影响

促进剂	硫化时间 min	力学性能				
		硬度(邵尔 A)	拉伸强度 MPa	扯断伸长率,%	300%定伸应力 MPa	扯断永久变形,%
TBSI	20	70	24.6	838	5.1	32
	40	76	30.4	694	8.1	16
	60	76	27.4	626	8.7	10
NS	20	76	29.8	800	6.5	28
	40	77	29.6	650	9.1	16
	60	76	29.7	619	9.7	12
CZ	40	76	30.0	742	7.5	18
TMTD	40	75	26.7	518	11.2	8
DM	40	77	26.6	688	7.5	16

2. 硫化体系对胶料工艺性能的影响

硫化体系对胶料工艺性能影响最大的是焦烧性和抗返原性。

焦烧性是胶料硫化特性中的一种重要性能。所谓“焦烧”，是指胶料在存放或加工操作过程中(如混炼、压延、挤出等)产生早期硫化的现象。造成焦烧的原因很多，从配方设计来说，主要是硫化体系选择不当。选择硫化体系时，应首先考虑促进剂本身的焦烧性能，选择结构中含有防焦官能团(如—SN、NN 和—S—S—)、辅助防焦基团(如羧基、羰基、磺酰基、磷酰基、硫代磷酰基和苯并噻唑基)的促进剂或直接加入防焦剂，防焦剂主要有硫胺类，如 *N*-环己硫代邻苯二甲酰亚胺(PVI 或称 CTP)，防焦效果好；此外，还有有机酸(如水杨酸、邻苯二甲酸酐等)。

返原性是指胶料在 140~150℃长时间硫化或在高温(超过 160℃)硫化条件下，硫化胶性能下降的现象。出现返原现象后，硫化胶的拉伸强度、定伸应力及动态疲劳性能降低，交联密度下降。引起硫化返原的原因如下：一是交联键断裂及重排，特别是多硫交联键的重排以及由此而引起的网络结构的变化；二是橡胶大分子在高温和长时间硫化情况下，发生裂解(包括氧化裂解和热裂解)。

此外，硫黄的加入顺序等也影响硫化胶的性能，如 NBR 与硫黄的相容性差，因此先加硫黄，硫化胶的综合性能更好。

二、补强填充体系

合成橡胶必须经过补强后才具有实用价值。补强的三要素为粒径、表面活性和结构性。例如，炭黑、白炭黑等，可提高硫化胶的定伸应力和抗破坏性能(如拉抻强度、撕裂性能和耐磨性等)，延长制品使用寿命；碳酸钙、陶土等，补强作用很弱，但能在基本不损害胶料性能的前提下，增大胶料体积、降低成本、改善工艺性能或使胶料获得某些特殊要求的性能。

1. 炭黑

炭黑是橡胶典型的补强剂，主要成分为炭的微小颗粒，按制造方法不同可分为槽法炭黑、炉法炭黑和热裂法炭黑等。槽法炭黑粒子小，补强效果强，但因为呈酸性，所以有迟延硫化作用和明显的滞后现象；炉法炭黑粒径分布范围较广，呈碱性，是目前广泛使用的炭黑品种；热裂法炭黑粒子形成链状的聚集体结构，在氧等介质存在的情况下，与橡胶分子链形成二次交联键，起到补强作用。

一般说来，当炭黑粒径趋小(即表面积增大)时，补强效果就会增强，可制得高拉伸强度的硫化橡胶，同样，耐磨耗性、撕裂强度、硬度及应力相应提高，但回弹变小，胶料的黏度增大。高结构炭黑会使挤出膨胀率变小，门尼黏度及定伸应力提高。其次，当炭黑的用量增加时，硬度与应力相应提高，而伸长率下降。如果使用粒径大的炭黑，即使在高填充下，也能得到硬度不高的硫化橡胶。

炭黑按生产原料、方法、补强效果以及用途等可分为几十个品种。表 11-22 中列出了典型炭黑品种及性能。

表 11-22　典型炭黑品种及性能

炭黑品种			粒径，nm	比表面积 m^2/g	相对补强性 (HAF=100)
中文名称	英文名缩写	ASTM 命名			
中粒子热裂法炭黑	MT	N990	201~500	8	21
细粒子热裂法炭黑	FT	N880	101~200	17	38

续表

炭黑品种			粒径，nm	比表面积 m^2/g	相对补强性 (HAF=100)
中文名称	英文名缩写	ASTM 命名			
半补强炉黑	SRF	N741	61~100	25	46
高定伸炉黑	HMF	N601	49~60	30	63
快压出炉黑	FEF	N550	40~48	45	75
高耐磨炉黑	HAF	N330	26~30	80	100
中超耐磨炉黑	ISAF	N220	20~25	115	116
超耐磨炉黑	SAF	N166	11~19	140	125
易混槽黑	EPC	S300	26~30	115	85
可混槽黑	MPC	S301	26~30	150	88
乙炔炭黑	ACET	—	30~40	60	61

炭黑的品种对硫化速率也有影响，pH 值低的槽法炭黑会使硫化速率减慢，定伸应力下降。此外，炭黑粒径趋小，硫化速率也会减慢。表 11-23 中列出了炭黑品种和用量对 NBR3305E 的补强效果。

表 11-23　炭黑品种和用量对 NBR3305E 的补强效果

项目	N330			N990			N770			N550		
炭黑用量，质量份	20	40	60	20	40	60	20	40	60	20	40	60
混炼胶收缩性	大	较大	大	大	大	较大	较大	较小	较小	大	大	较小
300%定伸应力，MPa	13	13	3	13	12	11	11	11	10	12	12	13
拉伸强度，MPa	26.3	25.9	26	25.5	26.0	25.8	25.8	25.6	25.4	26	26.3	26.7
扯断伸长率,%	498	480	471	481	469	450	462	451	439	505	496	476
扯断永久变形,%	12	8	4	12	12	4	4	8	4	4	4	6
热老化硬度变化①	6	6	7	5	8	5	6	7	5	5	7	8

①热老化测试条件为 120℃，70h。

2. 浅色补强剂

浅色补强剂与橡胶的相互作用不强，粒子分散性差，其补强性比炭黑低。具有补强性的白色填充剂，其粒径很小(如白炭黑、含水硅酸盐、微粒子碳酸盐及硬质陶土等)。其中，白炭黑的补强效果仅次于炭黑。

白炭黑主要分为沉淀法白炭黑和气相法白炭黑两类，均以二氧化硅为主要成分，是白色无定形粉状物，质轻而松散。沉淀法白炭黑的平均粒径为 16~100nm，比表面积为 40~170m^2/g；气相法白炭黑的平均粒径为 8~15nm，比表面积为 200~380m^2/g。

在橡胶工业中应用的矿质粒状填料种类很多，如含硅化合物(硬质和软质陶土、无水硅酸铝、硅藻土、长石粉、浮石粉、滑石粉、云母粉、硅酸钙和石棉以及近年开发的硅灰石粉等)、碳酸盐(重质碳酸钙、轻质碳酸钙、活性碳酸钙、白云石粉等)、硫酸盐(硫酸钡、重晶石粉、立德粉、硫酸钙、碱式硫酸铝等)、金属氧化物(钛白粉、氧化铝、氧化镁等)以及其他无机物(磁粉、石墨等)。

矿质填料的用量一般为数十质量份，其主要功能如下：(1)改善工艺性能。(2)赋予某些特殊技术性能。例如，陶土用于工业制品，可赋予制品耐酸碱、耐化学腐蚀、耐热等特性；NBR加入100质量份氧化镁，可使硫化胶耐热性提高至177℃；加入氧化锌，可提高导热性；加入石墨，可改善导电和耐热性；加入磁粉，可制得磁性橡胶。(3)降低成本。

表11-24中列出了通用浅色补强剂对NBR3305E性能的影响。从表中可以看出，浅色填料与炭黑的作用不强，粒子分散性差，因此其补强性比炭黑低，其中白炭黑的补强效果仅次于炭黑。虽然这些填料的补强效果较差，但可以起到增容的作用，降低混炼胶的成本。

表11-24　通用浅色补强剂对NBR3305E性能的影响

项目	轻质碳酸钙	活性碳酸钙	氧化镁	硅藻土	陶土	白炭黑			滑石粉
数量，质量份	50	50	50	50	50	20	30	50	50
焦烧时间，s	197	211	185	201	195	191	181	140	184
正硫化时间，s	573	601	666	662	661	605	602	545	540
硬度(邵尔A)	80	81	82	85	85	80	80	85	80
300%定伸应力，MPa	13.7	13.2	13.9	13.4	12.1	14.4	15.7	18.0	7.4
扯断伸长率，%	500	507	509	521	492	499	457	501	457

注：硫化特性测定温度为160℃，力学性能测试硫化条件为150℃，30min。

三、软化增塑体系

增塑是改善合成橡胶加工工艺的必要手段，尤其是针对较高门尼黏度的合成橡胶。常用增塑方法有物理增塑法和化学增塑法。物理增塑法是利用低分子增塑剂加入生胶的可塑性的方法，其基本原理就是利用低分子物质对橡胶的物理溶胀作用来减小大分子间的相互作用力，从而降低胶料的黏度，提高其可塑性和流动性。化学增塑法是利用某些化学物质对生胶大分子链的化学破坏作用来减小生胶的弹性和黏度，提高其可塑性和流动性。与物理增塑法一样，化学增塑法也不能单独用来塑化生胶，只能作为机械塑化方法的辅助增塑法。

SBR常用的增塑剂为填充油，主要有各种环烷油、芳烃油等油品，不同油品的组成及性质均不同(表11-25)。

表11-25　丁苯橡胶增塑剂填充油的物理化学性质

项目	NAP-10	AP14	TDAE	芳烃油	测试标准
运动黏度(100℃)，mm^2/s	25.4	20.5	19.1	27.3	ASTM D445—2019A
密度(20℃)，kg/m^3	925	998	921	1025	SH/T 0604—2000
S质量浓度，mg/L	64.5	75	84	97	ASTM D5453—2019
N质量浓度，mg/L	29.3	39	54	142	ASTM D4629—2012
闪点，℃	246	248	271	295	ASTM D92—2018

续表

项目		NAP-10	AP14	TDAE	芳烃油	测试标准
碳型分布,%	C_A(芳烃)	10.4	14.5	25	32	ASTM D2140—2008
	C_N(环烷烃)	39.8	36.7	31	28	
	C_P(石蜡烃)	49.8	48.8	44	40	
主成分(PCA)组成,%		2.6	0.96(BIU 检测)	2.6	>3	IP 346—2000
芳烃含量,%(质量分数)		18	95	49.6	99	Q/SY 9020—79

图 11-1 显示了不同油品对 ESBR 门尼黏度的影响。从图中可以看出，NAP-10 的软化能力最强，芳烃油的软化能力最差，其他两种环保型填充油的软化能力居中。这主要是和油品的黏度有关，随着填充油芳烃含量的增加，混炼胶的黏度增大。

图 11-2 显示了不同油品对 ESBR1500E 硫化特性的影响。从图中可以看出，使用三种环保型填充油制备的胶料，混炼胶的焦烧时间、硫化速率差别不大，且芳烃油制备的混炼胶的焦烧时间、正硫化时间均最短。这主要是因为油品中硫和氮元素含量不同所致，含有硫、氮元素越多的油品制成的混炼胶的硫化速率会稍快。NAP-10、AP14、TDAE 三种环保型橡胶油含有的硫、氮元素均比芳烃油少，胶料的加工性更安全。

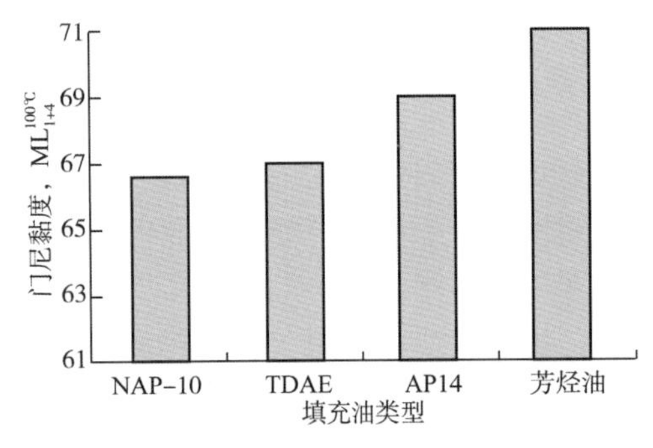

图 11-1 不同油品对 ESBR 门尼黏度的影响

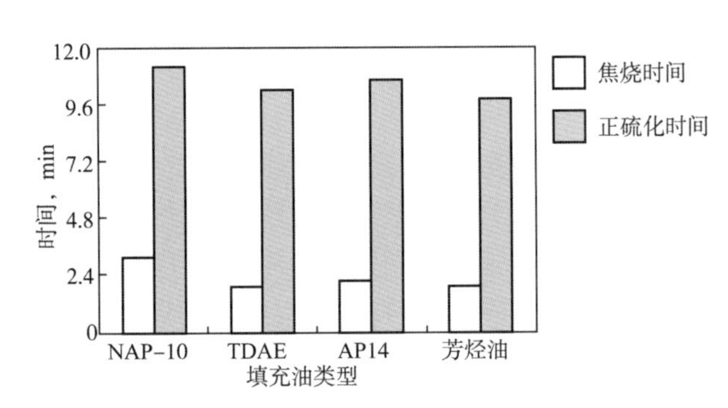

图 11-2 不同油品对 ESBR1500E 硫化特性的影响

表 11-26 中列出了不同油品对 ESBR1500E 物性和老化性能的影响。从表中可以看出，使用芳烃油制备的硫化胶的硬度、拉伸强度和 300%定伸应力均最大，NAP-10、AP14、TDAE 三种环保型填充油制备的胶料的硬度、拉伸强度和 300%定伸应力基本相近。从表中还可以看出，使用 NAP-10、AP14、TDAE 三种环保型填充油制备的胶料老化前后的硬度变化、拉伸强度变化率和 300%定伸应力变化率相差不大，但均大于使用芳烃油的情况。这主要是油品中芳烃含量不同所致，芳烃含量越高的油品与 SBR 的相容性越好，油品受热越不易析出，因此耐老化性越好。

表 11-26 不同油品对 ESBR1500E 物性和老化性能的影响

项目	NAP-10	AP14	TDAE	芳烃油
硬度(邵尔 A)	62	64	65	69
300%定伸应力，MPa	12.8	13.5	13.2	14.2

续表

项目		NAP-10	AP14	TDAE	芳烃油
拉伸强度，MPa		23.9	24.6	24.8	26.7
扯断伸长率,%		491	486	497	460
扯断永久变形,%		12	10	10	8
老化(121℃，72h)后性能变化	硬度(邵尔A)变化	7	7	7	5
	拉伸强度变化率,%	14.6	14.5	14.2	12.0
	伸长率变化率,%	-70	-69	-65	-54

图11-3显示了不同油品对ESBR1500E耐磨性能的影响。从图中可以看出，芳烃油制备的胶料的磨耗损失体积最小，即耐磨性最好，其次是AP14，再次是TDAE和NAP-10。这主要是因为不同油品中的芳烃含量不同，芳烃含量越高的油品与ESBR1500E的相容性越好。

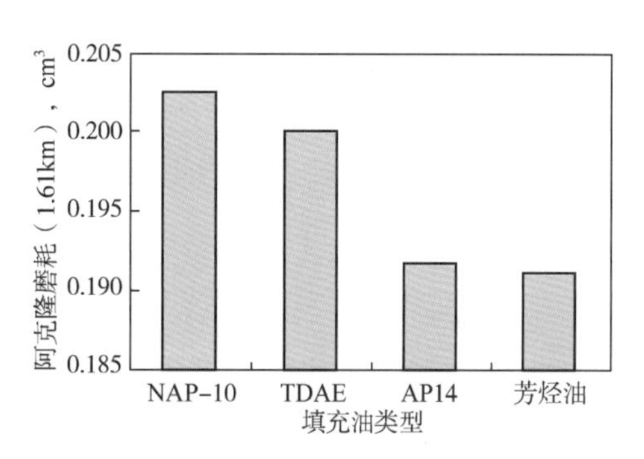

图11-3 不同油品对ESBR1500E耐磨性能的影响

不同芳烃含量填充油对混炼胶、硫化胶的外观也有较大影响(表11-27)。随着放置时间的延长，除加入芳烃油的混炼胶外，其他硫化胶的表面均有不同程度的油析出。加入三种环保型填充油的硫化胶的外观中，NAP-10最差、AP14最好、TDAE居中，主要是因为填充油与ESBR1500E的相容性不同所致。由于油的析出，在进行下一工序(如贴胶、压延等)时就会出现黏合力差的情况，进而影响产品的质量。

表11-27 不同油品对ESBR1500E制品外观的影响

项目	NAP-10	TDAE	AP14	芳烃油
放置100h	少量油污	无油污	无油污	无油污
放置1000h	表面有大片油污	少量油污	基本无油污	无油污
放置2000h	表面有大片油污	少量油污	基本无油污	无油污

对于NBR，增塑剂种类不同，对合成橡胶胶料的黏度和硫化胶的耐热、耐寒、耐油性能的影响也不同。增塑剂的分子量和相容性对NBR未硫化胶黏度的影响较大，增塑剂分子量小时，高温挥发性较大，硫化胶硬度增大。从化学组成来看，聚酯类增塑剂的效果较好。增塑剂的化学组成和分子量对硫化胶的耐寒性有影响，聚酯类增塑剂和己二酸二辛酯(DOA)、癸二酸二辛酯(DOS)的耐寒性较好。不同增塑剂对NBR3305E性能的影响见表11-28。

表11-28 不同增塑剂对NBR3305E性能的影响

项目	空白	DBP	DOP	DOA	古马隆	液丁
数量，质量份	0	5	5	5	5	5
门尼黏度，$ML_{1+4}^{100℃}$	80	77	75	74	75	75

续表

项目	空白	DBP	DOP	DOA	古马隆	液丁
焦烧时间，s	191	195	191	193	187	229
正硫化时间，s	587	576	601	596	556	587
300%定伸应力，MPa	13.3	14.1	12.0	12.9	14.4	12.5
拉伸强度，MPa	26.7	25.4	25.0	24.7	24.9	24.1
扯断伸长率,%	500	527	513	521	530	514
扯断永久变形,%	12	18	18	18	18	18

注：硫化特性测定温度为160℃，力学性能测试硫化条件为150℃，30min。

NBR常用的增塑剂有邻苯二甲酸二丁酯(DBP)、邻苯二甲酸二辛酯(DOP)、DOS、磷酸三甲本酯(TCP)等。增塑剂的特点是能增加胶料弹性、降低硬度，并减小压缩永久变形，但耐寒性较差。增塑剂在制品使用、存放过程中无须抽提时，可使用高分子增塑剂，如聚酯类增塑剂和非干性醇酸树脂；当要求耐寒性时，可选用DOS、DOA等，或者将其进行并用。

四、防老化体系

按照各种不同的老化因素，在合成橡胶选用防老剂时，可采取单用或并用的方式，一般用量为1.5~2.0质量份，在不喷霜和不影响物理性能的情况下，用量可达3~5质量份。防老剂与1~2质量份石蜡并用，可取得良好效果。一般来说，污染型防老剂的防护效果较好，但在白色或浅色制品中，应注意选用非污染型防老剂。在耐油配方中，应选用较难被抽出的防老剂或适当提高用量。用于耐热制品的防老剂有RD、BLE、D等。抗臭氧效果好的防老剂有NBC，也可用防老剂4010NA，或者分别与石蜡并用。

在开发制品时，按以下原则设计配方：首先，选择饱和橡胶(耐老化性能好的橡胶)；其次，选择适当的硫化体系，就硫化体系而言，与硫黄硫化相比，使用过氧化物硫化可以提高NBR、SBR的耐热性，在硫黄硫化体系中，利用低硫硫化产生的单硫键，通过与二硫化物或多硫化物结合也能提高耐热性；第三，选择合适的填充剂，填充剂的品种对耐热性的影响很大，与炭黑相比，白色填充剂中氧化镁的耐热性较好；第四，选择防老剂。

热氧老化，选用胺类防老剂4010NA、酚类防老剂264RD(2,2,4-三甲基-二基化奎琳聚合体)；金属离子的催化氧化，选用*N*，*N*-二亚水杨酸乙二胺、金属离子钝化剂或与胺类防老剂、酚类防老剂并用；臭氧老化，可以覆盖(涂刷)橡胶表面或在配方中加入蜡(石蜡和微晶蜡)、耐臭氧的聚合物、对苯二胺类4010NA、喹啉类AW或H；疲劳老化，4010NA具有优异的抗疲劳老化效果，防老剂H的抗疲劳老化效果好，但喷霜严重。酚类防老剂的防老化效果不如胺类防老剂，主要优点是非污染型，适用于浅色橡胶制品。

不同硫化体系对NBR3305E老化性能的影响情况见表11-29。从表中可以看出，低硫高促过氧化物硫化体系制得硫化胶的耐老化性能相对较好。

表 11-29　不同硫化体系对 NBR3305E 老化性能的影响

项目		硫化体系			
		硫黄	硫黄与促进剂 NS 并用		过氧化二异丙苯
数量，质量份		2	2/1	0.75/2.5	3
硬度(邵尔 A)		75	78	71	70
300%定伸应力，MPa		13.7	12.4	13.2	10.7
拉伸强度，MPa		27	29.5	27.3	23.8
扯断伸长率,%		515	503	520	562
扯断永久变形,%		12	8	8	8
老化(120℃，72h)后性能	老化前后拉伸强度变化率,%	+8	+5	+3	+1
	老化前后扯断伸长率变化率,%	+15	+14	12	10

注：硫化条件为 150℃，30min。

表 11-30 中列出了不同防老剂对 NBR3305E 的防护效果。从表 11-29 和表 11-30 中可以看出，NBR3305E 的防老化一般通过选择适当的硫化体系(如低硫高促体系和过氧化物硫化体系)和加入防老剂的办法实现，加入防老剂如 MB、RD、4010NA 等对防老化作用较好。在选用防老剂时，一般采用并用的形式，用量为 1~2 质量份，若协同加入 1~2 质量份物理防老剂石蜡，则可达到更好的防护效果。在耐油配方中，应选用分子量较大的难于被油抽出的防老剂，或适当提高用量。

表 11-30　不同防老剂对 NBR3305E 的防护效果

项目	防老剂种类					
	RD	MB	NBC	4010NA	K29	石蜡
数量，质量份	2	2	2	2	2	2
硬度(邵尔 A)	77	76	77	76	78	77
拉伸强度，MPa	26	27	27	26	26	25
300%定伸应力，MPa	13.7	13.8	13.2	13.0	12.7	12.1
扯断伸长率,%	500	495	506	510	496	532
老化前后拉伸强度变化率,%	5	9	-10	2	—	8
老化前后 300%定伸应力变化率,%	+2	+7	-5	-1	-10	+2
老化前后扯断伸长率变化率,%	-30	-27	-15	-29	-13	-34
硬度(邵尔 A)变化	11	5	10	9	6	7

注：硫化条件为 150℃，30min；老化条件为 120℃，70h。

第三节　合成橡胶加工工艺

一、NBR 加工工艺

NBR 按照聚合方式可分为高温聚合和低温聚合。高温聚合的产品也称硬丁腈，中国石油目前生产的 NBR1704、NBR2707 和 NBR3604 均为硬丁腈，硬丁腈的分子链支化程度高，凝胶含量多，在混炼前必须经过塑炼，塑炼时生热高，塑炼效果差，因此硬丁腈多采用小辊距(0.5~1mm)、冷辊(40℃以下)、小容量的低温塑炼方式。生胶如果长时间塑炼，温度可达 80℃以上，被破坏的分子链段和凝胶成分会再次凝结，因此高温下塑炼效果不佳，多采用分段塑炼的方法，在辊距为 1mm 以下，通过 10~15 次为一段塑炼，冷却 4h 以上再进行第二次塑炼，达到混炼工艺的可塑性，硬丁腈通常需要 3~6 次塑炼。低温聚合 NBR 凝胶含量少，门尼黏度低，通常在 $60ML_{1+4}^{100℃}$ 以下，最高不超过 $80ML_{1+4}^{100℃}$，混炼时容易吃料，能量损耗小，生胶可以不经过混炼直接塑炼，但适当的塑炼可以提高混炼胶的质量均一性。

NBR 分子结构的强极性决定了其高黏性的特征，采用开炼机混炼时，硫黄的溶解度小，分散困难，因此硫黄应该在初期加入，促进剂后加，炭黑等粉料状配合剂和液体软化增塑剂可分批交替加入，配合剂自辊筒一端逐步加入，始终保持一部分胶料保持包辊状态，防止脱辊，吃料完毕以后翻炼冷却，再薄通翻炼。采用密炼机混炼时，其混炼时需要消耗较高的能量，高门尼黏度胶料的混炼过程中温度变化较大，需要严格控制温度，加强冷却，啮合型转子具有较好的冷却能力，同时，其一般填充系数不超过 65%，而高硬度 NBR 在混炼过程中温度更高，因此选择较低转速的混炼工艺能够更好地控制混炼温度。

NBR 的柔顺性较差、可塑度低、生热量大、膨胀率大，因而挤出性能差，挤出半成品膨胀率大，表面粗糙，易焦烧。为改进挤出性能，需要采用适当配方设计和挤出工艺，才能制得质地致密、表面光滑的产品。NBR 胶料中应加入适量润滑性软化剂(如石蜡)，可以增加柔软性，改善其加工性能，同时提高耐老化性能，胶管配方中可以加入古马隆树脂增加黏性，加入油膏可以改善挤出工艺性能，提高表面光滑度，减少收缩。含胶率高时，挤出膨胀效应显著，可以适当加入填充剂，减少挤出膨胀率，改善胶料工艺性能，在配方要求范围内，填充剂用量越大，胶料挤出性能越好。使用硅酸盐类填充剂可以有效防止薄壁制品变形和压扁等。通常情况下，NBR 挤出胶料的硫化体系以硫黄与促进剂 TS 或硫黄与促进剂 DM 等组合为好，焦烧危险性低。如采用促进剂 TMTD 与 DM 并用，则胶料挤出时表面光滑，并具有耐高温和耐压缩变形的特点。

挤出用 NBR 胶料必须混炼均匀，混炼好的胶料至少放置 16~24h，然后才能提供热炼挤出。NBR 的热塑性较大，但摩擦生热也大，要求挤出机的冷却效果好，机筒和螺杆的温度保持在较低水平。挤出工艺条件如下：机筒温度为 30~40℃，螺杆温度为 30~40℃，机头温度为 65~70℃，口型温度为 80~90℃。挤出时，特别需要充分热炼，才能保证挤出质量，热炼前辊温度为 40℃，后辊温度为 50℃，时间为 4~5min。

二、SBR 加工工艺

SBR 是轮胎制造业使用的主要合成橡胶胶种[8]，主要分为 ESBR 和 SSBR，其加工工序通常包括混炼、模压、压延、成形和硫化。SBR 生胶门尼黏度为 40～60$ML_{1+4}^{100℃}$，可以满足加工要求，一般不需要塑炼，但适当塑炼可以改善压延、挤出等工艺性能。同时 SBR 很容易与其他不饱和橡胶并用，尤其是 NR 和 BR，通过橡胶并用配合调整可以克服 SBR 的一些性能缺点。

ESBR 微观结构上含有一定的支化结构，凝胶含量较少，数均分子量在 $10×10^4$左右，重均分子量为$(40～60)×10^4$，分子量分布指数为 4～6，在加工中分子量降低到一定程度将不再降低，不宜过炼。SSBR 支化结构和凝胶含量均较少，数均分子量在 $20×10^4$左右，重均分子量为$(30～40)×10^4$，分子量分布指数为 1.5～2，分子量分布窄，微观结构组成与 ESBR 差别较大，因此二者的加工特性有较大差异。中国石油针对 ESBR1500E、ESBR1721E、ESBR1778E、ESBR1586E 及 SSBR2557S、SSBR2564S 等各种不同牌号产品在高性能轿车胎、全钢卡客车轮胎、矿山工程胎等领域的应用开展了长期的加工技术开发跟踪工作，开发的改性白炭黑改性补强技术、电子辐照预硫化技术、低温一次法混炼工艺、湿法混炼工艺等，对高性能轮胎的抗湿滑性能和滚动阻力性能、成品的质量控制等均有明显的提升。

塑炼是 SBR 的重要加工工艺之一，开炼机塑炼时，采用薄通法比较有效，辊距较小，塑炼效果较好。通常辊距为 0.5～1mm，辊温为 30～45℃。当采用密炼机塑炼时，要严格控制温度和时间，温度过高、时间过长，都容易产生凝胶，达不到塑炼效果，密炼机塑炼温度一般为 135～140℃。塑炼对硫化胶耐热氧老化和耐紫外老化性能有一定的影响。SBR 塑炼过程中先断链后交联，在一定的塑炼次数下，可以使橡胶的分子量降低，增加可塑性，但是塑炼次数过多，分子量将升高而达不到塑炼的效果[9]。

混炼阶段 SBR 采用开炼机混炼时，要加强辊筒冷却，辊距要小，混炼温度控制在 45～55℃，前辊的温度要低于后辊 5～10℃，配合剂应早期加入，炭黑应分批加入，增加薄通次数，并且进行二段混炼。采用密炼机混炼时，一般采用二段混炼法，炭黑分批加入，排胶温度控制在 130℃以下。

SBR 的可塑性较低，挤出比较困难，主要表现为挤出速度较慢、挤出变形较大、半成品表面较粗糙，可与 NR 并用改善其挤出性能，降低挤出膨胀率。通过配合使用填充剂能降低胶料的膨胀率，改善挤出性能，选用炭黑以快压出炉黑为优，无机填料以陶土或活性碳酸钙为佳。白炭黑用量多时，胶料硬度增加，但可用三乙醇胺或并用活性碳酸钙、陶土等改善挤出效果。同时，加入适量的操作油、石蜡和油膏等软化剂，可以改善挤出性能。SBR 挤出时胶料需要进行充分热炼，挤出温度因胶料组分和设备而异，一般挤出温度如下：机筒为 40～50℃，机头为 70～80℃，口型为 90～100℃。表 11-31 中列出了中国石油 ESBR1502 的挤出性能。

表 11-31 ESBR1502 的挤出性能

项目		ESBR1502	ESBR1502/NR①
挤出速度，g/min		60	60
螺杆转速，r/min		42	46
口型膨胀率,%		120	26
挤出指数	棱边	3	3.5
	棱角	3.5	4
	表面	3.5	3

①两种胶种并用，质量份均为 50。

SBR 的硫化曲线平坦，硫化速率较慢，胶料不易发生焦烧和过硫。在加工过程中应该注意胶料使用前要进行返炼，返炼后的胶料应在 48h 内用完，返炼过程中严防其他胶料碎屑，以免形成缺陷，影响胶料质量。对于高硬度胶料，在压制时模具单位面积压力应大于 10MPa。当硫化厚度超过 6mm 时，厚度每增加 2mm，硫化时间延长 5min。压制过程中有金属骨架的制品应根据所用胶黏剂固化速度适当延长硫化时间。

SSBR 分子结构中含有不同苯乙烯、乙烯基和顺式结构链段，不同链段组成的 SSBR 加工性能差异性较大，在节约燃油和抗湿滑性能方面具有天然优势，而白炭黑改性补强技术、电子辐照预硫化技术、低温一次法混炼工艺等加工应用技术是 SSBR 在轮胎领域的必要技术，是轮胎制造工艺的重点研究方向，目前均已在中国石油下游领域实现应用。

1. 白炭黑改性补强技术

SSBR 是非极性橡胶，而白炭黑为极性粒子，因此白炭黑难以分散。通常可以使用高活性白炭黑，但由于结构性较高会出现加工性能不佳等问题。当前轮胎行业使用的技术为白炭黑偶联改性技术，使用硅烷偶联剂就会出现“硅烷化”的过程。硅烷化反应通常需要在 155℃以上，且混炼需要在相对恒定的温度下持续一段时间，因此 SSBR 的白炭黑配方需要在高温下持续混炼一段时间，需要考虑的是如何去除硅烷化过程中产生的水和乙醇等副产物。中国石油研究了非硅烷改性白炭黑增强 SSBR 技术，有望实现白炭黑表面改性低碳排放或碳的零排放。

2. 电子辐照预硫化技术

通过电子加速发射器发射的高能电子束辐照轮胎半成品部件(帘布、过渡层等)，使胶料离子化、活化并发生交联，有效改善橡胶的强度，并在后续生产工艺中保持轮胎半成品部件形状和尺寸的稳定性，在成形和硫化过程中胶料受力均匀，膨胀一致[10-11]。该技术的基本原理是经过电子辐照后，橡胶的大分子链在外部电子的轰击下断裂，被打断的每一个断点成为自由基，自由基不稳定，相互之间重新组合，重新组合后由原来的链状分子结构变为三维网状的分子链结构，该过程称为辐照交联。胶料被辐照时，分子间交联反应和降解反应同时发生，即一方面通过分子间的交联形成网络大分子，分子量不断增大；另一方面，辐照导致化学键断裂，分子量减小。当辐照剂量超过一定范围时，会出现辐照降解，性能变差。因此，辐照剂量、辐照时间等是确定橡胶辐照硫化工艺的重要参数，应根据辐照材料的特性，选择合适的电子密度和强度。

通过对半成品部件实施电子辐照，成品轮胎的各项性能表现优良。表 11-32 和

表 11-33中分别列出了 186/60R14 规格轮胎辐照前后性能测试结果和 265/70R16 规格轮胎辐照前后气密性。从表中可以看出，辐照轮胎的气密性保持率稍好于未辐照轮胎[12-13]。应用电子辐照后，半成品厚度减薄，材料用量减少，轮胎质量减轻，达到降低滚动阻力、节约油耗和减少污染气体排放、改善环境的目的。

表 11-32 186/60R14 规格轮胎辐照前后性能测试结果

项目		辐照后	未辐照
耐久测试	设计标准行驶时间，h	48	48
	累计行驶时间，h	60	60
	破坏情况	未破坏	崩花
高速试验	设计标准行驶时间，min	70	70
	累计行驶时间，min	100	100
	破坏情况	未破坏	未破坏

表 11-33 265/70R16 规格轮胎辐照前后气密性

项目	辐照后	未辐照
初始气压，MPa	0. 2960	0. 2960
结束气压，MPa	0. 2942	0. 2939
气压保持率,%	99. 39	99. 29

3. 低温一次法混炼工艺(SSM)

该技术是利用密炼机炼制母胶，利用开炼机完成终炼胶混炼，实现从原材料到终炼胶连续一次自动混炼的技术，目的是在提高炼胶效率的同时，改善白炭黑在橡胶中的分散，同时实现硅烷偶联剂的硅烷化，全部炼胶过程一次完成。

密炼机混炼吃料阶段用高转速，加速破胶，加快浸润面形成，提升吃料速度。分散阶段用低转速，保持一定剪切力，有利于填料的分散[14]。细分阶段用低转速，维持混炼胶分散、反应所需的温度，保证细分、反应充分。排胶阶段采用高速开炼机冷却、压片，可适当提高密炼机排胶温度，有利于分散及反应。特别是白炭黑胶料混炼，通过控制排胶温度，可提高白炭黑的硅烷化反应程度，提高白炭黑的分散程度，进而提升胶料的综合性能。初级开炼机完成密炼机排出母胶的快速冷却以及补充混炼，下片时胶料温度降至 110℃以下。采用中心分流式布局，胶料从初级开炼机至任一次级开炼机间的输送距离、停留时间一致，有利于混炼胶质量均一及稳定。次级开炼机完成硫化助剂的分散混炼，通过辊距调节、自动捣胶装置，来优化堆积胶量，提高填料分散效果。自动卷取装置将次级开炼机排出的胶片自动打成圆筒形式，压片机压出下片，压片开炼机完成称量校核后打卷，终炼胶下片、出胶。

低温一次法混炼工艺具有以下优势：(1)提高了炭黑、白炭黑的分散程度，改善了胶料的均一稳定性，图 11-4、表 11-34 和表 11-35 综合对比了相同胎侧配方胶料在传统混炼工艺及低温一次法混炼工艺下的炭黑分散程度及力学性能，结果表明，炭黑分散度提高 1/3，硫化胶的定伸应力、拉伸强度及断裂伸长率均提升；(2)实现了从原材料投入到终炼胶输出连续、自动一步混炼，节约了人力，提高了自动化生产程度，大幅降低生产耗能，综合考虑可节约生产能耗至少15%[14]。

（a）传统混炼

（b）SSM混炼

图11-4　相同胎面配方不同混炼方式下的炭黑分散示意图

表11-34　相同胎面配方不同混炼方式下的炭黑分散对比

项目	传统混炼	SSM 混炼
平均白色区域面积，μm^2	4.26	2.17
分散指数	86	92
分散度	6	8

表11-35　相同胎面配方不同混炼方式下混炼胶拉伸性能对比

项目	传统混炼	SSM 混炼
50%定伸应力，MPa	1.14	1.18
100%定伸应力，MPa	1.89	1.98
拉伸强度，MPa	18.04	18.15
扯断伸长率，%	560	590

三、BR加工工艺

BR的门尼黏度通常为40~60$ML_{1+4}^{100℃}$，满足工艺要求的可塑性，一般不需要塑炼；但对于门尼黏度较高的BR，则需要塑炼。BR分子量分布较窄，分子链柔顺，在机械力的作用下，分子链容易产生相对滑动，作用于分子链上的剪切力小而塑炼效果差，因此BR塑炼时采用低温塑炼效果较差，密炼机高温塑炼，黏度显著下降。高、中含量顺式聚丁二烯橡胶在一定条件下，凝胶生成量较大，可使用胺类防老剂预防。

BR弹性较大，包辊性差，混炼时易脱辊，混炼效果差，通常与NR、SBR并用。开炼机混炼时，宜采用二段混炼法，为防止脱辊，宜采用小辊距、低辊温、前辊温度低于后辊温度5~10℃的工艺条件；采用密炼机混炼效果较好，排胶温度控制在130~140℃。混炼可采用一段混炼法或二段混炼法。但当配用高结构细粒径炭黑或炭黑含量大时，采用二段混炼法更有利于炭黑的均匀分散。

BR 由于分子量分布较窄，其挤出性能比 NR 略差，挤出变形稍大，挤出速度较慢，由于热撕裂性能差，对温度敏感，挤出使用温度范围窄，因此采用高结构炭黑、增加炭黑填充量和适量的软化剂可降低挤出变形。在采用热喂料挤出时，胶料热炼的温度较低，前辊温度一般为 45~50℃，后辊温度为 40~45℃，发生脱辊时，可适当降低辊温或掺用一定量的返回胶。挤出温度一般如下：机筒为 30~40℃，机头为 40~50℃，口型为 90~100℃。为了降低胶料的挤出膨胀，可加入适量的填充剂和软化剂。

中国石油生产的 BR9000 与 NR 并用填充不同炭黑的挤出膨胀率与 NR 和 SBR 的对比情况列于表 11-36。从表中可以看出，BR9000 与 NR 并用填充不同炭黑的收缩率和口型膨胀率较 NR 或 SBR 的低，且采用中超耐磨炭黑可以显著降低口型膨胀率。

表 11-36　BR9000 与 NR 并用填充不同炭黑的挤出膨胀率与 NR 和 SBR 的对比

胶料编号	1#	2#	3#	4#
门尼黏度，$ML_{1+4}^{100℃}$	40.5	56.5	50.5	50.0
口型膨胀率,%	50	92	45	13.5
收缩率,%	31	45	40	42
Garvey 指数	15	13.5	13.5	12

注：(1)1#胶为 NR 添加 50 质量份高耐磨炉黑。
(2)2#胶为 SBR 添加 50 质量份高耐磨炉黑。
(3)3#胶为 BR9000/NR 并用胶(二者质量份均为 50)添加 50 质量份高耐磨炉黑。
(4)4#胶为 BR9000/NR 并用胶(二者质量份均为 50)添加 50 质量份中超耐磨炉黑。

BR 挤出稳定性受门尼黏度影响较为显著，当门尼黏度小于 30$ML_{1+4}^{100℃}$时，挤出流量变化较大；当门尼黏度大于 40$ML_{1+4}^{100℃}$时，挤出流量基本不变，即当门尼黏度在 40$ML_{1+4}^{100℃}$以上时，挤出性能相对稳定。

四、IIR 加工工艺

IIR 初始门尼黏度为 37~75$ML_{1+4}^{100℃}$时，一般不需要塑炼。但适当进行塑炼，仍可提高生胶的可塑性，改善加工性能。中国石油开发了星形支化 IIR 和 BIMS，主要用以改善冷流性，改善加工性能。

IIR 分子链较短，具有冷流性，分子的不饱和度低，化学结构稳定，塑炼效果不大。通常 IIR 依靠单一的机械剪切进行塑炼，很难提高可塑度。必须通过加入过氧化异丙苯、二甲苯硫醇等塑解剂，用量为 0.5~1.0 质量份，其塑解效果随温度的升高而提高。高温塑炼效果较好，密炼机塑炼时，温度在 120℃左右。塑炼时，应保持清洁，严禁其他胶种(特别是不饱和橡胶)混入，否则会严重影响产品质量，因此塑炼之前需要清洗。HIIR 的胶料较硬，容易进行机械塑炼。

IIR 的配合剂分散困难，开炼机混炼时，高填充时胶料容易粘辊。一般采用引料法(即待引胶包辊后再加生胶和配合剂)和薄通法(将配方中的一半生胶用冷辊及小辊距反复薄通，待包辊后再加另一半生胶)。混炼温度一般控制在 40~60℃，开炼机速比(开炼机转动时前辊与后辊表面线速度的比值)不超过1∶1.25，否则容易产生气泡，吃料完毕之前不进行切割。采用密炼机时，可采用一段混炼和二段混炼及逆混法，尽早加入补强填充剂可以获得较好的混炼效果，一段混炼排胶温度控制在120℃以下，二段混炼排胶温度在155℃左右。高填充胶料在密炼机混炼时易出现压散现象，处理方法是增大装胶容量或采用逆混法。对胶料进行热处理，加入对二亚硝基苯1~1.5质量份，可以改善混炼效果，提高结合胶含量。热处理分为动态和静态，前者在密炼机上与一段混炼一并进行，处理温度为120~200℃；后者置于蒸汽或热空气中2~4h。

IIR的饱和度高，混炼前必须彻底清理相关操作平台，混炼时混入其他胶料时，胶料的性能会受到影响，形成缺陷。

五、EPR加工工艺

EPR的自黏性较差，硫化速率慢，加工性能较其他不饱和橡胶差，主要加工工序包括塑炼、混炼、压出、压延及硫化。

EPR的化学性质稳定，塑炼时分子链不易断裂，塑炼效果差，采用塑解剂对其可塑度影响也不大。EPM、双环戊二烯三元乙丙橡胶、1,4-己二烯三元乙丙橡胶的硫化速率较慢，需要较高的温度和较长的硫化时间进行硫化，提高模压硫化效率可进一步改善硫化胶的力学性能，并可进一步进行二段硫化。EPR的具体硫化工艺与生胶的种类、胶料配方和硫化方法密切相关，一般硫化温度在150~180℃为宜。

EPR由于自黏性差，不易包辊，因此混炼效果差。用开炼机混炼时，一般先用小辊距生胶连续包辊，然后逐步增加辊距，加入配合剂。混炼温度一般控制在前辊60~75℃，后辊85℃。混炼时，可先加入氧化锌、一部分补强剂和操作油。操作油可以改善混炼工艺性能。硬脂酸容易造成脱辊，应该后加入。采用密炼机混炼效果较好，混炼温度一般为150~160℃，装胶容量比一般胶料高10%~15%。

热处理对EPR混炼效果及力学性能的提高十分有效。处理方法是在190~200℃下，将生胶、补强剂及1.5~2.0质量份热处理剂(对二亚硝基苯)一起混合5~10min，然后再降温加入其他配合剂。

EPDM比其他合成橡胶容易挤出，挤出速度较快，挤出变形小，并且乙烯含量高，分子量分布窄的EPDM挤出性能更好。混炼胶的门尼黏度以40~60$ML_{1+4}^{100℃}$为宜，热炼胶的温度应控制在83℃以下，也可选择冷喂料。挤出条件如下：口型温度为90~140℃，机筒温度为60~70℃，机头温度为80~130℃，且口型温度和机头温度根据焦烧时间来确定，较高的温度有利于挤出。

第四节 常用合成橡胶的典型应用配方

一、SBR在轮胎中的典型应用配方

表11-37至表11-39中分别列出了中国石油SSBR2557S及朗盛公司SSBR5525-0高性

能轿车胎面胶典型配方、充油丁苯橡胶 SBR1712 轿车胎替换轮胎胎面胶典型配方、SBR1500 农业胎胎面胶典型配方。

表 11-37 中国石油 SSBR2557S 及朗盛公司 SSBR5525-0 高性能轿车胎胎面胶典型配方

SSBR2557S		朗盛公司 SSBR5525-0	
原料	数量，质量份	原料	数量，质量份
SSBR2557S	96.25	SSBR5525-0	75
BR9000	30	BR(Buna CB25)	25
高分散白炭黑	80	白炭黑 Zeosil 1165MP	80
硅烷偶联剂 X50s	12.8	Si-69	6.4
氧化锌	3	炭黑 N234	12.5
硬脂酸	2	芳烃油 Vivatec 500	37.5
芳烃油	10	氧化锌	2.5
蜡	1	硬脂酸	2.5
抗臭氧剂	1.5	防老剂 6PPD	1.75
抗氧剂	1	防老剂 TMQ(Vulcanox4020)	1.25
促进剂 CBS	1.5	防老剂 DTPD(*N*, *N'*-二甲基对苯二胺)	0.75
促进剂 DPG	2	抗臭氧剂 Okerin2124H	1.25
硫黄	1.5	硫黄	1.25
合计	242.55	促进剂 DPG(Vukacit D)	2
		促进剂 CBS(Vukacit CZ)	2
		合计	251.65

表 11-38 充油丁苯橡胶 SBR1712 轿车胎替换轮胎胎面胶典型配方

原料	数量，质量份	原料	数量，质量份
SBR1712	105.0	硬脂酸	2.0
顺丁橡胶	25.0	氧化锌	3.0
炭黑	75.0	促进剂 CBS	1.6
芳烃油	40.0	硫黄	2.0
抗氧剂	1.0	防焦剂 PVI	0.2
抗臭氧剂	2.0	合计	257.8
蜡	1.0		

表 11-39 SBR1500 农业胎胎面胶典型配方

原料	数量，质量份	原料	数量，质量份
SBR1500	100.0	硬脂酸	2.0
炭黑 N330	50.0	硫黄	1.8
芳烃油	10.0	促进剂 MBTS	1.2
抗臭氧剂	2.0	促进剂 DPG	0.4
氧化锌	4.0	合计	171.4

二、NBR 典型应用配方

表 11-40 至表 11-56 中分别列出了输油胶管内层胶配方、耐石油胶管内层胶配方、输油胶管外层胶配方、耐重油输送带覆盖胶配方、白色耐油输送带覆盖胶配方、浮动 O 形圈配方、耐汽轮机油 O 形圈配方、油封配方、动态密封垫片及垫圈配方、油井封隔器长胶筒配方、油井封隔器短胶筒配方、油井封隔器中胶筒配方、钻井防喷器胶芯配方、耐酒精 1# 滑油胶板配方、胶板配方 1、胶板配方 2 和海绵橡胶配方。

表 11-40　输油胶管内层胶配方

原料	数量，质量份	原料	数量，质量份
丁腈橡胶 N3305	100	古马隆树脂	5
氧化锌	3	促进剂 D	0.3
硬脂酸	1	促进剂 CZ	1.5
半补强炉黑	60	硫黄	1.5
陶土	50	合计	242.3
邻苯二甲酸二辛酯	20		

表 11-41　耐石油胶管内层胶配方

原料	数量，质量份	原料	数量，质量份
丁腈橡胶 N1704	50	石蜡	2
丁腈橡胶 N2707	50	邻苯二甲酸二丁酯	25
氧化锌	5	松焦油	5
硬脂酸	2	沥青	5
防老剂 A	1	促进剂 DM	1.8
防老剂 D	1.4	硫黄	1.8
半补强炉黑	45	合计	225
喷雾炭黑	30		

表 11-42　输油胶管外层胶配方

原料	数量，质量份	原料	数量，质量份
NBR/PVC 共混胶	70.0	芳烃油	10.0
充油丁苯 1778	41.3	环烷油	25.0
氧化锌	5.0	古马隆树脂	5.0
硬脂酸	1.0	促进剂 CZ	1.5
防老剂 264	1.5	促进剂 DOTG	0.5
石蜡	2.0	硫黄	1.5
快压出炉黑	60.0	合计	224.3

表 11-43　耐重油输送带覆盖胶配方

原料	数量，质量份	原料	数量，质量份
丁腈橡胶 N3305	100.0	增黏剂	20.0
氧化锌	5.0	有机胺助促进剂	1.0
硬脂酸	0.5	促进剂 DM	1.0
细粒子热裂炭黑	40.0	促进剂 CZ	1.0
白炭黑	25.0	促进剂 TMTD	0.3
轻质碳酸钙	40.0	硫黄	2.0
邻苯二甲酸二辛酯	20.0	合计	255.8

表 11-44　白色耐油输送带覆盖胶配方

原料	数量，质量份	原料	数量，质量份
丁腈橡胶 N3305	100.0	邻苯二甲酸二辛酯	30.0
氧化锌	5.0	促进剂 CZ	1.5
硬脂酸	0.5	促进剂 TMTM	1.0
白炭黑	60.0	硫黄	1.5
三乙醇胺	2.0	合计	211.5
钛白粉	10.0		

表 11-45　浮动 O 形圈配方

原料	数量，质量份	原料	数量，质量份
丁腈橡胶 N2907	100.0	癸二酸二辛酯	15.0
氧化锌	5.0.	促进剂 DM	1.0
硬脂酸	1.0	促进剂 TMTD	1.0
防老剂 MB	1.5	硫黄	0.3
高耐磨炉黑	10.0	DCP	2.0
喷雾炭黑	30.0	合计	166.8

表 11-46　耐汽轮机油 O 形圈配方

原料	数量，质量份	原料	数量，质量份
丁腈橡胶 N1704	100.0	促进剂 TMTD	1.5
氧化锌	5.0	促进剂 DM	1.5
硬脂酸	1.0	硫黄	0.3
防老剂 MB	1.0	DCP	2.0
高耐磨炭黑	75.0	合计	202.3
癸二酸二丁酯	15.0		

表 11-47 油封配方

原料	数量，质量份	原料	数量，质量份
丁腈橡胶(N41)	90.0	磷酸三苯酯	4.0
氯磺化聚乙烯(40)	10.0	氯化石蜡	2.0
氧化镁	10.0	促进剂 DM	2.5
硬脂酸	2.0	促进剂 ZDC	1.5
防老剂 D	1.0	硫黄	0.4
防老剂 4010	1.0	合计	184.4
喷雾炭黑	60.0		

表 11-48 动态密封垫片及垫圈配方

原料	数量，质量份	原料	数量，质量份
丁腈橡胶 N2707	100.0	磷酸三苯酯	5.0
氧化锌	5.0	促进剂 CZ	1.0
硬脂酸	1.0	促进剂 TMTD	2.0
防老剂 RD	2.5	硫黄	0.35
半补强炉黑	75.0	合计	191.85

表 11-49 油井封隔器长胶筒配方

原料	数量，质量份	原料	数量，质量份
丁腈橡胶 N4005	80.0	喷雾炭黑	110.0
丁腈橡胶 N3305	20.0	癸二酸二丁酯	10.0
氧化锌	5.0	DCP	1.5
硬脂酸	0.5	合计	228.0
防老剂 AW	1.0		

表 11-50 油井封隔器短胶筒配方

原料	数量，质量份	原料	数量，质量份
丁腈橡胶 N4005	80.0	喷雾炭黑	70.0
丁腈橡胶 N2907	20.0	癸二酸二丁酯	10.0
氧化锌	5.0	DCP	1.5
硬脂酸	0.5	合计	188.0
防老剂 AW	1.0		

表 11-51 油井封隔器中胶筒配方

原料	数量，质量份	原料	数量，质量份
丁腈橡胶 N4005	100.0	邻苯二甲酸二丁酯	50
氧化锌	5.0	DCP	1.5
硬脂酸	2.0	合计	193.5
喷雾炭黑	80.0		

表 11-52　钻井防喷器胶芯配方

原料	数量，质量份	原料	数量，质量份
丁腈橡胶 N4005	100.0	混气炭黑	35.0
氧化锌	5.0	邻苯二甲酸二丁酯	10.0
硬脂酸	2.0	磷酸三甲苯酯	5.0
防老剂 D	1.0	促进剂 DM	1.2
防老剂 4010	1.0	硫黄	1.8
半补强炉黑	30.0	合计	192.0

表 11-53　耐酒精 1#滑油胶板配方

原料	数量，质量份	原料	数量，质量份
丁腈橡胶 N2707	100.0	瓦斯炭黑	60.5
氧化锌	5.0	癸二酸二丁酯	5.0
氧化镁	5.0	促进剂 TMTD	3.0
硬脂酸	2.0	硫黄	0.5
防老剂 AH	5.0	合计	236.0
喷雾炭黑	50.0		

表 11-54　胶板配方 1

原料	数量，质量份	原料	数量，质量份
丁腈橡胶 N2907	60.0	邻苯二甲酸二丁酯	4.0
丁腈橡胶 DN401	40.0	松焦油	5.0
氧化锌	5.0	古马龙树脂	3.0
硬脂酸	2.0	促进剂 DM	0.5
防老剂 A	1.0	促进剂 M	1.0
混气炭黑	20.0	促进剂 D	0.4
半补强炉黑	40.0	硫黄	2.5
轻质碳酸钙	16.0	合计	200.4

表 11-55　胶板配方 2

原料	数量，质量份	原料	数量，质量份
丁腈橡胶 N3305	30.0	陶土	40.0
氯丁橡胶(120)	70.0	石蜡	1.0
丁腈胶边皮	25.0	变压器油	12.0
氧化锌	5.0	邻苯二甲酸二丁酯	8.0
硬脂酸	1.5	促进剂 DM	0.5
氧化镁	3.0	促进剂 M	0.5
防老剂 A	1.5	醋酸钠	0.5
半补强炉黑	50.0	合计	248.5

表 11-56 海绵橡胶配方

原料	数量，质量份	原料	数量，质量份
丁腈橡胶 N2907	70.0	发泡剂 AC	12.0
PVC	30.0	炭黑	50.0
硫黄	0.8	DOP	10.0
EZ	1.5	合计	174.8
D	0.5		

第五节 加工过程中常见问题及解决方法

一、挤出工艺中的质量问题分析及对策

挤出工艺中的质量问题分析及对策见表 11-57。

表 11-57 挤出工艺中的质量问题分析及对策

质量问题	原因分析	解决措施
起泡(海绵)	挤出速度太快	调节挤出速度
	胶料中含有水分、挥发物	加强原材料检查
	供胶不足，夹入空气	加大热炼，增大供胶
	机头温度偏高	降低机头温度
	双层之间贴合有气泡	保证贴合压力
厚薄不均(内胎)	芯型偏位，口型板未压紧	调整芯型，上正口型板
半成品规格不合格	宽度符合，厚度不足	调整机头及机身温度
	厚度符合，宽度不符合	调整牵引速度
	宽度、厚度均超标	调整温度，保证供胶，整改样板

二、压延中的质量问题分析及对策

压延中的质量问题分析及对策见表 11-58。

表 11-58 压延中的质量问题分析及对策

质量问题	原因分析	解决措施
起泡、气孔 3mm 以下	胶料温度过高	按工艺规程
	配方有水分	严格原材料分析
	压延存胶过多	用刺泡皿

续表

质量问题	原因分析	解决措施
焦烧	配方不当	改进配方
	辊温过高	按工艺执行
	胶料停留时间过长	改进操作
掉皮	帘布未干燥好	控制帘布含水量
	胶料可塑性小	可塑度调至0.40~0.50
	压延辊温低	改进工艺，提高操作者熟练度
厚度、宽度规格不符	可塑性不均匀	控制胶料均匀性
	辊距未调正	调整辊距
	卷曲松紧不一	蜷曲抑制(主机速度)
表面不光洁、粗糙	热塑不足、夹生，热炼辊温低	改进热炼
	热炼本身不均匀	热炼均匀
	胶料自流现象	降低供胶辊温
帘布中部松长	中辊积胶过多	控制余胶量
	下辊温度过高	降低下辊温度
	帘布本身质量	改进帘布质量
喷霜	辊温高，冷却太快	改进配方，技术应力集中
	胶帘布存放时间长于72h	缩短停放时间

三、硫化常见质量问题分析及对策

硫化常见质量问题分析及对策见表11-59。

表11-59　硫化常见质量问题分析及对策

质量问题	原因分析	解决措施
缺胶(明疤)	模具中藏空气	开排气槽，二次开模
	压力不足	提高压力
	流动差、装胶量不足	提高可塑性装胶量多于11%
	焦烧时间太短	调整配方，改进工艺
起泡(海绵)	欠硫或者压力不足	提高压力
	胶料含挥发物多	控制原料烘干
	压出半成品夹带空气	改进挤出工艺
	温度太高	降低温度
重皮、表面开裂	焦烧时间短，流动不充分	控制帘布含水率
	模具不干净，表面污染	可塑度调至0.40~0.50
	半成品形状不合格	改进工艺、操作者熟练度
	隔离剂不当	少涂隔离剂

续表

质量问题	原因分析	解决措施
分层	胶料表面污染、喷霜	保持胶料表面清洁
	硫化压力不足	提高压力
喷霜	欠硫	增加硫化时间
	某些配合剂用量超过胶的溶解度	调整配方剂量
	混炼温度太高	降低混炼时辊温、胶温
色泽不均	升温过急，硫化平板温度不均	均匀升温，平板定好测温
	某些配合剂混炼不均	薄通混炼均匀
出模时撕裂	过硫	正硫化
	装模时模温过高	降低模温至 60~70℃
	润滑剂不足(硅油)	隔离剂刷均匀
	出模方式不合格	改变出模取出方式
接头开裂(对合线)	压力不足、波动	提高压力
	焦烧	调整硫化体系
	胶料不新鲜	制好半成品
	模具污染	及时清洗模具

参 考 文 献

[1] 胡海华，刘春芳，赵洪国，等．不同环保型操作油的性质及对乳聚丁苯橡胶性能的影响[J]．合成橡胶工业，2013，36(2)：127-131.
[2] 曾飞．四种丙烯酸酯橡胶的性能比较[J]．特种橡胶制品，2007，28(4)：58-60.
[3] 张志强，李波，赵天琪，等．高门尼粘度稀土顺丁橡胶结构与性能研究[J]．轮胎工业，2017，37(10)：595-601.
[4] 倪春霞．橡胶结构性能对磨耗的影响[J]．广东化工，2017，44(9)：124-125.
[5] 仝璐，韩明哲，靳昕东，等．双官能化溶聚丁苯橡胶结构与性能评价[J]．合成橡胶工业，2017，40(1)：24-27.
[6] 杨清芝．实用橡胶工艺学[M]．北京：化学工业出版社，2011.
[7] 刘嘉，苏正涛，栗付平．航空橡胶与密封制品[M]．北京：国防工业出版社，2011.
[8] 刘宏敏，杨其，高灵强．塑炼对 SBR 热氧和紫外老化性能的影响[J]．广东橡胶，2006 (6)：6-11.
[9] 何小海，董毛华，谢春梅．电子束辐射硫化的原理及应用[J]．轮胎工业，2010，30(1)：42-45.
[10] 赵英杰．电子束辐照预硫化技术打破国际垄断[J]．中国橡胶，2013(24)：25.
[11] 王福业，李建强，王玉海．电子加速器在轮胎制造中的应用[J]．橡塑技术与装备，2011，37(2)：46-48.
[12] 王玉海，周天明．电子辐照预硫化技术在轿车子午线轮胎中的应用[J]．轮胎工业，2012，32(12)：750-754.
[13] 边祥忠，郑昆，朱家顺，等．TTA 低温一步法混炼技术[J]．橡塑技术与装备，2017，43(1)：55-57.
[14] 章维国，杨春，俞晨曦，等．耐高温三元乙丙橡胶胶料的配方设计[J]．橡胶科技，2020，18(3)：150-153.

第十二章　合成橡胶标准

随着当今全球经济一体化、贸易国际化和科学技术的快速发展，标准在经济、社会中发挥着越来越重要的作用。标准不仅是企业竞争和贸易技术壁垒的主要形式，而且还是世界各国促进贸易发展、规范市场秩序、推动技术进步和实施高新科技产业化的重要手段[1]。

中国石油是国内合成橡胶主要生产商，下属中国石油兰州化工研究中心作为全国橡胶与橡胶制品标准化技术委员会合成橡胶分技术委员会秘书处挂靠单位，以标准引领合成橡胶产业发展，构建了由基础通用、产品、方法标准构成的合成橡胶标准体系。截至2020年底，中国石油完成合成橡胶国际标准5项，国家标准22项，行业标准21项，实现合成橡胶标准从无到有、从单一到系统、从国内到国际的突破，有力推动了中国合成橡胶行业结构调整和转型升级。

第一节　合成橡胶基础通用标准

为规范合成橡胶命名、牌号、包装、抽样及贮存等工作，中国石油牵头制定了GB/T 5576—1997《橡胶和胶乳　命名法》、GB/T 5577—2008《合成橡胶牌号规范》、GB/T 19187—2016《合成生橡胶抽样检查程序》等基础通用标准。

一、命名

GB/T 5576—1997《橡胶和胶乳　命名法》为合成橡胶干胶和胶乳两种形态的基础橡胶建立了一套符号系统。该符号体系以聚合物链的化学组成为基础，按照下列方法分组并用相应符号表示：

M——具有聚亚甲基型饱和碳链的橡胶；

N——聚合物链中含有碳和氮的橡胶；

O——聚合物链中含有碳和氧的橡胶；

Q——聚合物链中含有硅和氧的橡胶；

R——具有不饱和碳链的橡胶(如天然橡胶、由共轭双烯烃制得的合成橡胶)；

T——聚合物链中含有碳、氧和硫的橡胶；

U——聚合物链中含有碳、氧和氮的橡胶；

Z——聚合物链中含有磷和氮的橡胶。

该标准统一了中国橡胶和胶乳的命名，使中国在工业、商业和管理机构使用的术语标准化。等同采用ISO 1629：1995，中国合成橡胶在命名上与国际接轨，为促进产品对外贸易、科技交流起到积极的促进作用。

二、牌号规范

GB/T 5577—2008《合成橡胶牌号规范》是合成橡胶的一项重要基础标准，对规范指导合成橡胶的牌号命名起到促进作用，并为制定合成橡胶产品标准、快速准确识别和鉴定橡胶品种提供重要依据。对使用者来说，通过牌号可以直观地获得产品的重要信息，方便选择合适的产品。

合成橡胶牌号由合成橡胶代号、特征信息和附加信息 3 个字符组构成。

(1) 字符组 1：合成橡胶代号。合成橡胶代号应符合 GB/T 5576—1997《橡胶和胶乳命名法》中的规定。合成橡胶与其他合成材料改性产品的代号应由合成橡胶代号加其他合成材料代号共同组成，每种材料代号之间用符号“/”隔开。

(2) 字符组 2：特征信息。以特征信息表示合成橡胶的主要特征。每个特征信息可以用 1 个或 2 个数字表示。不同种类合成橡胶的主要特征信息应符合 GB/T 5577—2008《合成橡胶牌号规范》附录 A 的规定；主要特征信息的进一步规定应符合 GB/T 5577—2008《合成橡胶牌号规范》附录 B 的规定。

(3) 字符组 3：附加信息。该字符组为可选项，根据需要增加相关的附加信息，如用途、外观等。

三、包装用薄膜

大部分合成橡胶是由胶料经过干燥压制成块，覆盖包装薄膜进行外包装，包装用薄膜应具有足够的强度以承受在包装过程中所受到的力。同时，橡胶在贮存过程中会冷流，包装用薄膜应具有足够的强度以承受橡胶冷流过程所产生的力，以防止薄膜破损导致橡胶与外包装发生粘连。因此，橡胶包装用薄膜的材料及其性能是影响橡胶加工制品质量的重要因素之一。

GB/T 24797《橡胶包装用薄膜》规定了包装通用合成橡胶所用的非剥离型薄膜的材料及其物理特性。标准中的两个部分适用于合成橡胶。GB/T 24797. 1—2009《橡胶包装用薄膜 第 1 部分：丁二烯橡胶(BR)和苯乙烯-丁二烯橡胶(SBR)》适用于丁二烯橡胶(BR)和苯乙烯-丁二烯橡胶(SBR)，包装薄膜应由以下材料之一制得：(1)低密度聚乙烯(LDPE)；(2)低密度聚乙烯与乙烯-醋酸乙烯酯聚合物(EVAC)的共混物；(3)合适规格的 EVAC。GB/T 24797. 3—2014 适用于乙烯-丙烯-二烯烃橡胶(EPDM)、丙烯腈-丁二烯橡胶(NBR)、氢化丙烯腈-丁二烯橡胶(HNBR)、乙烯基丙烯酸酯橡胶(AEM)和丙烯酸酯橡胶(ACM)，包装薄膜应由以下材料之一制得：(1)LDPE；(2)低密度聚乙烯与 EVAC 的共混物；(3)合适规格的 EVAC；(4)其他 1-烯烃单体含量少于 50%(质量分数)的乙烯共聚物和带官能团的非烯烃单体含量不多于 3%(质量分数)的乙烯共聚物。包装用薄膜材料维卡软化温度应不大于 95℃，熔融峰温应低于 113℃。

四、抽样检查程序

抽样检查是以数理统计理论为基础，选择合理的可接收质量水平(AQL)，其接收概率随产品质量灵敏变化，尽可能防止误判，保护生产者和消费者的利益。

GB/T 19187—2016《合成生橡胶抽样检查程序》规定了固体合成生胶抽样方案、实验室样品选取、样品制备、测试、质量统计量的计算及批产品可否接收的判定程序。该标准的制定使抽取的样品具有代表性、科学性、经济性。

按照GB/T 19187—2016《合成生橡胶抽样检查程序》要求，通常使用正常检查抽样方案（表12-1）。仲裁检验抽样方案见表12-2。抽样方案AQL规定为2.5%。

表12-1 正常检验抽样方案

批量，kg	样本数	最小质量统计量①	最大允许不合格率②，%
300~4000	3	1.12	7.6
4001~6500	4	1.17	10.9
6501~11000	5	1.24	9.8
11001~18000	7	1.33	8.4
>18000	10	1.41	7.3

①具有单侧规格限质量特性的最小质量统计量。

②具有双侧规格限质量特性的最大允许不合格率。

表12-2 仲裁检验抽样方案

批量，kg	样本数	最小质量统计量	最大允许不合格率，%
300~4000	3	1.12	7.6
4001~6500	4	1.17	10.9
6501~11000	5	1.24	9.8
11001~18000	7	1.33	8.4
18001~30000	10	1.41	7.3
30001~50000	15	1.47	6.6
>50000	20	1.51	6.2

五、贮存

不同的贮存条件对生胶的物理和化学性能有影响，如发生硬化、软化、表面降解、变色等，从而导致生胶的加工性能发生变化。这些变化可能是某一特定因素或几种因素综合作用（主要是氧、光、温度和湿度的作用）的结果。选择适宜的贮存条件可以使这些因素的影响减少到最低限度。

GB/T 19188—2003《天然生胶和合成生胶贮存指南》采标ISO 7664：2000，规定了天然生胶和合成生胶胶包的最适合贮存条件。贮存温度最好为10~35℃；贮存室中采用的热源可进行调节，并安有隔板以保证在最近处贮存的生胶温度不超过25℃；贮存条件应能保证生胶或包装材料上不会凝结水分；应避免光照，特别是直射的阳光或紫外线较强的人造光；应防尘，且防止除包装材料（包括生产者用于捆扎胶包或包装某种级别天然胶的胶条）外的所有其他外来物质的污染。生胶在仓库中的时间应尽量短，按照“先进先出”的原则周转，使留在仓库内的生胶是最近交付的货。

第二节　合成橡胶物理和化学性能的测定

合成橡胶物理和化学性能的测定是产品检测的关键，为统一测定合成橡胶产品的物理和化学性能，中国石油围绕合成橡胶的检测分析需求，针对7大通用合成橡胶和特种合成橡胶的分析检测，完成方法标准32项，建立了比较完善的方法标准，实现了方法标准的配套化、系列化和仪器化。这些标准应用于中国合成橡胶的产品质量检验和生产规范，推动了中国合成橡胶行业的发展。

一、通用试验方法

通用试验方法标准通常可用于两种以上胶种的物理和化学性能测定，如测定挥发分、灰分、水分等。合成橡胶通用试验方法标准见表12-3。

表12-3　通用试验方法标准

标准编号	标准名称
GB/T 24131.1—2018	《生橡胶　挥发分含量的测定　第1部分：热辊法和烘箱法》
GB/T 24131.2—2017	《生橡胶　挥发分含量的测定　第2部分：带红外线干燥单元的自动分析仪加热失重法》
GB/T 4498.1—2013	《橡胶　灰分的测定　第1部分：马弗炉法》
GB/T 4498.2—2017	《橡胶　灰分的测定　第2部分：热重分析法》
GB/T 37191—2018	《生橡胶　水分含量的测定　卡尔费休法》
SH/T 1718—2015	《充油橡胶中油含量的测定》
SH/T 1771—2010	《生橡胶　玻璃化转变温度的测定　差示扫描量热法(DSC)》
SH/T 1759—2007	《用凝胶渗透色谱法测定溶液聚合物分子量分布》
SH/T 1050—2014	《合成生橡胶凝胶含量的测定》
SH/T 1752—2006	《合成生胶中防老剂含量的测定　高效液相色谱法》

1. 挥发分的测定

挥发分含量反映生橡胶后处理工艺过程中脱出易挥发组分的效果。挥发分主要由水分和低分子物质或残余单体两部分组成。橡胶中含有过高水分时，导致橡胶黏度降低，或造成橡胶在混炼时打滑，不易包辊，造成部分物性下降，同时还可能造成橡胶在硫化时产生气泡，或者在发泡时不能形成均匀的气泡；橡胶中含有过多的低分子物质或残余单体时，在生胶加工和使用过程中造成环境污染，对操作人员的身体健康有一定的危害，在硫化或在发泡制品中形成气泡，从而影响制品使用。

GB/T 24131包括以下两部分：

GB/T 24131.1—2018《生橡胶　挥发分含量的测定　第1部分：热辊法和烘箱法》采标ISO 248-1：2011，规定了测定生橡胶中水分和其他挥发性物质含量的两种方法：热辊法和烘箱法。有争议的情况下，宜使用烘箱法A。热辊法：试样在一定温度的开炼机上辊压直至所有挥发性物质逸出，辊压过程中的质量损失即为挥发分含量。烘箱法：从均匀化后试验样品中称取试样在烘箱中干燥至恒定质量，此过程中质量损失与该试样在均匀化过程中的质量损失之和计算为挥发分含量。如果橡胶为粉末状或在均匀化前后难以称量，试样无须均化，仅需要进行干燥。

GB/T 24131.2—2017《生橡胶　挥发分含量的测定　第 2 部分：带红外线干燥单元的自动分析仪加热失重法》采标 ISO 248-2：2012，规定了采用带红外线干燥单元的自动分析仪测定生橡胶中水分和其他挥发性物质含量的两种加热失重法，适用于测定列入 GB/T 5576—1997《橡胶和胶乳　命名法》中的合成橡胶（SBR、NBR、BR、IR、CR、IIR、BIIR 和 CIIR 及 EPDM）的挥发分含量，橡胶形状可以是块状、片状、粒状、屑状、粉末状等。使用带红外线干燥单元的自动分析仪，通过加热失重法连续称量试样直至质量恒定，根据测定过程中的质量损失计算挥发分含量。

2. 灰分的测定

在高温灼烧时，橡胶发生一系列物理和化学变化，最后有机成分挥发逸散，而无机成分（主要是无机盐和氧化物）则残留下来，这些残留物称为灰分，其表征了橡胶中无机成分的含量。

GB/T 4498.1—2013《橡胶　灰分的测定　第 1 部分：马弗炉法》采标 ISO 247：2006，规定了两种测定方法：方法 A 不适用于测定含氯、溴或碘的各种混炼胶和硫化橡胶的灰分；方法 B 适用于测定含有氯、溴或碘的混炼胶或硫化橡胶的灰分，但不适用于未混炼橡胶。含锂和氟的化合物可能会与石英坩埚反应生成挥发性化合物，致使灰分的测定结果偏低。灰化含氟橡胶和锂系聚合橡胶应使用铂坩埚。对于生橡胶和部分混炼胶、硫化橡胶，可采用直接灰化法。

方法 A：将已称量试样放入坩埚中，在调温电炉（或本生灯）上加热。待挥发性的分解产物逸去后，将坩埚转移到马弗炉中继续加热直至含碳物质被全部烧尽，并达到质量恒定。

方法 B：将已称量试样放入坩埚中，在硫酸存在下用调温电炉（或本生灯）加热，然后放入马弗炉内灼烧，直至含碳物质被全部烧尽，并达到质量恒定。

GB/T 4498.2—2017《橡胶　灰分的测定　第 2 部分：热重分析法》为中国自主研制的标准，已制定为 ISO 标准，规定了采用热重分析仪（TGA）测定生橡胶、混炼胶和硫化橡胶灰分的两种方法。这两种方法适用于 GB/T 5576—1997《橡胶和胶乳　命名法》中规定的 M、O、R 和 U 类生橡胶、混炼胶和硫化橡胶灰分的测定。其中，方法 A 适用于测定生橡胶；方法 B 适用于测定混炼胶和硫化橡胶。

热重分析法：将已知质量的试样在氮气气氛下加热分解，待样品分解完全后，切换为氧气或空气，继续加热至含碳物质被完全烧尽，并达到质量恒定，残余物的质量即为灰分的质量。

3. 水分的测定

水分含量是影响合成橡胶产品质量的重要参数之一，其含量高低直接影响产品质量、保质期、稳定性、加工应用性能，如水分高混炼时配合剂易结团，压延、压出过程中容易产生气泡等。在橡胶工业中，水分是影响产品性能的主要污染物之一，经常作为导致产品性能变差的重要成分，即使少量的水分也可能对产品有破坏性的影响。

GB/T 37191—2018《生橡胶　水分含量的测定　卡尔费休法》采标 ISO 12492：2012，规定了采用卡尔费休库仑滴定法测定生橡胶和混炼胶中水分含量的方法。样品中的水和卡尔费休试剂中的二氧化硫与碘发生反应，生成氢碘酸，根据法拉第定律，产生碘的物质的量与消耗的电量成正比，即 1mol(18g)水相当于 2×96500C，或 1mg 水相当于 10.72C。该标准采用瓶式卡式炉加热方式，解决了 ISO 12492：2012 管式加热效率慢、样品易污染的问题。

4. 油含量的测定

在橡胶生产时，可填充适量的填充油制备充油橡胶。不同生橡胶填充的油种类不同，特别是一些高门尼黏度的生橡胶，其分子量大，通过充油的方式可降低生胶的门尼黏度，显著改善其加工成形性能，降低生热及滞后损失，提高低温曲挠性。

SH/T 1718—2015《充油橡胶中油含量的测定》规定了两种测定充油橡胶中油含量的方法：A 法(仲裁法)和 B 法(快速法)。产品标准中均规定采用 A 法测定充油橡胶中油含量。干燥后的试样经选定的溶剂抽提，测定其总抽出物含量，从总抽出物含量中减去除油以外的其他主要抽出组分的含量，差值即为油含量的测定值。

5. 玻璃化转变温度的测定

玻璃化转变温度是高聚物材料的一个重要特性参数，随着温度的降低，橡胶由高弹态向玻璃态转变，此时，许多物理性能如膨胀系数、比热容、热导率、密度、弹性模量等会发生突变[2]，因此可以利用这些突变来测定玻璃化转变温度。对生橡胶材料而言，当温度降低到玻璃化转变温度时，便丧失了橡胶的高弹性，其良好的力学性能也无法体现，使用价值就会受到很大的影响。

SH/T 1771—2010《生橡胶　玻璃化转变温度的测定　差示扫描量热法(DSC)》采标 ISO 22768：2006，规定了采用差示扫描量热仪测定生橡胶玻璃化转变温度的方法。在规定的惰性条件下，用 DSC 测定橡胶的热容随温度的变化，通过所得曲线确定玻璃化转变温度。

6. 分子量及其分布的测定

橡胶的力学性能和加工使用性能与分子量密切相关，并受其分布的影响。由于橡胶的分子量及其分布是由聚合决定的，因此通过橡胶的分子量及其分布与聚合时间的关系可以研究聚合机理和聚合动力学。

SH/T 1759—2007《用凝胶渗透色谱法测定溶液聚合物分子量分布》采标 ISO 11344：2004，适用于溶液聚合橡胶分子量及其分布的测定。基于聚合物的分子尺寸不同，可将聚合物的分子组成在凝胶渗透色谱柱中进行分离。

已知量的聚合物稀释溶液被注射入溶剂流，该溶剂流可携带其以平稳的速度通过凝胶渗透色谱柱，使用合适的检测器测定溶剂流中已分离的分子组分浓度。通过使用校正曲线，由保留时间和对应的浓度测定所分析试样的数均分子量和重均分子量。分子量分布用聚合物分散度表征。

7. 凝胶含量的测定

生橡胶中凝胶含量会影响橡胶的拉伸性能及加工性能，凝胶含量高还会使门尼黏度及挥发分含量偏高。

SH/T 1050—2014《合成生橡胶凝胶含量的测定》规定了凝胶含量的测定方法。适用于测定合成生橡胶中凝胶含量小于 2.0%的非充油丁二烯橡胶(BR)、丁苯橡胶(SBR)、丁腈橡胶(NBR)、异戊二烯橡胶(IR)、丁基橡胶(IIR)和氯丁二烯橡胶(CR)，其他橡胶也可参照使用。橡胶在甲苯中溶解一段时间后，留在孔径为125μm过滤器上的不溶物即为凝胶。

将放有一定量试样的过滤器悬置于甲苯中，在规定温度下静置溶解一定时间后取出洗涤，干燥试样至质量恒定，计算凝胶含量。

8. 防老剂含量的测定

合成橡胶中防老剂含量直接影响橡胶制品的质量和寿命。胺类防老剂广泛用于合成橡胶中。

SH/T 1752—2006《合成生胶中防老剂含量的测定 高效液相色谱法》采标ISO 11089：1997，规定了合成生橡胶中*N*-烷基-*N'*-苯基-对苯二胺、*N*-芳基-*N'*-芳基-对苯二胺、*N*-苯基-*β*-萘胺、2,2,4-三甲基-1,2-二氢化喹啉聚合物含量的测定方法。

从生胶中定量抽提防老剂，用高效液相色谱将其从抽提液中分离，检测组分峰，测量出峰面积，在相同条件下测定已知量的同类防老剂组分峰面积，计算出防老剂含量。

二、评价及分析方法

评价方法是评价合成橡胶物理和化学性能的技术依据，规定了评价用试验配方和混炼程序等技术内容；专用分析方法是针对某类合成橡胶建立的分析方法，用于一种参数或性能的测定。合成橡胶评价及专用分析方法标准见表12-4。

表12-4 合成橡胶评价及专用方法标准

项目	标准编号	标准名称
评价方法	GB/T 8656—2018	《乳液和溶液聚合型苯乙烯-丁二烯橡胶(SBR)评价方法》
	GB/T 8660—2018	《溶液聚合型丁二烯橡胶(BR)评价方法》
	GB/T 21462—2008	《氯丁二烯橡胶(CR)评价方法》
	GB/T 32676—2016	《卤化异丁烯-异戊二烯橡胶(BIIR和CIIR)评价方法》
	GB/T 30918—2014	《非充油溶液聚合型异戊二烯橡胶(IR)评价方法》
	GB/T 34685—2017	《丙烯腈-丁二烯橡胶(NBR)评价方法》
	SH/T 1743—2011	《乙烯-丙烯-二烯烃橡胶(EPDM)评价方法》
	SH/T 1717—2008	《异丁烯-异戊二烯橡胶(IIR)评价方法》
分析方法	GB/T 8657—2014	《苯乙烯-丁二烯生橡胶 皂和有机酸含量的测定》
	GB/T 8658—1998	《乳液聚合型苯乙烯-丁二烯橡胶生胶 结合苯乙烯含量的测定 折光指数法》
	GB/T 21464—2008	《橡胶 乙烯-丙烯-二烯烃(EPDM)三元共聚物中5-乙叉降冰片烯(ENB)或双环戊二烯(DCPD)含量的测定》
	GB/T 34247.1—2017	《异丁烯-异戊二烯橡胶不饱和度的测定 第1部分：碘量法》
	GB/T 34247.2—2018	《异丁烯-异戊二烯橡胶(IIR)不饱和度的测定 第2部分：核磁共振氢谱法》
	SH/T 1157.1—2012	《生橡胶 丙烯腈-丁二烯橡胶(NBR)中结合丙烯腈含量的测定 第1部分：燃烧(Dumas)法》
	SH/T 1157.2—2015	《生橡胶 丙烯腈-丁二烯橡胶(NBR)中结合丙烯腈含量的测定 第2部分：凯氏定氮法》

续表

项目	标准编号	标准名称
分析方法	SH/T 1159—2010	《丙烯腈-丁二烯橡胶(NBR)溶胀度的测定》
	SH/T 1539—2007	《苯乙烯-丁二烯橡胶(SBR)溶剂抽出物含量的测定》
	SH/T 1592—1994(2009)	《丁苯生胶中结合苯乙烯含量的测定　硝化法》
	SH/T 1762—2008(2015)	《橡胶　氢化丁腈橡胶(HNBR)剩余不饱和度的测定　红外光谱法》
	SH/T 1763—2020	《氢化丁腈生橡胶(HNBR)中残留不饱和度的测定　碘值法》
	SH/T 1751—2005	《乙烯-丙烯共聚物(EPM)和乙烯-丙烯-二烯烃三元共聚物(EPDM)中乙烯的测定》
	SH/T 1814—2020	《乙烯-丙烯共聚物(EPM)和乙烯-丙烯-二烯烃三元共聚物(EPDM)中钒含量的测定》

1. 丁苯橡胶分析

1)性能评价

SBR 的性能评价通常采用 GB/T 8656—2018《乳液和溶液聚合型苯乙烯-丁二烯橡胶(SBR)评价方法》，采标 ISO 2322：2014，规定了 SBR 生胶的物理和化学试验方法，评价硫化特性所用的标准材料、标准试验配方、充油 SBR 的试验配方、设备及操作程序等。标准试验配方见表 12-5，可供选择的充油 SBR 试验配方见表 12-6。

表 12-5　评价 SBR 的标准试验配方　　单位：质量份

项目	A 系列	B 系列
苯乙烯-丁二烯橡胶(SBR)(含充油 SBR 中的油)	100. 00	—
标准 SBR1500	—	65. 00
B 系列 SBR	—	35. 00
硫黄	1. 75	1. 75
硬脂酸	1. 00	1. 00
工业参比炭黑	50. 00	35. 00
氧化锌	3. 00	3. 00
硫化促进剂(TBBS)	1. 00	1. 00
合计	156. 75	141. 75

表 12-6　可供选择的充油 SBR 试验配方　　单位：质量份

项目	配方号					
	1B	2B	3B	4B	5B	6B
填充油	25	37. 5	50	62. 5	75	Y[①]
充油橡胶	125. 00	137. 50	150. 00	162. 50	175. 00	$100+Y$
氧化锌	3. 00	3. 00	3. 00	3. 00	3. 00	3. 00
硫黄	1. 75	1. 75	1. 75	1. 75	1. 75	1. 75
硬脂酸	1. 00	1. 00	1. 00	1. 00	1. 00	1. 00

续表

项目	配方号					
	1B	2B	3B	4B	5B	6B
工业参比炭黑	62.5	68.75	75.00	81.25	87.50	(100+*Y*)/2
TBBS	1.25	1.38	1.50	1.63	1.75	(100+*Y*)/100
合计	194.50	213.38	232.25	251.13	270.00	

①充油橡胶中每100质量份基础聚合物中油的质量份。

3种可供选择的混炼程序如下：(1)方法A，开炼机混炼程序；(2)方法B，实验室密炼机单段混炼程序(首选程序)；(3)方法C，实验室密炼机初混炼和开炼机终混炼两段式混炼程序。

2）皂和有机酸含量的测定

在ESBR中，乳化剂在凝聚过程中被酸转化的部分为有机酸，未被转化的部分为皂。ESBE中的皂和有机酸含量对其硫化加工性能影响很大，皂对橡胶硫化速率有迟滞作用，有机酸对橡胶硫化速率有促进作用。皂和有机酸含量是ESBR产品质量控制的关键技术指标项目。

GB/T 8657—2014《苯乙烯-丁二烯生橡胶　皂和有机酸含量的测定》采标ISO 7781：2008，规定了两种测定方法：A法为指示剂法，B法为自动电位滴定法。

指示剂法：用盐酸标准滴定溶液滴定以测定皂含量，用氢氧化钠标准滴定溶液滴定以测定有机酸含量。

对于使用芳烃填充油和(或)对苯二胺类防老剂的苯乙烯-丁二烯生橡胶，宜采用自动电位滴定法。自动电位滴定法：通过电位突跃点判定滴定等当点。采用返滴定的方式进行测定，将测定皂的过程由强酸(盐酸)滴定弱碱(皂)，转化为强碱(氢氧化钠)滴定强酸(盐酸)，增强了达到滴定等当点时的电位突跃，使得滴定等当点的判定更加容易，准确性更高。该方法有效解决了采用指示剂判定滴定等当点的颜色干扰问题。

3）结合苯乙烯含量的测定

结合苯乙烯含量的测定是为了确定橡胶中结合单体的组成，通常用以衡量单体配料的准确性，是SBR产品最为主要的技术指标之一，其含量影响力学性能。

GB/T 8658—1998《乳液聚合型苯乙烯-丁二烯生胶　结合苯乙烯含量的测定　折光指数法》采标ISO 2453：1991，规定了采用折射率法测定ESBR中结合苯乙烯含量的方法，通过测定抽提后试样的折射率，并依据折射率和苯乙烯的质量分数对照表确定结合苯乙烯含量。

试样用乙醇-甲苯共沸物(ETA)抽提、干燥后，放入两块铝箔之间，压制成厚度不大于0.5mm的试片，在25℃下测定试片的折射率，计算结合苯乙烯含量。

4）抽出物的测定

ESBR在生产过程中需加入乳化剂、引发剂、防老剂等添加剂，这些添加剂不但影响加工性能，也影响使用性能，如防老剂影响硫化速率及制品污染性等。同时，通过测定溶剂抽出物、总灰分和挥发分含量，可估算出纯胶含量，这对橡胶生产企业控制产品质量、对橡胶加工企业及时调整配方具有较大指导作用。

SH/T 1539—2007《苯乙烯-丁二烯橡胶(SBR)溶剂抽出物含量的测定》参照ASTM

D5774—1995，用于测定苯乙烯-丁二烯生橡胶中的抽出物。将已称量过的橡胶试样，分别用100mL乙醇-甲苯共沸物（ETA）抽提2次，每次抽提60min，抽提后的橡胶试样再用100mL丙酮抽提5min。将抽提后的橡胶干燥至恒重，根据抽提前后橡胶试样的质量差计算溶剂抽出物的含量。

2. BR分析

BR的性能评价通常采用GB/T 8660—2018《溶液聚合型丁二烯橡胶（BR）评价方法》，采标ISO 2476：2014，规定了生胶的物理和化学试验方法；评价溶液聚合型BR（包括充油型）硫化特性所用的标准材料、标准试验配方、设备、操作方法以及评价硫化胶拉伸应力—应变性能的方法。评价BR的标准试验配方见表12-7。

表12-7　评价BR的标准试验配方　　单位：质量份

项目	非充油橡胶	充油橡胶
BR	100.00	100.00+Y①
氧化锌	3.00	3.00
通用工业参比炭黑	60.00	0.6×(100+Y)
硬脂酸	2.00	2.00
ASTM103#油	15.00	—
硫黄	1.50	1.50
TBBS	0.90	0.009×(100+Y)
总计	182.40	167.40+1.609Y

注：非充油橡胶计算密度为1.11g/cm^3。

①充油橡胶中每100质量份基础聚合物中油的质量份。

规定了5种混炼方法，推荐采用密炼机混炼方法：（1）方法A_1，密炼机一步混炼；（2）方法A_2，初混炼和终混炼两步都用密炼机混炼；（3）方法B，初混炼用密炼机，终混炼用开炼机；（4）方法C_1和C_2，开炼机混炼。

BR9000按照GB/T 8660中规定的方法C_2混炼，试验配方中采用ASTM IRB No.8进行评价。

3. 丁腈橡胶分析

1）性能评价

NBR的性能评价通常采用GB/T 34685—2017《丙烯腈-丁二烯橡胶（NBR）评价方法》，采标ISO 4658：1999，规定了生胶的物理和化学试验方法以及评价NBR硫化特性所用的标准材料、标准试验配方、操作程序以及评价硫化橡胶拉伸应力—应变性能的方法。评价NBR的标准试验配方见表12-8。可以用开炼机、小型密炼机或密炼机初混炼—开炼机终混炼程序制备混炼胶。

表12-8　评价NBR的标准试验配方

项目	数量，质量份
丁腈橡胶	100.00
氧化锌	3.00
硫黄	1.50

续表

项目	数量，质量份
硬脂酸	1.00
炭黑	40.00
TBBS	0.70
合计	146.20

2）结合丙烯腈含量的测定

NBR中结合丙烯腈含量增加时，其分子极性增强，玻璃化转化温度和溶解度参数提高，对性能也产生较大影响。随着结合丙烯腈含量的增加，橡胶的拉伸强度、弹性模量、撕裂强度和硬度均增大，而扯断伸长率下降；化学稳定性和耐热性改善；硫化速率加快，门尼焦烧时间变短；流动性和动态力学性能变差。因此，结合丙烯腈含量是NBR产品质量控制的最关键技术指标。

SH/T 1157.1—2012《生橡胶　丙烯腈-丁二烯橡胶（NBR）中结合丙烯腈含量的测定　第1部分：燃烧（Dumas）法》和SH/T 1157.2—2015《生橡胶　丙烯腈-丁二烯橡胶（NBR）中结合丙烯腈含量的测定　第2部分：凯氏定氮法》用于测定结合丙烯腈含量。SH/T 1157.1—2012规定采用元素分析仪测定NBR中结合丙烯腈含量，采标ISO 24698-1：2008。SH/T 1157.2—2015规定了方法A和方法B两种测定NBR中结合丙烯腈含量的方法，与ISO 24698-2：2008的一致性程度为非等效。

燃烧法：样品中的氮在高纯氧环境下转化为氮氧化物，氮氧化物在催化剂的作用下还原为氮气，通过吸附或其他分离方法除去生成的二氧化碳和水蒸气，利用热导检测器（TCD）进行检测，得到氮的质量分数，通过计算得到样品中的结合丙烯腈含量。

凯氏定氮法：试样经无水乙醇抽提并干燥后，在混合催化剂作用下，用硫酸加热消解，试样中的氮转化为硫酸氢铵，在强碱作用下经蒸馏分解出氨，用硼酸溶液进行吸收，最后用硫酸标准滴定溶液滴定。方法A为手动滴定；方法B采用自动凯氏定氮仪，可将蒸馏、吸收、滴定和结果计算等过程合为一体，自动快速完成。

3）溶胀度的测定

NBR中由于极性氰基的存在，对非极性或弱极性的液体燃料和溶剂等有较高的稳定性，而芳烃溶剂、酮、酯等极性物质对其有溶胀作用。溶剂分子进入NBR分子链的空隙，增大链段间的体积，即发生溶胀现象。溶胀致使NBR的拉伸强度、扯断伸长率、硬度等性能发生很大变化。溶胀度是衡量溶胀时变化的量度。

SH/T 1159—2010《丙烯腈-丁二烯橡胶（NBR）溶胀度的测定》规定了测定NBR硫化胶溶胀后质量变化的两个方法。将硫化胶试片浸在介质中，在规定温度下经过一定时间，试片所增加的质量分数即为溶胀度。方法Ⅰ为仲裁法，规定试样在（23±2）℃的恒温设备中保持22h；方法Ⅱ为快速法，规定试样在（98±2）℃的恒温设备中保持3h。当测定结果有争议时，应以方法Ⅰ为基准方法进行仲裁。

4）氢化丁腈橡胶不饱和度的测定

HNBR具有良好的耐油性能，高度饱和的结构还使其具有良好的耐热性能、优良的耐化学腐蚀性能及优异的耐臭氧性能。不饱和度体现 HNBR 的加氢程度，对氢化橡胶的性能具有重要的影响。

SH/T 1763—2020《氢化丁腈生橡胶(HNBR)中残留不饱和度的测定　碘值法》规定了用韦氏试剂测定 HNBR 生胶残留不饱和度(即碘值)的方法。将 HNBR 生胶样品溶于三氯甲烷中，加入过量的韦氏试剂，静置一定时间使韦氏试剂与 HNBR 中的残留不饱和物加成反应完全。用碘化钾溶液中和未反应的韦氏试剂，最终用硫代硫酸钠标准溶液滴定溶液中的游离碘并计算碘值(不饱和度)。

SH/T 1762—2008《橡胶　氢化丁腈橡胶(HNBR)剩余不饱和度的测定　红外光谱法》规定了用涂膜法通过红外光谱(IR)测定 HNBR 剩余不饱和度的方法。用甲基乙基酮(MEK)溶解 HNBR 生胶，再用甲醇沉淀；或在索氏抽提器中用甲醇对固体 HNBR 进行抽提。再将提纯的样品用 MEK 溶解并在溴化钾(KBr)片上涂膜。通过傅里叶变换(FT)或色散型红外光谱仪获得薄膜的红外光谱。丙烯腈、丁二烯和氢化丁二烯特征吸收谱带的"校正吸光度"用基线法测定，剩余不饱和度(未氢化丁二烯中的双键)的百分率根据吸收系数计算。

4. 乙丙橡胶分析

1）性能评价

EPDM 的性能评价通常采用 SH/T 1743—2011《乙烯-丙烯-二烯烃橡胶(EPDM)评价方法》，采标 ISO 4097：2007，规定了生胶的物理和化学试验方法以及评价 EPDM 及其充油橡胶硫化特性所用的标准材料、标准试验配方。评价标准试验配方见表 12-9。

表 12-9　评价 EPDM 的标准试验配方　　单位：质量份

项目	试验配方					
	1	2	3	4	5	6
EPDM	100.00	100.00	100.00	100.00+x①	100.00+y②	100.00+z③
硬脂酸	1.00	1.00	1.00	1.00	1.00	1.00
工业参比炭黑	80.00	100.00	40.00	80.00	80.00	150.00
ASTM103#油	50.00	75.00	—	50.00-x①	—	—
氧化锌	5.00	5.00	5.00	5.00	5.00	5.00
硫黄	1.50	1.50	1.50	1.50	1.50	1.50
二硫化四甲基秋兰姆(TMTD)	1.00	1.00	1.00	1.00	1.00	1.00
巯基苯并噻唑(MBT)	0.50	0.50	0.50	0.50	0.50	0.50
合计	239.00	284.00	149.00	239.00	189.00+y②	259.00+z③

①每 100 质量份基本胶料中含油量不大于 50 质量份时油的质量份。

②每 100 质量份基本胶料中含油量大于 50 质量份、小于 80 质量份时油的质量份。

③每 100 质量份基本胶料中含油量不小于 80 质量份时油的质量份。

3 种可供选择的混炼操作程序如下：(1)方法 A，密炼机混炼；(2)方法 B，开炼机混炼；(3)方法 C，密炼机初混炼和开炼机终混炼。

配方 1 适用于乙烯质量分数小于 67%的非充油 EPDM；配方 2 适用于乙烯质量分数不小于 67%的非充油 EPDM；配方 3 适用于低门尼黏度的非充油 EPDM；配方 4 适用于在 100 质量份橡胶中含油量不大于 50 质量份油的充油 EPDM；配方 5 适用于在 100 质量份橡胶中含油量大于 50 质量份、小于 80 质量份油的充油 EPDM；配方 6 适用于在 100 质量份橡胶中含油量不小于 80 质量份油的充油 EPDM。

2）第三单体的测定

在生产乙烯-丙烯共聚物时，引入含有不饱和键的非共轭二烯烃作为第三单体，第三单体引入的不饱和双键，是用于硫黄硫化的官能团，因此第三单体的类型和含量是影响硫化特性和硫化胶性能的直接因素，对 EPDM 的稳定性有重要影响。

GB/T 21464—2008《橡胶　乙烯-丙烯-二烯烃(EPDM)三元共聚物中 5-乙叉降冰片烯(ENB)或双环戊二烯(DCPD)含量的测定》采标 ISO 16565：2002，规定了 EPDM 三元共聚物中 ENB 或 DCPD 含量的测定方法。适用于二烯烃含量在 0.1%～10%的 EPDM。对于充油高聚物，在测定二烯烃含量前必须将填充油抽提干净。

将置于两张聚四氟乙烯涂层的铝箔或聚酯膜之间的试样压制成膜片。通过测定 ENB 的环外双键在 1681～1690cm^{-1}内的红外吸收测定 ENB 含量；通过测定 DCPD 的单环双键在 1605～1610cm^{-1}内的红外吸收测定 DCPD 含量。计算吸收峰高并与标准物进行比较。对于 ENB，约 1690cm^{-1}处的峰高与 ENB 质量分数有关；对于 DCPD，约 1610cm^{-1}处的峰高的二阶导数与 DCPD 质量分数有关。

3）乙烯含量的测定

EPR 中乙烯、丙烯的相对组成是基本结构参数之一，共聚物中乙烯含量不同，可以分别得到从橡胶弹性体到塑料等一系列不同性能的共聚物。通常，较典型的高弹性和综合性能的 EPM 和 EPDM 的乙烯含量为 45%～70%。

SH/T 1751—2005《乙烯-丙烯共聚物(EPM)和乙烯-丙烯-二烯烃三元共聚物(EPDM)中乙烯的测定》规定了 4 种测定乙丙橡胶中乙烯含量的方法。

压膜试验方法：方法 A，乙烯质量分数为 35%～65%的 EPM 和 EPDM；方法 B，乙烯质量分数为 60%～85%的 EPM 和 EPDM，不包括乙烯-丙烯-1,4-己二烯三元共聚物；方法 C，乙烯质量分数为 35%～85%的 EPM 和 EPDM。

涂膜试验方法：方法 D，乙烯质量分数为 35%～85%的 EPM 和 EPDM，不包括乙烯-丙烯-1,4-己二烯三元共聚物。

4）钒含量的测定

EPR 中钒含量的高低反映了胶液的水洗质量，影响产品的色度，钒含量是控制产品外观质量的关键指标之一。

SH/T 1814—2020《乙烯-丙烯共聚物(EPM)和乙烯-丙烯-二烯烃三元共聚物(EPDM)中钒含量的测定》规定了用分光光度法和电感耦合等离子体发射光谱法测定 EPM 和 EPDM 中钒含量的方法。适用于以齐格勒—纳塔型催化剂(铝—钒催化剂)生产的钒含量为 0.5～40.0μg/g 的 EPR。

分光光度法：样品灰化后用酸溶解。在酸性介质中，用高锰酸钾将钒氧化为 5 价，用亚硝酸钠溶液还原过量的高锰酸钾，5 价钒与 *N*-苯甲酰基-*N*-苯胺形成有色络合物后被萃取到三氯甲烷中，然后用分光光度计在波长 440nm 处测量吸光度，计算样品中钒的含量。

电感耦合等离子体发射光谱法：样品灰化溶解后，在选定的波长下，采用电感耦合等离子体发射光谱仪测定钒元素的谱线强度，由标准曲线得到样品溶液中钒元素浓度，计算样品中的钒含量。

5. 丁基橡胶分析

1）性能评价

IIR 的性能评价通常采用 SH/T 1717—2008《异丁烯-异戊二烯橡胶(IIR)评价方法》，采标 ISO 2302：2005，规定了生胶的物理和化学试验方法及评价硫化特性所用的标准材料、标准试验配方、设备及 3 种可供选用的混炼程序(方法 A，开炼机混炼；方法 B，小型密炼机混炼；方法 C，密炼机混炼)。评价 IIR 的标准试验配方见表 12-10。

表 12-10　评价 IIR 的标准试验配方

项目	数量，质量份
异丁烯-异戊二烯橡胶(IIR)	100.00
硬脂酸	1.00
工业参比炭黑	50.00
氧化锌	3.00
硫黄	1.75
二硫代四甲基秋兰姆(TMTD)	1.00
合计	156.75

2）不饱和度的测定

IIR 的不饱和度即异戊二烯含量，是根据实际应用中所需要的交联度而定的，不同异戊二烯含量的 IIR 加工和应用性能不同，尤其表现在硫化性能方面，因此不饱和度是 IIR 生产质量控制的一项最关键的技术指标，是产品标准的检验项目，其结果是质量控制和用户加工的重要依据。

GB/T 34247《异丁烯-异戊二烯橡胶(IIR)不饱和度的测定》分为碘量法和核磁共振氢谱法两部分。适用于普通 IIR 不饱和度的测定，不适用于液体异丁烯-异戊二烯橡胶、支化异丁烯-异戊二烯橡胶、交联异丁烯-异戊二烯橡胶和卤化异丁烯-异戊二烯橡胶不饱和度的测定。

碘量法：在规定的条件下，将一定量的 IIR 样品溶于四氯化碳中，加入溴化碘溶液与其反应，未反应的溴化碘通过加入过量的碘化钾溶液与之反应生成碘。采用硫代硫酸钠标准滴定溶液滴定所生成的碘，同时做空白实验。计算碘值，通过经验公式换算为不饱和度。

核磁共振氢谱法：将橡胶样品溶解在氘代氯仿中，在给定的参数条件下，测定试样的核磁共振氢谱，得到异戊二烯和异丁烯结构的峰面积。通过不同化学环境下质子的化学位移以及积分面积值来确定 IIR 的不饱和度。信号积分面积的限定见表 12-11，图 12-1 典型的核磁共振氢谱图。

表 12-11　信号积分面积的限定

面积	信号积分范围
A	从约 4.97 处到约 5.30 处的最小强度点
B	从约 4.91 处到约 4.97 处的最小强度点
C	从约 0.20 处到约 2.70 处的最小强度点

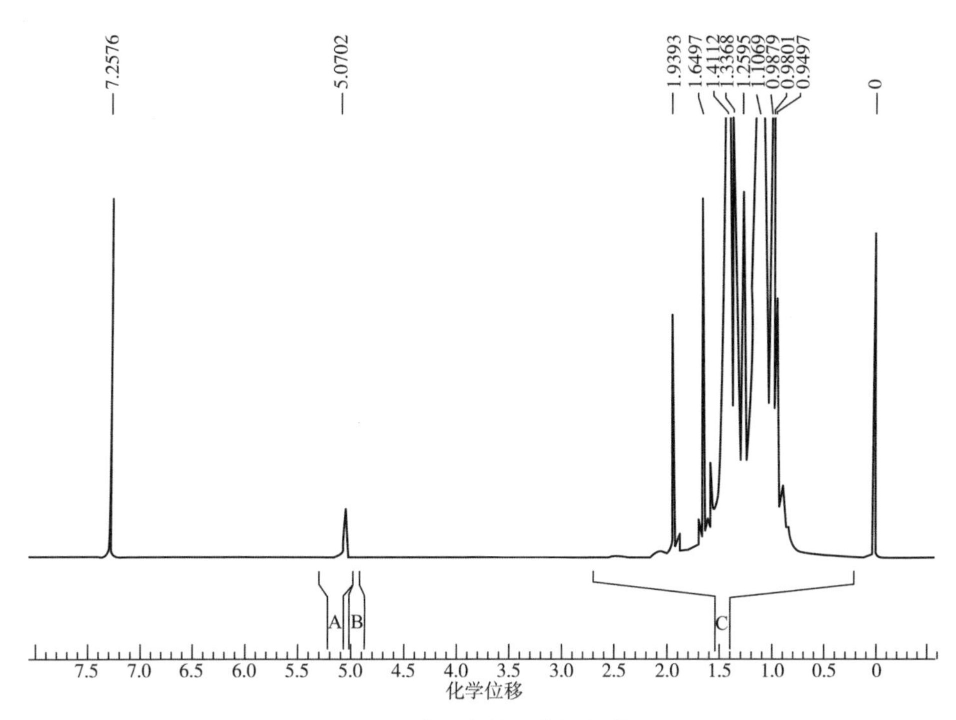

图 12-1　典型的核磁共振氢谱图

3）卤化丁基橡胶性能评价

HIIR 的性能评价通常采用 GB/T 32676—2016《卤化异丁烯-异戊二烯橡胶(BIIR 和 CIIR)评价方法》，采标 ISO 7663：2005，规定了 HIIR 的物理和化学试验方法，评价混炼胶硫化特性和评价硫化橡胶拉伸应力—应变性能所用的标准材料、标准试验配方、设备及操作方法。评价 HIIR 的标准试验配方见表 12-12。

表 12-12　评价 HIIR 的标准试验配方

项目	数量，质量份
卤化异丁烯-异戊二烯橡胶(BIIR 和 CIIR)	100.00
硬脂酸	1.00
工业参比炭黑	40.00
氧化锌	5.00
合计	146.00

6. 异戊二烯橡胶分析

1）性能评价

IR 的性能评价通常采用 GB/T 30918—2014《非充油溶液聚合型异戊二烯橡胶(IR)评价方法》，采标 ISO 2303：2011，规定了通用非充油溶液聚合型 IR 生胶的物理和化学试验方法，以及评价 IR 硫化特性所用的标准材料、标准试验配方；给出了 4 种可供选择的混炼程序(两种开炼机混炼程序、小型密炼机混炼程序、密炼机初混炼开炼机终混炼程序)。评价

IR 的标准试验配方见表 12-13。

表 12-13 评价 IR 的标准试验配方

原料	数量，质量份
IR	100.00
硬脂酸	2.00
氧化锌	5.00
硫黄	2.25
工业参比炭黑(N330)	35.00
TBBS	0.70
合计	144.95

2）分子量的测定

采用凝胶渗透色谱法、沉淀分级法、淋洗分级法和超速离心沉淀法可测得 IR 的数均分子量和重均分子量。按照 SH/T 1759—2007《用凝胶渗透色谱法测定溶液聚合物分子量分布》测定 IR 分子量及其分布。

3）防老剂 2,6-二叔丁基甲酚含量的测定

IR 防老剂 2,6-二叔丁基甲酚(防老剂 246)的测定采用分光光度法。用乙醇抽提胶样中的防老剂。将磷钼酸加入稀氨水溶液中生成浅黄色的磷钼酸铵，磷钼酸铵与抽提出的防老剂发生反应，溶液呈蓝色，然后在分光光度计上测定吸光度，计算其防老剂含量。

4）金属含量的测定

金属含量是 IR 环保制品重点检测项目之一，由于使用催化剂的差异，其含量相差较大。铁含量按 GB/T 11202—2003《橡胶中铁含量的测定　1,10-菲啰啉光度法》测定；铜含量按 GB/T 7043.2—2001《橡胶中铜含量的测定　二乙基三硫代氨基甲基硫酸锌光度法》测定。

7. 氯丁二烯橡胶分析

1）性能评价

CR 的性能评价通常采用 GB/T 21462—2008《氯丁二烯橡胶(CR)评价方法》，参照 ASTM D 3190—2006 制定，规定了评价硫化特性所用的 4 种标准试验配方、操作程序以及评价应力—应变性能的方法。配方 1 和配方 2 适用于评价硫黄调节型 CR，配方 3 和配方 4 适用于评价硫醇调节型 CR。评价 CR 的标准试验配方见表 12-14。

表 12-14 评价 CR 的标准试验配方

项目	数量，质量份			
	配方 1	配方 2	配方 3	配方 4
硫黄调节型 CR	100.00	100.00	—	—
硫醇调节型 CR	—	—	100.00	100.00
硬脂酸	0.50	0.50	—	—
氧化镁①	4.00	4.00	4.00	4.00

续表

项目		数量，质量份			
		配方 1	配方 2	配方 3	配方 4
工业参比炭黑(IRB) No. 7		—	25.00	—	25.00
氧化锌		5.00	5.00	5.00	5.00
3-甲基噻唑啉-2-硫酮占交联剂的 80%		—	—	0.45	0.45
合计		109.50	134.50	109.45	134.45
投料系数②	MIM(Cam 机头)	0.76	0.63	0.76	0.63
	MIM(Banbury 机头)	0.65	0.54	0.65	0.54

①碘吸附值(以 I_2 计)为 80~100mg/g，纯度不小于 92%。

②对于 MIM，橡胶、炭黑精确到 0.01g，配合剂精确到 0.001g。

2）CR244 5%甲苯溶液黏度的测定

溶液黏度是反映 CR244 氯丁橡胶质量的主要指标，也是产品划分型号的重要依据。测定 CR244 质量分数为 5%甲苯溶液黏度的方法如下：通过转子在流体中旋转所需的力来测定溶液黏度，转子旋转的阻力由附在转子轴上的感应装置通过机电转换显示在仪器面板上，将读数乘以特定的系数即得到液体的黏度。

将样品剪成 3~6mm 颗粒，称取(12±0.01)g 试样，放入具塞三角瓶，加入(228±0.1)g 甲苯，加塞，置于磁力搅拌器上，调节转速约为 100r/min，在室温下溶解 6h，观察并记录胶液中是否有不溶物。样品溶解后，转入广口玻璃瓶中，在(23±1)℃下静置 1~4h，使用旋转黏度计 1 号转子进行测定并记录读数。平行测定 2 次。

3）剥离强度的测定

剥离强度是表征 CR244 黏结性能的关键指标。称取生胶样品(200±5)g，在辊温为(35±5)℃、辊距为(0.5±0.05)mm 的开炼机上薄通 9 次，然后在辊距为(0.2±0.05)mm 薄通下片。称取上述胶片(18±0.1)g，剪成 10mm×2mm 的细条，置于具塞三角瓶中，加入(102±0.1)g 甲苯，室温下置于磁力搅拌器上搅拌至完全溶解。取长约 15cm、宽约 10cm 的纯棉帆布 2 片，将制备的胶液分 3~5 次全部涂刷于纯棉帆布上，有效涂刷长度为 11cm、宽度为 10cm。待手感略干后进行黏合，然后用约 2.5kg 的手辊滚压约 10 次。按照 GB/T 2941—2006《橡胶物理试验方法试样制备和调节通用程序》的规定，在温度为(23±2)℃、相对湿度为(50±10)%下放置 48h 后进行测定。将剥离试片剪成宽度为 2.5cm 的试片，共 3 片，其有效剥离长度为 10cm，按照 GB/T 2791—1995《胶粘剂 T 剥离强度试验方法　挠性材料对挠性材料》中的规定进行测定。

8. 氯磺化聚乙烯橡胶分析

1）性能评价

GB/T 30920—2014《氯磺化聚乙烯(CSM)橡胶》适用于以高密度聚乙烯或低密度聚乙烯、液氯、二氧化硫等为原料，经氯化和氯磺酰化反应而制得的 CSM 橡胶。该标准规定了产品的技术指标及其试验方法、评价用配方及混炼程序。评价 CSM 橡胶的配方见表 12-15。

表 12-15　评价 CSM 橡胶的配方

配方	质量，g
CSM 橡胶	100
氧化镁①	4
四硫化双五次甲基秋兰姆(TRA)	2
季戊四醇②	3
合计	109

①氧化镁应符合 HG/T 3928—2007 的规定。

②季戊四醇为高熔点晶体，在胶料中难以均匀分散，需用 120~180 目筛网过筛成细粉末状后，方可加入胶料中。

2）氯含量的测定

CSM 橡胶中氯含量的测定按照 GB/T 30920—2014《氯磺化聚乙烯(CSM)橡胶》的附录 A 测定，方法采用的滴定剂是硝酸汞标准滴定溶液，目视滴定，但现在的生产企业和用户多采用 GB/T 9872—1998《氧瓶燃烧法测定橡胶和橡胶制品中溴和氯的含量》，橡胶在氧瓶燃烧后的吸收液用硝酸银标准滴定溶液来滴定。GB/T 30920—2014 较 GB/T 9872—1998 具有便于操作、分析时间短的优点。在分析结果有争议时，GB/T 9872—1998 为仲裁法。

3）硫含量的测定

CSM 橡胶中硫含量的测定按照 GB/T 30920—2014《氯磺化聚乙烯(CSM)橡胶》的附录 B 测定，方法采用的滴定剂是高氯酸钡标准滴定溶液，但现在的生产企业和用户通常采用 GB/T 4497.1—2010《橡胶　全硫含量的测定　第 1 部分：氧瓶燃烧法》，采用氯化钡标准滴定溶液滴定。GB/T 30920—2014 较 GB/T 4497.1—2010 具有便于操作、分析时间短、滴定终点便于观察的优点。在分析结果有争议时，GB/T 9872—1998 为仲裁法。

第三节　合成橡胶微观结构表征

中国石油制定了 BR、SSBR 微观结构测定方法标准，填补了国内合成橡胶微观结构测定标准的空白，为合成橡胶微观结构分析提供技术依据。

一、溶聚丁苯橡胶

SSBR 的微观结构影响着轮胎抗湿滑性、滚动阻力及橡胶冲击强度、软化温度和硫化特性等重要性能。通常测定 SSBR 微观结构含量的方法有核磁共振法与红外光谱法。

GB/T 28728—2012 规定了采用^{1}H-核磁共振波谱(绝对法)和红外光谱(相对法)对 SSBR 中丁二烯单体的微观结构和苯乙烯单体的含量进行定量测定的分析方法。苯乙烯含量是相对于整个聚合物的质量分数；反式-1,4-结构、顺式-1,4-结构和 1,2-乙烯基结构含量是相对于丁二烯部分的摩尔分数。等同采用 ISO 21561：2005/Amd.1：2010《溶液聚合苯乙烯-丁二烯橡胶(SSBR)微观结构的测定》。

核磁共振波谱法(绝对法)：试样溶液的^{1}H-核磁共振波谱在 15 宽度范围内进行测量。丁二烯中 1,4-键(1,4-反式键和 1,4-顺式键的总和)和 1,2-乙烯基的峰面积与苯乙烯的峰面积一起被测定。丁二烯的微观结构和苯乙烯的含量根据理论公式进行计算。

红外光谱涂膜法(相对法)：将少量抽提过的SSBR橡胶试样溶解在环已烷中，并在溴化钾片上涂膜。在600~1200cm^{-1}处，测定溴化钾涂片上SSBR橡胶试样的红外光谱。根据4个特定波长处的吸光度，利用汉普顿方法，计算出1,4-反式键、1,4-顺式键、1,2-乙烯基和苯乙烯单体的含量。使用已知微观结构绝对值(由^{1}H-NMR共振波谱法获得)的SSBR试样进行校准，也可给出红外光谱涂膜法测定微观结构的绝对值。

GB/T 40722.2—2021《苯乙烯-丁二烯橡胶(SBR)　溶液聚合SBR微观结构的测定　第2部分：红外光谱ATR法》采标ISO 21561-2：2016，规定了采用衰减全反射(ATR)傅里叶变换红外光谱(FTIR)法测定SSBR中的丁二烯微观结构和苯乙烯含量。

红外光谱ATR法：通过红外光谱ATR法获得SSBR的红外光谱图。根据丁二烯单体每种微观结构和苯乙烯对应的特定波长处的吸光度，使用规定的公式，计算出每种组分的含量。

二、丁二烯橡胶

BR按结构可分为顺式-1,4-聚丁二烯、反式-1,4-聚丁二烯、全同1,2-聚丁二烯和间同1,2-聚丁二烯。SH/T 1727—2017《丁二烯橡胶微观结构的测定　红外光谱法》采标ISO 12965：2000/Cor.1：2006，规定了用红外光谱涂膜法测定BR顺式、反式、乙烯基结构含量的方法。将经过抽提的样品溶解在环已烷中，并在盐片上涂膜，在波数600~2000cm^{-1}范围内测得光谱图。根据固定波长的吸光度计算出顺式、反式和乙烯基结构的含量。

三、异戊二烯橡胶

IR结构包括4种：异戊二烯顺式-1,4-结构、异戊二烯反式-1,4-结构、异戊二烯3,4-结构、异戊二烯1,2-结构。各种结构的含量影响物理加工性能和应用。

SH/T 1832—2020《异戊二烯橡胶微观结构的测定　核磁共振氢谱法》规定了采用核磁共振氢谱法测定IR中顺式-1,4-结构、反式-1,4-结构和3,4-结构含量的方法。将经抽提干燥过的IR样品溶解在氘代氯仿中，在给定的参数条件下，测定试样的核磁共振氢谱。通过不同化学环境下质子的化学位移及其积分面积，计算得到顺式-1,4-结构、反式-1,4-结构和3,4-结构的含量。

第四节　合成橡胶环保性检测

欧盟环保法规对中国合成橡胶产品及制品进入欧盟市场构成极高的技术壁垒。国内先后开发出环保型合成橡胶并投放市场，环保性检测技术标准的建立迫在眉睫。中国石油建立了SBR中*N*-亚硝基胺化合物含量，充油SBR中多环芳烃含量，NBR中残余丙烯腈、壬基酚含量等合成橡胶环保性检测标准，促进了中国合成橡胶产品环保化。

一、*N*-亚硝基胺化合物

自20世纪70年代末，国际上就已经开始关注硫化橡胶及橡胶制品中有致癌作用的亚硝胺化合物。1988 年德国 TRGS 法规规定了 12 种被限制的 *N*-亚硝基胺(以下简称亚硝胺),其中有 7 种在橡胶制品中发现。1994 年德国政府再次通过立法,限定橡胶硫化和贮存工作环境中亚硝胺的最大质量浓度为 2.5μg/m^3,1996 年降低至 1μg/m^3,此时对橡胶中亚硝胺的研究达到了一个高峰[3-4]。2008 年 7 月 8 日开始正式生效的《德国商品法》规定 3 岁以下儿童气球及橡胶玩具中可迁移的亚硝胺含量小于 0.05μg/g;欧盟 93/11/EEC 规定橡胶奶嘴和橡皮奶头中可迁移亚硝胺含量小于 0.01μg/g;REACH 法案规定 *N*-亚硝基二甲胺和 *N*-亚硝基二丙胺属于致癌物质,当其在物品中的含量不小于 1μg/g 时,其使用将受到限制。

国外早在 20 世纪 80 年代就已开展橡胶制品中亚硝胺的分析研究,主要分析对象是以 NR、硅橡胶制成的婴儿奶嘴、抚慰品、安全套、食品包装材料和密封材料,没有关于生胶中亚硝胺的分析报道。采用的分析技术有气相色谱-热能分析仪法(GC-TEA)、气相色谱-质谱法(GC-MS)、气相色谱-氮化学发光检测器法(GC-NCD)、气相色谱-氮磷检测器法(GC-NPD)、液相色谱-热能分析仪法(LC-TEA)等。其中,以 GC-TEA 和 GC-MS 最为常用,而且 GC-TEA 比 GC-MS 灵敏度高、选择性好,涉及亚硝胺检测的相关标准中多采用 GC-TEA 技术[5-8]。

TEA 的工作原理是通过气相色谱将亚硝胺导入高温裂解炉,亚硝胺在炉内发生裂解后释放出亚硝酰基,亚硝酰基进一步在真空反应室内被臭氧氧化成处于电子激发态的二氧化氮。激发态的二氧化氮很不稳定,会很快衰退回基态,同时放出特定波长的光。放射光的强度与亚硝酰基的浓度成比例,因此也与释放出亚硝酰基的化合物的浓度成比例。

GB/T 30919—2014《苯乙烯-丁二烯生橡胶　*N*-亚硝基胺化合物的测定　气相色谱-热能分析法》规定了采用 GC-TEA 测定丁苯橡胶中 *N*-亚硝基二甲胺、*N*-亚硝基甲乙胺、*N*-亚硝基二乙胺、*N*-亚硝基二丙胺、*N*-亚硝基二丁胺、*N*-亚硝基哌啶、*N*-亚硝基吡咯烷、*N*-亚硝基吗啉、*N*-亚硝基甲基苯胺、*N*-亚硝基乙基苯胺 10 种亚硝胺含量的方法。该标准检测的亚硝胺的种类是参照德国 TRGS 法规对亚硝胺的限定以及德国橡胶工业研究院针对 SBR 生胶中亚硝胺的检测种类设定的,标准的最低检测限与德国橡胶工业研究院企业内部方法的最低检测限相当。该标准适用于非充油 ESBR。具体测定方法如下:将样品粉碎,用溶剂萃取出橡胶中的亚硝胺化合物,去除干扰物后,将溶液浓缩,用 GC-TEA 进行测定。各种亚硝胺类化合物的检测限见表 12-16。

表 12-16　亚硝胺类化合物的检测限

亚硝胺名称	名称缩写	分子式	CAS NO.	最低检测限,ng/g
N-亚硝基二甲胺	NDMA	$C_2H_6N_2O$	62-75-9	7
N-亚硝基甲乙胺	NEMA	$C_3H_8N_2O$	10595-95-6	6
N-亚硝基二乙胺	NDEA	$C_4H_{10}N_2O$	55-18-5	8
N-亚硝基二丙胺	NDPA	$C_6H_{14}N_2O$	621-64-7	11
N-亚硝基二丁胺	NDBA	$C_8H_{18}N_2O$	924-16-3	11
N-亚硝基哌啶	NPIP	$C_5H_{10}N_2O$	100-75-4	9
N-亚硝基吡咯烷	NPYR	$C_4H_8N_2O$	930-55-2	9

续表

亚硝胺名称	名称缩写	分子式	CAS NO.	最低检测限，ng/g
N-亚硝基吗啉	NMOR	$C_4H_8N_2O_2$	59-89-2	10
N-亚硝基甲基苯胺	NMPA	$C_7H_8N_2O$	614-00-6	33
N-亚硝基乙基苯胺	NEPA	$C_8H_{10}N_2O$	612-64-6	22

二、多环芳烃

为应对欧盟 REACH 法规，制定充油 SBR 中多环芳烃含量的方法标准，促进 SBR 产品环保化，提升产品质量升级。

三、壬基酚

壬基酚是一种环境内分泌干扰物，具有很强的内分泌干扰作用，对包括人类在内的很多动物都有致畸、致癌、致突变等作用。2010 年 8 月，美国环境保护署将壬基酚列入了重点关注化学品名单；2005 年 1 月，欧盟在 REACH 法规中规定，商品中壬基酚的含量不得超过 1mg/g；而 Oeko-Tex 协会的要求更为严格，规定从 2013 年 4 月 1 日起，通过其认证的产品中壬基酚的最高限量为 50μg/g。

近年来，中国 NBR 产品在市场拓展及出口方面就遇到壬基酚的困扰问题。例如，在发泡材料领域，对用于制造出口健身器材产品的 NBR 中壬基酚的限量尤为严格，儿童产品中壬基酚含量要求小于 100μg/g。但是国内外却没有相应的标准，橡胶企业只能将产品送往国外一些研究机构或国内的 SGS、莱因等专门的检测机构以检测壬基酚含量，费用高、周期长、受制于人，严重影响了国内 NBR 行业产品质量的改进和市场的进一步拓展。为此，中国石油牵头制定了测定 NBR 中壬基酚含量的行业标准。

SH/T 1830—2020《丙烯腈-丁二烯橡胶中壬基酚含量的测定　气相色谱-质谱法》规定了采用气相色谱-质谱法测定 NBR 生胶中壬基酚含量的方法。选定特征离子中的多个碎片离子进行测定，用内标校正曲线法定量。壬基酚单组分含量最低检出限为 1.4μg/g。

四、残余单体

ASTM D5508 中给出了 NBR 中游离丙烯腈含量的测定方法，其规定采用顶空自动进样技术，以氮磷检测器(NPD)检测丙烯腈，外标工作曲线法定量。该方法使用的仪器设备复杂，对仪器精度要求高，测试样品周期长(长于 19h)，使用的 NPD 检测器寿命短(一般为 1~2 年)，且方法中使用的邻二氯苯溶剂易致 NPD 熄灭，这些因素都将导致该方法在国内不易普及。

SH/T 1831—2020《丙烯腈-丁二烯橡胶中游离丙烯腈含量的测定　顶空气相色谱法》采用顶空气相色谱法，以高沸点试剂四氢萘为顶空溶剂，测定顶空瓶内气相中的挥发性组分，通过外标工作曲线法定量。游离丙烯腈含量最低检出限为 1.8μg/g。四氢萘对 NBR 的溶解性明显优于 ASTM D5508 中规定的邻二氯苯，可以大幅缩短样品测试时间。

第五节　合成橡胶标准国际化

中国虽然作为世界合成橡胶第一大生产和消费国，但在合成橡胶国际标准化领域几乎没有对等的话语权，主导制定国际标准几乎为零。为积极推进合成橡胶国际标准化工作，中国石油科技管理部和石化院按照“创新技术化—技术标准化—标准国际化”的思路，支持中国石油兰州化工研究中心成立了专门的国际标准项目组，助力中国标准“走出去”，开展了合成橡胶标准国际化的攻关。截至2020年，中国石油在合成橡胶领域牵头完成国际标准5项，大幅提升了中国在合成橡胶领域的国际话语权和影响力。

一、橡胶灰分含量的测定

橡胶的灰分含量是剖析橡胶组成、有害物质残留的最重要参数之一，是表征橡胶产品质量的关键技术指标。国际上采用ISO 247：2006《橡胶　灰分的测定》中马弗炉高温灼烧法测定，主要存在测定步骤多、分析时间长，高温下灼烧样品、安全性低，空气下炭化氧化、浓烟污染环境等不足。针对ISO 247：2006存在的不足，通过自主创新，研究制定了热重分析法(TGA)测定橡胶灰分的国际标准ISO 247-2：2018《橡胶　灰分的测定　第2部分：热重分析法(TGA)》，填补了国际空白。

采用热分析技术，将橡胶灰分检测所需样品量从克级降低为毫克级，时间从6h以上缩短为40min，检测效率大幅提升，避免易制毒化学品、高温操作对环境和人身健康造成的伤害，实现了检测技术的自动化、环保化。该国际标准是中国石油炼油化工领域首次主导制定的国际标准，具有里程碑意义，荣获2018年度中国石油“十大科技进展”。

ISO 247-2于2018年7月25日发布实施，英国、荷兰、塞尔维亚等国家已经采标将其转化为各自的国家标准，作为一项通用方法，被ISO 2322等通用合成橡胶评价方法标准引用。该国际标准使橡胶灰分的测定实现了安全、快速、准确、环保，推动了全球橡胶灰分检测技术的进步，提升了中国橡胶行业在国际标准化工作中的话语权和影响力。

二、乳聚丁苯橡胶中皂和有机酸含量的测定

皂和有机酸含量是ESBR产品的一项重要技术指标。皂和有机酸含量对ESBR硫化加工性能影响很大，皂对橡胶硫化速率有迟滞作用，有机酸则对橡胶硫化速率有促进作用。ISO 7781：2008《苯乙烯-丁二烯生橡胶　皂和有机酸含量测定》规定了两种测试方法：指示剂法和固定pH值法。在实际应用中发现，采用指示剂法测定充油ESBR时，滴定终点的颜色突变不易观察，因此采用固定pH值作为滴定终点，由于不同厂家不同牌号的ESBR使用的助剂不同，其达到理论等当点时的pH值也不相同。为此，中国建立了电位返滴定法同步测定皂和有机酸含量，同时提出修订ISO 7781：2008。

采用电位突跃判定滴定终点，解决了采用指示剂判定滴定等当点的颜色干扰问题，采用返滴定的方式进行滴定，不仅增强了滴定等当点的电位突跃，使得滴定等当点的判定更加容易、准确，而且可以仅通过一次滴定，同时得到皂和有机酸的含量(以前的分析方法需

要通过两次滴定分别测定皂和有机酸的含量)，提高了工作效率。

修订后的 ISO 7781：2017 在国际上得到广泛应用。其中，英国、荷兰、塞尔维亚等国家已经采标将其转化为国家标准，俄罗斯也正在开展将该标准转化为 ГОСТ 标准(以俄罗斯为首的 12 个国家共同执行的区域性标准)的相关工作。

三、乳聚丁苯橡胶中结合苯乙烯含量的测定

结合苯乙烯含量高低对 ESBR 的弹性、可塑性等力学性能和加工性能有一定的影响，准确测定其含量具有重要的意义。

ISO 2453：1991《苯乙烯-丁二烯生橡胶　结合苯乙烯含量的测定　折光指数法》主要用于测定 ESBR 中结合苯乙烯的含量，采用有机溶剂对样品进行抽提，但是抽提过程中用到的支架无市售产品，制作过程也比较烦琐，而且标准对样品在支架上的固定方式描述得不够清楚，因此有必要对样品抽提方式进行改进。

修订主要包括两方面的内容：(1)对样品的萃取方式进行修改。修订后，ISO 2453：2020 的萃取方式不仅得以简化，而且与 ISO 7781《丁苯橡胶中皂和有机酸含量的测定》的规定相匹配，使得通过一次萃取即可将萃取过的样品用于测定 ESBR 结合苯乙烯的含量，将萃取液用于测定皂和有机酸的含量。一方面，降低了检验人员的工作量；另一方面，在节约试剂的同时，减少了废试剂的排放。(2)对方法的精密度内容进行了补充和完善。原标准仅包含高温聚合 ESBR 和结合苯乙烯含量低[20%～30%(质量分数)]的 ESBR 的精密度内容。随着产品工艺不断进步，目前世界上 ESBR 的生产已经转为以低温聚合工艺为主，而且结合苯乙烯含量[如 40%(质量分数)]的 ESBR 也已得到广泛应用。鉴于这一原因，中国石油联合国内外 6 家实验室共同开展了精密度试验，修订增加了低温 ESBR 和高结合苯乙烯含量 ESBR 的精密度内容，为检验人员评判试验结果提供了依据。

四、橡胶和胶乳玻璃化转变温度的测定

玻璃化转变温度是橡胶和胶乳的重要特性参数，表征橡胶材料的低温使用性能，影响胶乳产品的成膜性、抗水性、黏结性等应用性能。

ISO 22768：2017《生橡胶　用差示扫描量热法(DSC)测定玻璃化转变温度》仅适用于生橡胶。2016 年，中国制定了石化行业标准 SH/T 1799—2016《合成橡胶胶乳　玻璃化转变温度的测定　差示扫描量热法(DSC)》。为推动中国标准“走出去”，以中国行业标准为基础，修订 ISO 22768：2017。

ISO 22786：2020 用于测定生橡胶和橡胶胶乳的玻璃化转变温度。修订的主要技术内容是扩大了标准的适用范围，修改了试样量，增加了橡胶胶乳的精密度等。

五、橡胶胶乳表面张力的测定

表面张力是橡胶胶乳的重要特性参数，也是产品质量控制的关键指标之一，其对橡胶胶乳的黏结、湿润、发泡、涂布及渗透性等应用性能均有较大影响。ISO 1409：2006《塑料/橡胶　聚合物分散体和橡胶胶乳(天然和合成)　环法测定表面张力》规定了采用铂金环法(Du noüy 环法)测定表面张力。而铂金板法在聚合物分散体和橡胶胶乳行业已普遍应用。

该方法能够克服铂金环法的不足，为聚合物分散体和橡胶胶乳表面张力的测定提供一种简便的方法。为此，提出修订 ISO 1409：2006，增加了一种新的测定方法——铂金板法。

修订后增加的铂金板法有以下优点：(1)可直接测定橡胶胶乳表面张力值，不需要测定密度；(2)可直接测定高黏度的橡胶胶乳，不需稀释样品；(3)相比铂金环，铂金板不易变形，因此方法的重复性更好。在标准修订中，中国、美国和德国 3 个国家的 9 家实验室共同完成了国际精密度试验。铂金板法的重复性和再现性均优于 ISO 1409：2006 原有的铂金环法。

第六节　合成橡胶国家标准物质及样品

标准物质(样品)是指具有一种或几种确定特性的物质或材料，是确保文字标准应用效果在不同时间、空间的一致性的实物标准，在校准测量仪器设备、评价测量分析方法、考核分析人员的操作技术水平等领域起着不可或缺的作用。

中国石油在国内首次研制了合成橡胶门尼黏度、结合苯乙烯含量、结合丙烯腈含量等的国家标准物质(样品)。截至 2021 年底，研制、复制合成橡胶国家标准物质 27 个，国家标准样品 1 个，实现了合成橡胶标准物质国产化，打破国外技术垄断。

一、门尼黏度标准物质

合成橡胶的门尼黏度是反映橡胶共聚物组成、分子量及其分布和聚合物链结构形态等的重要性能指标，其对合成橡胶的拉伸性能和硫化特性有决定性影响，门尼黏度的平稳控制和准确测定对保证产品质量有重要的意义。

按照标准物质研制技术规范，确定了 SBR、BR、IIR、EPR 等候选物，研究了样品的均匀性与稳定性，开展了定值与不确定度的评定等系列工作，研制的门尼黏度标准物质的标称值为 33~86$ML_{1+4}^{100℃}$，实现了门尼黏度标准物质的系列化。

研制的门尼黏度系列标准物质(表 12-17)可替代进口标准物质，已经在橡胶行业得到了广泛应用，推动了行业技术进步，提升了中国石油在该领域的话语权。

表 12-17　门尼黏度国家标准物质

序号	编号	名称	门尼黏度，$ML_{1+4}^{100℃}$		批准年份
			标称值	不确定度	
1	GBW(E)130397	门尼黏度标准物质	45.6	0.5	2012
2	GBW(E)130398	门尼黏度标准物质	49.1	0.8	2012
3	GBW(E)130434	丁基橡胶门尼黏度标准物质	76.6	0.8	2013
4	GBW(E)130435	乙丙橡胶门尼黏度标准物质	42.4	0.8	2013
5	GBW(E)130512	门尼黏度标准物质	66.3	1.1	2015
6	GBW(E)130513	门尼黏度标准物质	81.9	1.4	2015
7	GBW(E)130572	门尼黏度标准物质	76.2	1.1	2016

续表

序号	编号	名称	门尼黏度，$ML_{1+4}^{100℃}$		批准年份
			标称值	不确定度	
8	GBW(E)130573	门尼黏度标准物质	86.6	1.0	2016
9	GBW(E)130585	溴化丁基橡胶门尼黏度标准物质	52.4	0.7	2018
10	GBW(E)130397a	门尼黏度标准物质	45.2	0.5	2013
11	GBW(E)130398a	门尼黏度标准物质	49.8	0.8	2013
12	GBW(E)130397b	门尼黏度标准物质	46.2	0.5	2015
13	GBW(E)130398b	门尼黏度标准物质	47.5	0.5	2015
14	GBW(E)130397c	门尼黏度标准物质	46.2	0.5	2018
15	GBW(E)130398c	门尼黏度标准物质	47.2	0.5	2018
16	GBW(E)130572a	门尼黏度标准物质	73.9	1.1	2019
17	GBW(E)130573a	门尼黏度标准物质	84.8	1.1	2019
18	GBW(E)130434a	丁基橡胶门尼黏度标准物质	75.9	0.9	2018
19	GBW(E)130435a	乙丙橡胶门尼黏度标准物质	42.5	0.9	2018
20	GBW(E)130708	门尼黏度标准物质	33.5	0.8	2021
21	GBW(E)130709	门尼黏度标准物质	51.2	1.0	2021

二、橡胶中结合单体含量标准物质

SBR 中结合苯乙烯含量是影响橡胶加工性能和其硫化胶力学性能的主要因素之一。NBR 中结合丙烯腈含量对橡胶耐油性、耐磨性、低温性、介电性能、透气性和压缩性等有重要影响。

中国石油先后研制了结合苯乙烯含量和结合丙烯腈含量国家标准物质(表 12-18)，在保证测定结果准确性前提下，实现了测定结果的量值溯源。该系列标准物质普遍用于橡胶行业分析检测人员的考核，也可用于仪器设备校准及新方法的确认，同时为 SBR 和 NBR 生产和应用企业的质量控制与仲裁、产品检验与贸易提供技术支撑。

表 12-18　结合苯乙烯含量和结合丙烯腈含量国家标准物质

序号	编号	名称	标称值,%	不确定度,%	批准年份
1	GBW(E)062189	结合苯乙烯标准物质	23.41	0.15	2016
2	GBW(E)062389	苯乙烯-丁二烯橡胶中结合苯乙烯含量标准物质	40.72	0.64	2018
3	GBW(E)062189a	结合苯乙烯标准物质	22.69	0.24	2018
4	GBW(E)062389a	苯乙烯-丁二烯橡胶中结合苯乙烯含量标准物质	41.40	0.70	2019
5	GBW(E)130706	结合丙烯腈含量标准物质	31.50	0.40	2021
6	GBW(E)130707	结合丙烯腈含量标准物质	41.90	0.80	2021

三、丁二烯橡胶评价用操作油标准样品

在评价 BR 拉伸性能、硫化特性、混炼胶门尼黏度等性能时，为使橡胶评价用配合剂(硫黄、氧化锌、TBBS)在橡胶中分散更加均匀，须使用操作油作为分散剂。国际和国内标准规定，该操作油使用 ASTM 103#油。因此，BR 评价用操作油成为“卡脖子”产品。

2012 年，石化院与克拉玛依石化共同研制出 BR 评价用环烷基操作油国家标准样品，该样品与 ASTM 103#油相比，各指标和评价结果均处于同一水平。2015 年 5 月，该国家标准样品获得全国标准样品技术委员会核发标准样品证书(编号为 GSB 05-3267-2015)，从此结束了依赖于进口 ASTM 103#油单一来源的历史。目前，国家标准 GB/T 8660—2018《溶液聚合型丁二烯橡胶(BR)　评价方法》中明确规定，BR 评价用操作油可以使用 GSB 05-3267-2015 或 ASTM 103#油。

参 考 文 献

[1] 李晓银，孙丽君，翟月勤，等．我国合成橡胶(生胶)标准现状分析与建议[J]．中国标准化，2010(12)：42-44.

[2] 卓蓉晖，胡言，陈文怡．用不同方法测定材料的玻璃化转变温度[J]．现代仪器，2004，10(4)：25-26.

[3] Goss Jr L C，Monthey S，Issel H M. Review and the latest update of *N*-nitrosamines in the rubber industry; the regulated, the potentially regulated, and compounding to eliminate nitrosamine formation[J]. Rubber Chemistry and Technology，2006，79(3)：541-552.

[4] Schuch A，Fruh T. Nitrosamine free curing systems for modern rubber compounds[C]//The International Rubber Exhibition and Conference Manchester，1999.

[5] European Committee for Standardization. Child use and care articles -Methods for determining the release of *N*-Nitrosamines and *N*-Nitrosatable substances from elastomer or rubber teats and soothers：BS EN 12868：1999[S]. Brussels，1999.

[6] ASTM International. Standard specification for volatile *N*-Nitrosamines levels in rubber nipple on pacifiers：ASTM F1313-90(reapproved)[S]. West Conshohocken，1990.

[7] 中华人民共和国卫生部，中国国家标准化管理委员会．食品中 *N*-亚硝胺类的测定：GB/T 5009.26—2003 [S]．北京：中国标准出版社，2003.

[8] 国家烟草专卖局．烟草及烟草制品　烟草特有 *N*-亚硝胺的测定：YC/T 184—2004 [S]．北京：中国标准出版社，2004.

第十三章　合成橡胶发展趋势及展望

世界合成橡胶技术正朝着经营多元化、规模大型化、装置多功能化的方向发展，产业集中度不断提高。欧美等发达地区合成橡胶技术和产品比较成熟，在满足本地区市场需求的情况下，不断向海外扩张。尤其是近十年来，针对亚洲新兴市场，以阿朗新科公司为代表的多家跨国公司先后在新加坡、中国和印度建设了一批 SSBR、NdBR、EPR 等合成橡胶装置，以满足这些地区对高端牌号产品的需求。

近十余年，中国合成橡胶技术取得巨大发展，IIR、EPR、NBR、SSBR 和 HNBR 等自主技术实现产业化，技术进步和成套化能力大幅提升。本章将全面介绍各个胶种的技术发展趋势，并对未来合成橡胶新技术的发展进行展望。

第一节　合成橡胶发展趋势

中国合成橡胶行业拥有世界上“四个第一”：(1)表观消费量第一。近年来，中国经济快速增长，橡胶消费量迅速攀升，约占世界总消费量的 30%。(2)产能第一，中国合成橡胶的产能比第二位美国和第三位韩国的之和还多，接近世界产能的 30%。(3)进口量第一。受纬度限制，中国天然橡胶种植区域有限，产量远不能满足需求，同时合成橡胶供需结构不匹配，导致天然橡胶和合成橡胶进口量均居高不下，占世界总产量的 20%。(4)轮胎产量第一。2019 年世界年产轮胎 22×10^8 条，中国产量为 8.4×10^8 条，占世界总产量的 40%。

中国已成为合成橡胶生产及消费第一大国，但还不是合成橡胶技术强国，产品存在一定的结构性矛盾，通用牌号相对过剩，高端或专有牌号不足，每年仍需从国外大量进口[1-4]。合成橡胶生产技术和产品正朝着环保化、低成本化、品种多样化、高性能化、定制化方向发展，本节按各个胶种分别概述。

一、丁苯橡胶

1. 乳聚丁苯橡胶

目前，国内外 ESBR 技术发展趋势可以归结为聚合以低温为主，单体转化率逐步提高；聚合装置大型化、设备多功能化；产品环保化、系列化、体系化、定制化。近年来，ESBR 发展活跃地区主要是亚洲，特别是中国和印度[5-8]。“十二五”期间，中国 ESBR 产能大幅增加，但新增产能生产的产品主要是通用牌号。

ESBR 作为应用最广泛的胶种之一，对其环保化技术研究是永恒的主题，包括乳化体系的环保化研究(如无磷聚合技术、残留单体脱除技术)，研制新型、高效、无毒的助剂，环保型填充油的开发等，实现环保清洁生产及产品的环保化。

低成本化技术是企业生存的关键，如高固含量丁苯胶乳制备技术；高效乳化剂、引发剂及新型的分子量调节剂的开发，以提高聚合转化率，缩短聚合反应时间，改善产品性能，降低生产成本；脱气、凝聚、后处理等关键设备技术改进，以降低能耗。

对 ESBR 产品的高性能化改性一直是追求的目标，主要表现在对化学改性和物理改性的持续研究。化学改性方面体现如下：ESBR 与第三单体共聚技术，如引入具有特殊功能(链引发、链转移)基团且具有较高活性的第三单体 *N*-(4-苯胺基苯基)甲基丙烯酰胺、异丙烯基-2-恶唑啉、吡咯啉衍生物、*p*-*N*，*N*-一二甲基氨基甲基苯乙烯、甲基丙烯酸羟乙酯、-*γ*-甲基丙烯酸基氧三丙氧基硅烷、丙烯等单体；ESBR 接枝改性技术，含有酰胺、羧基、酯基、异戊二烯等官能团的官能化技术；硅氢化加成改性技术，包括硅氢化加成乳聚丁苯橡胶(HSi-ESBR)和硅烷化改性乳聚丁苯橡胶(Si-ESBR)技术；以及 ESBR 硝化、卤化、磺化、环化、臭氧化技术等。物理改性主要体现在与其他材料的共混研究技术的开发。

2. 溶聚丁苯橡胶

SSBR 因阴离子聚合特点使其技术改性更加灵活，国外从第一代 SSBR 发展到集成橡胶、多端基—多官能化的阶段，技术已经比较成熟。随着汽车行业的发展，对轮胎用橡胶材料性能要求也越来越高。随着人们对轮胎的性能与聚合物结构关系认识的深入，通过单体组成和序列分布、二烯烃链节结构比例、聚合物分子量及其分布、支化类型与数量、末端状态控制等因素的调节，最大限度地减少滚动阻力而又不损害湿牵引性和耐磨性。

一般而言，采用官能化改性是实现高性能最有效的手段。官能化改性主要包括封端法合成链端官能化 SSBR 技术、官能化引发剂合成链端官能化 SSBR 技术、偶联改性法合成链端官能化 SSBR 技术以及链中改性官能化等方法。封端法合成链端官能化 SSBR 技术主要有胺类封端剂封端 SSBR 技术、硅烷类封端剂封端 SSBR 技术以及含羧基和羟基的官能团改性技术。胺类封端剂能方便地使 *α*-端含有烷氧基硅烷、硅氧烷双端官能化、氯丙基七异丁基多面体低聚倍半硅氧烷(POSS-Cl)等基团的端基引入分子链末端。官能化引发剂合成链端官能化 SSBR 技术主要使 *ω*-端带有官能团，使用的官能化引发剂包括胺(氨、氮)类有机锂引发剂、含锡有机锂引发剂、胺锡锂引发剂、硅锂引发剂等改性技术。而将二者结合，可以实现 *α*-端、*ω*-端均官能化的目的。链中官能化可以使用官能化单体与丁苯共聚的方法，直接将官能团聚合在分子链上。通过控制官能化单体的含量，实现官能化程度的控制。此外，链中官能化还可以采用在主链上进行氯化或环氧化改性的方法。链中官能化可以在一定幅度内提高官能团含量，使橡胶与补强填料的界面作用更大，但官能团含量必须控制在一定范围，否则影响其加工性能和使用性能。目前，官能化向多端基官能化改性方向发展，多端基官能化使丁苯橡胶的每个活性链端基都引入了多个官能团，使 SSBR 能与白炭黑更好地充分反应，达到最佳的分散效果，提高了混炼胶的加工性能，最大限度地降低轮胎的滚动阻力，提高轮胎的抗湿滑性，可以使轮胎性能更加符合欧盟标签法绿色环保规定，提高轮胎的标签等级，延长轮胎的使用寿命，提高轮胎性能和附加值，特别适合与白炭黑配合使用制造“绿色轮胎”。

部分氢化 SSBR 也是目前研究热点之一，以低苯乙烯含量、高乙烯基 SSBR 为基础的聚合物，使丁二烯嵌段中 1，2-结构氢化成 1-丁烯结构单元，使得橡胶高温和低温下分别具有极小和较大滞后损失，可使轮胎具有很低的滚动阻力和良好的抗湿滑性。

为提高橡胶与填料间的界面结合，除了从橡胶的合成出发制备高性能的基础胶，新橡胶—填料混合制备也是“节能橡胶”开发过程中的关键技术之一，如湿法混炼的母胶、淀粉增强的橡胶轻质复合材料等。

3. 顺丁橡胶

NdBR由于具有顺式结构含量高、分子链规整性好、分子量分布可调、凝胶含量极低等优点，产品的强度高，耐屈挠、低生热、混炼胶抗焦烧性好，抗湿滑及滚动阻力低，是性能最好的顺丁橡胶，也是顺丁橡胶发展的主要方向[9-12]。

在NdBR合成中，催化剂对单体聚合转化率以及聚合产物的分子量及其分布、立构规整性及宏观性能等有着重要影响，因此开发高催化活性、高顺式选择性、适合大规模应用的稀土催化剂是NdBR的研究热点。NdBR顺式结构含量一般在97%以上，如何进一步继续优化聚合物结构、提高顺式结构含量是当前发展重点之一。研究表明，顺式-1，4-结构含量由96.3%提高至98.7%时，可明显提高硫化胶的力学性能，如300%定伸应力、拉伸强度、耐磨性及压缩性能；也可提高抗湿滑性、降低滚动阻力及生热性。基于不同茂稀土配合物及非茂稀土配合物相关研究，含有钳形三齿配体的稀土配合物因其配体的空间结构，能够促进单体定向插入增长，具有较好的立体选择性，含有碳、氮三齿配体的Nd、Gd、Tb、Dy、Ho、Y配合物与AlR_3/[Ph_3C][$B(C_6F_5)_4$]配合，催化活性高，催化聚丁二烯聚合，可得到顺式-1，4-结构含量大于99%的顺丁橡胶。

除了高顺式结构含量有利于改善NdBR的性能，长链支化结构也可以改善生胶的抗冷流性能、加工性能及与填料的混合性能，进一步提高硫化胶的力学性能和动态力学性能。此外，开发链端及链间改性，改善炭黑分散，提高硫化胶的动态性能，以满足越来越多的绿色轮胎、高性能轮胎、电动车轮胎的应用。

随着汽车轻量化的发展需求，对高强度顺丁橡胶要求迫切，因此开发顺丁橡胶/树脂合金技术也成为目前发展重点之一。新型聚丁二烯品种VCR就是将高熔点和高结晶度的间同1,2-PB(SPB)以微晶状分散在BR的基体中，增加力学强度，同时结晶微区的存在防止银纹增长，增加其撕裂强度。

在Li-BR方面，重点开发塑料改性LCBR牌号，开发滚动阻力和抗湿滑性能均衡的MVBR和HVBR。

4. 丁腈橡胶

NBR已开发70余年，生产技术比较成熟。20世纪90年代以来，世界NBR工业技术进展主要如下：通过改善聚合配方、研制新型助剂、提高自控水平、改进工艺以及不断开发特种NBR新产品，以改进产品质量、降低生产成本、稳定生产、提高生产能力、扩大产品系列牌号以及拓宽应用领域等。近几年的主要发展趋势为工艺低成本化，产品多元化、系列化、高性能化和环保化等[13]。

工艺低成本化主要表现在提高自控化水平、完善聚合配方、采用高效助剂等方面。具体体现在新型助剂如凝聚剂的开发、环保化清洁生产技术等。产品多元化、系列化、高性能化和环保化技术(如专用产品的耐低温低腈NBR制备技术、高腈/极高腈NBR制备技术)开发，具有特殊功能的羧基丁腈橡胶(XNBR)技术、氢化丁腈橡胶(HNBR)技术、氟化丁腈橡胶技术、含酯类丁腈橡胶技术开发，以及NBR/PVC共沉(共混)技术、NBR/聚苯胺共混物原位聚合技术、PNBR 技术和液体 NBR 技术的开发，均是研究的热点。

5. 乙丙橡胶

EPR 生产技术中，溶液聚合技术仍处于主导地位，其技术的关键在于催化剂，因此 EPR 技术发展的总体趋势是催化剂的不断改进和更新换代，非茂单中心催化以及先进的茂后催化剂催化的新型聚合技术正以其节能环保、生产成本低、功能突出等优势逐渐成为核心的生产工艺。随着环保理念的进一步强化，环保化工艺以及环保型 EPR 将引领 EPR 生产和需求结构的重要变化。

三元 EPR 的产品结构正在发生变化，各种改性 EPR(如氯化、磺化、环氧化、离子化、硅改性以及各种接枝等）、专用 EPR(如电线电缆用、润滑油改性用、树脂改性用等）、特种 EPR(如液体、超低黏度、超高分子量、高充油、超高门尼黏度、长链支化、双峰结构等)将成为重要的品种。采用新型第二、第三、第四单体合成新型二元、三元、四元 EPR 以改进 EPR 的综合性能成为目前研究开发的热点。三元 EPR 改性技术的发展重点是高硫化速率三元乙丙橡胶专用料、高阻燃三元乙丙橡胶专用料、三元乙丙橡胶/氯化聚乙烯合金、三元乙丙橡胶/聚丙烯合金等方向，茂金属 EPR 技术也是近些年的主要研究方向。

6. 丁基橡胶

IIR 的技术发展趋势从工艺上以淤浆法聚合工艺为主，聚合工艺向低成本化、环保化发展，产品向高性能化发展。

就产品高性能化发展而言，卤化丁基橡胶(HIIR)、星形支化丁基橡胶、溴化异丁烯-对甲基苯乙烯聚合物(BIMS)等是 IIR 的重要研究方向。加大基础研究，优化分子结构设计，加快特异性能的支化丁基橡胶、新型卤化丁基橡胶产品开发。

就工艺而言，聚合工艺、卤化工艺低成本化、环保化一直是研究热点，开发新型淤浆稳定技术，通过引发体系创新，提高聚合温度、降低能耗。HIIR 生产技术的主要发展方向是聚合物反应装置及运行条件的改进、卤化工艺的优化、节能环保水平的提高。在催化剂体系相同的条件下，聚合反应器的结构形式和运行的工艺条件成为 HIIR 产品分子量分布的决定性因素，因此加强聚合反应器的结构设计和运行工艺的研究是各生产企业和研究院所未来的研究方向之一。针对卤化过程溴利用率低、产品门尼黏度高、产品颜色深等影响装置长周期稳定运行的问题，应开发更高效、安全、稳定的 IIR 卤化工艺技术，包括定向卤化技术。开发 HIIR 后处理技术，解决好中和反应与产品洗涤问题，提升废水的处理技术，实现生产过程的清洁化；积极开发新型溶液法技术、茂金属等新型催化剂、接枝和离子化化学改性等新技术；液体 IIR 及 IIR 乳液制备技术也是很好的方向。围绕原料绿色化，开发以生物质为原料的 HIIR 技术。

针对高性能化 BIIR、BIMS，BIIR/PA、BIMS/PA 动态硫化合金的制备新技术，高气体阻隔性异丁烯-对甲基苯乙烯共聚橡胶/尼龙 TPV、耐高温耐化学介质的丙烯酸酯橡胶基 TPV 和氟橡胶基 TPV、具有高体感相容性的硅橡胶基 TPV 以及绿色环保可降解的生物基 TPV 等技术开发是研究的热点。

7. 异戊橡胶

IR 作为性能最接近天然橡胶的合成胶种，其发展受天然橡胶影响呈现周期性波动。工业上溶液聚合生产技术已成熟，其技术发展除了体现在进一步改进催化剂体系，主要是在稳定控制生产和节能方面。IR 的改性一是针对与天然橡胶的差异，改进其生胶的强度以便替代天然橡胶；二是对其进行卤化、氢化和环化等化学改性。

IR 技术发展趋势主要是在提高产品质量及其应用性能的改性技术方面进行研究，特别是医用 IR 产品及技术还有待进一步开发。此外，鉴于催化剂占成本比重较大，开发高效催化剂以降低成本也是提高装置开工率的重要途径。

8. 苯乙烯类热塑性弹性体

SBC 品种繁多，包括 SBS、SIS、SEBS、SEPS。近年来，改性产品 SEBS 和 SEPS 发展活跃。产品的高功能化和多样化是当前 SBC 科研开发的热点和生产增长点，环氧化 SBS (ESBS) 和以 SEBS 为基础与聚异戊二烯相结合合成的 SEBIS 是高性能化产品的典型代表。以茂金属为催化剂的 SBS 低压氢化工艺的工业化，降低了生产成本，是一条很有发展前途的加氢工艺路线。SBC 的辐射固化技术正在兴起，前景广阔。

SBC 高性能化与功能化的研究，包括极性化改性技术、偶联剂技术和高性能产品的开发。极性化改性技术主要是通过不饱和双键引入极性基团，如环氧化、接枝(羟基)、磺化等，实现磺化改性 SBS、环氧化 SBS、高极性 SBS 等功能化商品。偶联剂技术所用偶联剂为二酯偶联剂，主要包括己二酸二甲酯、己二酸二乙酯、对苯二甲酸二甲酯、对苯二甲酸二乙酯及其混合物等。

SBC 生物功能化改性是重要的研究方向，主要集中在调控力学性能、改善生物相容性和赋予生物功能性等方面。改善生物相容性主要包括本体前化学功能化方法和本体后化学改性方法。本体前化学功能化方法通常在 SBC 合成过程中，利用具有特殊官能团的单体进行聚合反应来实现；本体后化学改性将生物相容性或生物活性物质引入现有 SBC 体系，是改善其生物相容性的另一种有效途径。赋予 SBC 生物功能性，即将具有导电或磁性的功能剂引入 SBC 体系或者利用对本体材料后化学改性方法，可赋予基体聚合物新的生物功能。针对 SBC 在不同医疗领域中实际性能要求，在 SBC 引入生物相容性物质(如透明质酸)，通过调控材料表面与细胞表面的相互作用，可以更好地介导细胞在表面上的黏附、铺展和增殖行为。通过表面季铵盐化或引入抗菌酶，从而赋予 SBC 抗感染性能，将有效降低医疗器械在贮存、使用过程引发医疗器械相关感染的风险。

加大合成新方法研究，特别是基于可逆加成—断裂链转移(RAFT)聚合在合成 SBC 类新型嵌段结构热塑性弹性体方面是重要的研究方向，螺杆挤出法合成新工艺是重要的方法。

除了以上主要胶种的技术发展趋势，对其他氟橡胶、硅橡胶、聚氨酯橡胶、丙烯酸酯橡胶等的研究和开发从未停止，开发出众多特殊性能的橡胶产品。

第二节　合成橡胶发展展望

历经 70 余年发展，中国已经能够生产所有的通用合成橡胶品种，产能、产量、消费量也跃居世界首位。中国石油也成为重要的合成橡胶生产商之一，但存在产品同质化严重等问题，高附加值产品占比依然较低，很多特种高性能产品长期依赖进口。

面向未来，国际合成橡胶领域不断加强技术创新，新技术开发主要集中在产品创新、工艺创新和环境友好 3 个方面。新的弹性体产品层出不穷，加工工艺更趋环保化和智能化。展望“十四五”及今后更长一段时间，合成橡胶技术及产品必将朝着绿色、低成本、高性能化、功能化、智能化方向发展。

一、装置多功能化

围绕生产工艺的优化、设备的改进、产品应用配方的开发等方面开展创新研究，以提升装置的综合技术水平。装置实现多功能化，降低投资成本。ESBR 装置和 NBR 装置放大聚合釜、凝聚釜、干燥机能力，提高单线产量和稳定性控制水平。生产 SSBR 的装置也可以生产 SBC 等热塑性弹性体。不同催化体系的 BR 装置通用[14-15]。

二、过程绿色化

过程绿色化发展的主要方向是改进现有生产工艺，实现节能降耗，包括新型反应器开发、合成橡胶干燥工艺节能技术、合成橡胶生产质量控制技术等；开发绿色生产和环保技术，包括低排放生产工艺、挥发性有机化合物处理和污水减排技术、低能耗生产技术，开发直接脱挥发分技术、后处理过程低品位余热高效回收利用技术等；乳液聚合提浓技术、环保型助剂替代技术；探索基于生物材料合成双烯烃技术。围绕原料绿色化，开发以生物质为原料的合成橡胶[16]。

三、产品高端化

依托可控自由基聚合、可控正离子聚合等基础研究成果，开发具有全新结构和性能的合成橡胶新产品[17-18]。重点开发和发展官能化 SSBR、钕系顺丁橡胶、星形卤化 IIR 等技术，满足高性能轮胎胎面、胎侧和气密层的要求，开发电子级液体(丁二烯、异戊二烯、丁苯、丁腈、丁基等)橡胶，功能化 NBR，发展极性化 SBS、SIS，氢化 SEBS、SEPS 热塑性弹性体，长链支化乙丙橡胶，官能化高抗冲丁苯树脂等，满足密封防水、胶黏剂、电线电缆等需求。发展特种 HNBR、热塑性硫化橡胶、高性能硅橡胶、氟醚橡胶等产品，满足海洋橡胶制品、止水带、轨道交通(减震、密封)橡胶制品以及航空航天、特种作业等领域需求。开发特高压所需乙丙橡胶、医卫及防化用材料等，实现氟醚用特种单体产业化，开发出全氟醚橡胶和无须二段硫化的氟橡胶。

四、生产智能化

随着中国轮胎等橡胶制品行业转型升级步伐加快，橡胶加工向精细化、智能化和环保化方向发展。

基于人工智能网络技术，整合数据资源，实现弹性体材料分子设计、合成工艺和加工应用研究的高速有效性。中国工业进入 4.0 时代，将数字化、智能化、模块化、网络化等新型理论与工具引入合成橡胶材料技术开发中，形成一套完整的自有数据库，通过电脑模型模拟出产品结构、性能与可能应用的领域，使产品的基础研究、生产技术开发、产品应用研究具有一套完整的模拟评价体系，客户可以根据需求随时定制高端产品，产品开发可以快速设计、开发和生产，加快产品开发和使用速度。此外，利用现代分析仪器与数字化、智能化技术结合，实现橡胶生产过程重要参数(如门尼黏度、单体转化率)的调控也十分重要。

五、超前技术研究深入化、创新化

开发新型聚合单体，强化产品结构设计，加强学科交叉及技术移植，加强新型化工技术和装备创新，如超临界技术、超重力技术、微反应技术、多元共聚合技术、超声聚合技术、辐照技术、螺杆反应挤出技术等的实践及其融合应用，加速合成橡胶技术领域的创新能力。

六、新型热塑性弹性体更趋多元化、高性能化和功能化

随着应用市场对橡胶制品的性能要求不断提高，橡胶制品用特种弹性体的品种不断丰富、性能不断拓展，重点开发高性能医用材料、生物防护材料、改性用材料、油田用密封材料、鞋底用功能材料 SBC 等功能化产品[19]。开发乙烯-丁二烯共聚弹性体材料、聚氨酯改性丁苯橡胶、加氢弹性体，以新的应用场景为导向，以特种性能为目标，实现传统材料的升级换代。特种硅橡胶苯(醚)撑硅橡胶、含特种元素(如硼、氮等)的硅橡胶等耐高温硅橡胶品种，以及特种氟橡胶、氟-硅橡胶、丙烯基弹性体(PBE)、乙丁橡胶(EBT)等新型弹性体的开发竞相成为新的研究热点。

七、检测体系标准化、国际化

建立 ESBR、NBR 环保化评价体系，官能化 SSBR 中官能团的检测方法与标准，BR 中长链支化的评价体系，星形支化 IIR 的检测方法与标准等；建立高性能氟、硅橡胶功能填料评价体系和产品应用评价体系；建立新型热塑性弹性体技术开发平台和性能评价体系，为新型功能性热塑性弹性体的大规模应用奠定基础。

展望未来，将整合先进的合成橡胶制造技术、装备技术、自控技术、环保技术，实现合成橡胶生产过程智能化、绿色低碳化，使产品的基础研究、工程开发、产品应用研究形成高效的链条，实现客户—研发—生产—销售智能化高效定制系统，具备为下游用户提供“量体裁衣”式的整体解决方案能力。此外，合成橡胶领域技术标准体系也将全面与国际接轨[20]，支撑中国合成橡胶产业向着绿色、低碳和高质量方向前进，在“十五五”末成为世界合成橡胶技术强国。

参 考 文 献

[1] 王健，宗海生，刘文利，等．中国主要合成橡胶产需现状与发展策略[J]. 石油知识，2020(6)：54-55.

[2] 中国合成橡胶工业协会．2019 年国内合成橡胶产业回顾及展望[J]. 合成橡胶工业，2020，43(2)：85-88.

[3] 崔小明．国内外丁苯橡胶供需现状及发展前景分析[J]. 橡胶科技，2019，17(2)：65-70.

[4] 周文荣．自主创新造就世界第一合成橡胶产业大国[J]. 中国石化，2019(9)：57-60.

[5] 刘震．中国轮胎标签制度实施对合成橡胶的影响[J]. 橡胶科技，2018，16 (1)：5-9.

[6] 邢震艳，傅智盛，范志强．丁苯橡胶的合成与应用进展 [J]. 弹性体，2018，28 (6)：68-73.

[7] 王琳蕾，李福崇，郭金山，等．核壳型白炭黑纳米粒子的制备及性能[J]．合成橡胶工业，2019，42(2)：90-94.
[8] 李鹏举，吴晓辉，卢咏来，等．氧化石墨烯/白炭黑纳米杂化填料在绿色轮胎胎面中的应用[J]．合成橡胶工业，2019，42(4)：294-299.
[9] 朱寒，郝雁钦，段常青，等．窄分子量分布超高顺式稀土顺丁橡胶的合成与性能[J]．合成橡胶工业，2018，41(2)：88-92.
[10] 朱寒，张树，吴一弦．绿色轮胎用高性能丁二烯基橡胶合成技术进展[J]．科学通报，2016，61(31)：3326-3337.
[11] 朱寒，答迅，卢晨，等．聚丁二烯/二氧化硅杂化新材料等温结晶动力学及结晶形态的研究[J]．高分子学报，2018(5)：656-662.
[12] 张志强，林曙光，张凯，等．用混合配体稀土催化剂制备窄分子量分布高顺式聚丁二烯[J]．合成橡胶工业．2018，41(1)：2-5.
[13] 郑红兵，朱晶，赵又穆，等．复合环保防老剂在丁腈橡胶中的应用研究[J]．橡胶科技，2018，65(6)：23-26.
[14] 李波，徐典宏，吴宇，等．白炭黑增强溶聚丁苯橡胶的动态力学性能[J]．合成橡胶工业，2019，42(5)：386-390.
[15] 燕鹏华，李波，梁滔，等．橡胶/石墨烯复合材料的研究进展[J]．橡胶科技，2018，65(4)：5-8.
[16] 李波，巩红光，王奇，等．SSBR/NdBR和SSBR/NiBR并用胶的动态压缩性能研究[J]．橡胶工业，2019，66(4)：256-259.
[17] 赫炜，朱寒，刘天保，等．稀土顺丁橡胶BRNd 40和BRNd 60性能对比[J]．合成橡胶工业，2019，42(5)：363-370.
[18] 胡雁鸣，于琦周，姜连升，等．共轭二烯烃聚合用铁系催化剂及聚合物性能[J]．科学通报，2016，61(31)：3315-3325.
[19] 李旭，窦彤彤，李福崇，等．稀土配合物在聚共轭二烯烃合成中的研究进展[J]．合成橡胶工业，2019，42(5)：414-418.
[20] 李晓银，翟月勤，吴毅，等．合成橡胶标准国际化推进历程与对策研究[J]．中国标准化，2020(3)：147-150.